高温摩擦学

杨 军 朱圣宇 程 军 著

科学出版社

北 京

内 容 简 介

本书对高温摩擦学理论和高温自润滑耐磨损材料进行了较为系统的分析和论述。全书共九章，主要内容包括：绪论、高温摩擦理论、高温磨损理论、高温润滑理论、高温自润滑合金、高温自润滑复合材料、高温自润滑涂层、高温耐磨损材料，以及高温摩擦学测试与分析方法。

本书可供高等院校机械类专业学生和从事摩擦学研究的科研人员和工程技术人员参考。

图书在版编目（CIP）数据

高温摩擦学 / 杨军，朱圣宇，程军著. —北京：科学出版社，2022.1
ISBN 978-7-03-071132-8

Ⅰ. ①高⋯ Ⅱ. ①杨⋯②朱⋯③程⋯ Ⅲ. ①高温材料–摩擦 Ⅳ. ①TB36

中国版本图书馆 CIP 数据核字（2021）第 266109 号

责任编辑：牛宇锋 / 责任校对：任苗苗
责任印制：吴兆东 / 封面设计：蓝正设计

科 学 出 版 社 出版
北京东黄城根北街 16 号
邮政编码：100717
http://www.sciencep.com

北京厚诚则铭印刷科技有限公司印刷
科学出版社发行 各地新华书店经销
*
2022 年 1 月第 一 版 开本：720×1000 B5
2024 年 4 月第三次印刷 印张：14
字数：265 000
定价：98.00 元
（如有印装质量问题，我社负责调换）

序

"桃李不言,下自成蹊"。高温摩擦学是一门前沿交叉学科,虽偏居于摩擦学的一隅,但高端装备的强烈需求赋予她浓郁的芬芳,特别是航空、航天、航海、核能等尖端技术领域的激烈竞争促其结出累累硕果。如今,高温摩擦学已遍及宇航、能源、交通、机械、化工、国防等诸多领域,相关研究将为各领域中在特殊工况下服役的装备动力传动系统的可靠性提供理论和技术支撑。

"工欲善其事,必先利其器"。随着现代工业的发展,高温摩擦学的重要性日益凸显,涉足于摩擦学的机械工程师和科研人员迫切需要一本具有基础性和系统性的高温摩擦学参考书籍,以此来指导和解决装备动力传动系统所面临的高温摩擦学问题。作者在借鉴前人摩擦学著作和融入自己多年科研成果的基础上,面对高温环境工况,论述了高温摩擦、磨损和润滑基础理论,报道了国内外高温自润滑材料和高温耐磨损材料的研究进展,介绍了高温摩擦学测试和分析表征方法。我通读书稿,颇为欣悦,这是机械工程领域第一本全面、系统地介绍高温摩擦学的书籍。《高温摩擦学》的出版将有力推动我国材料摩擦学的学科发展、促进高温润滑和耐磨材料的研究与应用,满足我国装备动力传动系统对高温润滑材料和技术的需求。

"路漫漫其修远兮,吾将上下而求索"。我国的高温摩擦学理论与应用技术与发达国家尚有一定差距,在某些方面还不能很好地满足国家战略装备和基础工业的需求,是处于后发展的国家,我们不仅需要自主创新突破国外现阶段的技术垄断,还必须前瞻性地开展高温摩擦学基础理论研究和功能更先进的摩擦系统设计制造研究,以便在未来的竞争中取得主动或优势。目前,高温摩擦学理论尚不够成熟,高温固体润滑材料的性能仍难以与液体润滑相媲美,高温摩擦学的应用范围还需拓展,高温摩擦学的研究之路任重而道远。

刘维民
中国科学院、发展中国家科学院院士
2021 年 12 月

前　　言

　　摩擦学是工程先导性学科，高温摩擦学更是伴随着航空、航天、核能等高技术领域的需求而逐步发展起来的。高温摩擦学以固体摩擦理论和磨损理论为基础，研究材料在高温环境中的摩擦磨损行为规律，研究适用于高温环境中的高温润滑材料和高温耐磨材料，涉及诸多领域，如宇航、能源、交通、机械、化工等民用和国防领域，是一门尚未成熟而又极具活力的学科方向。高温摩擦学的研究将为苛刻工况下服役的机械系统提供重要的理论指导和技术支撑。

　　目前世界各工业发达国家都十分重视高温摩擦学的研究，通过大力普及有关摩擦学知识和研发相应的高温润滑与耐磨材料来解决机械系统的高温摩擦学问题。我国也逐步开展了高温摩擦学的研究工作，在国民经济中发挥了应有的作用，取得了一定的成绩，但与国外相比，还存在较大差距。国内较系统地介绍高温摩擦学的书籍仍然欠缺。为了推动高温摩擦学知识的传播和解决实际生产中的问题，我们撰写了这本《高温摩擦学》。本书内容力求科学性、系统性和基础性，同时也兼顾前瞻性，期望能够满足工业界和教育界摩擦学工作者的需要。

　　本书系统论述了高温摩擦理论和高温磨损理论，深入讨论了高温润滑剂及其作用机理，详细地阐述了国内外高温润滑材料和高温耐磨材料的发展状况，简单介绍了摩擦学研究的方法和分析测试技术。本书适合高等院校机械类专业学生和从事摩擦学研究的科研人员和工程技术人员用作参考书。

　　本书由中国科学院兰州化学物理研究所固体润滑国家重点实验室高温摩擦学课题组组织撰写。参加本书撰写工作的主要有杨军、朱圣宇、程军。本书在撰写过程中，得到刘维民院士的指导，并提出诸多宝贵意见。谨在此表示衷心的感谢。

　　由于编者水平有限，书中难免存在不妥之处，恳请广大读者批评指正。

作　者

2021 年 12 月

目　　录

第 1 章 绪 论

高温摩擦学是指在高温工况下或摩擦表面处于高温时的摩擦学。高温摩擦学是一门前沿交叉学科，涉及材料、物理、化学、力学、数学、冶金、机械工程等学科。高温摩擦学研究对象广泛，在机械工程领域主要包括两个方面：①在高温工况中服役的机械系统；②具有高的摩擦表面温度的机械系统。高温摩擦学研究内容包括：高温环境中材料的摩擦行为，高温环境中材料的磨损机理，设计制备适用于高温环境中的润滑材料和耐磨材料，建立高温摩擦理论、磨损理论和润滑理论。高温摩擦学研究将为苛刻工况下服役的机械系统提供理论指导和技术支撑。高温摩擦学是工程先导性的学科，是高度交叉融合的前沿研究领域，是尚未成熟和极具活力的摩擦学分支。随着科学技术的发展，高温摩擦学理论逐步深化，其应用领域不断拓展，已经发展成为系统综合的研究领域。

1.1 高温摩擦学研究背景

高端装备制造和尖端工业对高温润滑耐磨材料和技术具有重大需求，相关技术通常属于装备动力传动系统的关键技术。机械系统的高温摩擦学性能直接关系到其可靠性、稳定性、能效性和耐久性，是制约许多高端装备发展的技术瓶颈[1-7]。

"中国制造 2025"带动的高端装备制造业崛起，为高温摩擦学迎来新的机遇。服役于工业的各类重大装备不断追求强大功能、高效率、高精度，促使装备系统将多种单元技术高度集成，在实现能量、物质与信息流的传递、转换和演变的过程中，机械表面能量密度急剧增加，导致摩擦系统或摩擦表面温度显著升高，例如，轨道交通领域中运输工具的动力系统、集电装置和制动装置，机械加工领域中的切削工具，能源领域中核反应堆的密封装置和太阳能集电装置，冶金领域中的金属成形等。摩擦磨损已成为引起材料损伤并导致机械运动部件失效的重要原因之一，是目前高端装备发展所面临的亟须解决的关键技术难题之一。因此，高端装备中的高温润滑和耐磨问题是影响机械系统可靠性和寿命的重要因素，甚至会成为决定系统整体功能的关键技术。

航空发动机和燃气轮机"两机"科技重大专项的实施对高温摩擦学提出新的挑战。航空涡轮发动机和燃气轮机正在向着高流量比、高推重比和高涡轮进口温度方向发展。目前，在役的燃气涡轮发动机涡轮前进口温度已达到 1500℃以上，推重比为 10 的航空发动机设计进口温度会达到 1550～1750℃；美国国防部在"综合高性能涡轮发动机技术"计划中提出研制推重比 15～20 的涡扇发动机的目标，其航空发动机设计进口温度将达到 1800～2100℃。高温、高速和高载是航空发动机和燃气轮机为提高推重比和能效性而使摩擦副必须面对的苛刻工况条件。但现有的高温轴承和润滑材料难以满足"两机"对高温工况下服役的摩擦学系统的综合性能要求，高温润滑问题已成为"两机"发展的技术瓶颈，迫切需要发展相适应的高温润滑材料和技术。

空间计划的实施对高温摩擦学提出新的要求[8,9]。先进的运载工具和飞行器是空间计划实施的基础。目前，航天大推力运载火箭中推力矢量系统燃气伺服机构正迫切需要解决 1000℃范围内的摩擦磨损问题，航天飞机的方向舵轴承和控制装置表面摩擦密封要求承受 800～1000℃的高温，而其他许多空间机械运动部件也处于高低温交变、频繁启停、高载等苛刻工况下服役，急需解决关键的润滑问题。大量研究表明，相当比例的空间机械部件的故障同润滑失效有关。润滑技术是保证空间运载工具和飞行器安全可靠运行的关键技术之一，空间润滑材料与技术同空间计划的成败直接相关。

国防武器装备的发展赋予高温摩擦学新的使命。高温摩擦学涉及陆、海、空、天等多种武器装备，如坦克、火炮、鱼雷、导弹、卫星等高温运动部件中的高温轴承、气缸衬套、阀门、滑块等。我国为应对复杂多变的国际形势，迫切需要研发新一代的武器装备，要求高温润滑工况更加苛刻、性能更加高端、运行更加可靠。例如，我国正在研制和规划的诸多新一代武器装备要求自润滑材料承载能力更大、有效寿命更长、工作温域更宽、运行速度更高。

随着现代工业的发展，越来越多高新技术领域的机械运动、动力部件要求服役于高温环境中；另外，机械系统的小型化、轻量化、高性能和高效率导致摩擦表面能量密度增加，从而造成摩擦表面温度显著升高。毫无疑问，必须运用高温摩擦学知识来解决这些相关的高温摩擦磨损问题。由此可见，高端装备的研制在一定程度上依赖于高温摩擦学的研究，同时高端装备的应用也促进了高温摩擦学的发展。

1.2 高温摩擦学研究进展

1.2.1 高温摩擦学理论

高温摩擦磨损理论以固体摩擦理论为基础，研究高温条件下相对运动的接触表面之间的相互作用。高温摩擦学问题中往往各种因素错综复杂，涉及多学科的交叉耦合，极为苛刻的高温摩擦环境又使得准确测试评估难度加大，因此高温摩擦磨损理论发展缓慢，仍然缺乏系统深入的研究。

早期的摩擦理论研究以达·芬奇(Da Vinci)、阿蒙东(Amontons)和库仑(Coulomb)为代表，从试验为基础的经验研究模式中归纳出经典摩擦公式。20 世纪 20 年代后，现代摩擦理论从机械-分子共同作用的观点出发较完整地发展了固体摩擦理论，特别是英国的鲍登(Bowden)和泰伯(Tabor)建立了较完整的黏着-犁沟摩擦理论以及苏联学者克拉盖尔斯基(Крагелъский)提出的摩擦二项式定律。高温磨损理论从 20 世纪 50 年代开始得到持续发展。英国的鲍登和泰伯提出了黏着磨损理论，苏联的 Хрущов 和 Бабичев 发展了磨粒磨损理论，苏联以克拉盖尔斯基为代表创建了疲劳磨损理论，美国的苏(Suh)建立了剥层磨损理论，苏联的卡斯杰茨基(Костєпкйй)和德国的弗莱舍尔(Fleischer)发展了能量磨损理论，以及英国的奎恩(Quinn)和斯托特(Stott)建立了氧化磨损理论。这些理论奠定了高温摩擦磨损理论研究的基础，解释了一些摩擦磨损现象，并对材料的高温摩擦学行为研究起到了重要的指导作用。但与此同时，上述理论也存在局限性：这些理论均是根据一定的实验检测结果来建立物理模型，再经过相关理论推导出摩擦和磨损计算公式，然而，影响高温摩擦和磨损的因素繁多，所建立的公式不可避免地包含一些目前还难以确定的变量，在实际应用中受到很大的局限。

高温润滑理论以固体润滑理论为基础，主要研究高温固体润滑剂的作用机理。尽管固体润滑理论不像流体润滑理论那样成熟，但在固体润滑理论方面的研究也已经得到重视，特别是对固体润滑剂作用机理的研究。经过长时间的努力，固体润滑机理的认知不断深入，固体润滑剂的种类不断扩充，从广为人知的石墨和锡发展到二硫化钼等具有弱层间结合力的层状结构物质以及贵金属金、银等能够发生晶间滑移的软金属，再发展到高温时发生软化的金属氟化物和氧化物，特别是近年来发现了一些新颖的无机含氧酸盐。此外，固体润滑剂间的协同效应和高温润滑方式的研究也日益受到重视。

1.2.2 高温自润滑材料

传统润滑油的最高使用温度不超过 250℃，聚合物类润滑材料的极限使用温度为 400℃，更高温度的机械润滑只能通过固体润滑实现，此时可选用的润滑材料和技术的范围迅速变窄，高温固体润滑应运而生。高温固体润滑是指利用固体润滑粉末、薄膜或复合材料隔开两个摩擦表面间的直接接触，降低高温环境中相对运动时的摩擦和磨损。高温固体润滑是在流体润滑、气体润滑和传统润滑油脂以及有机润滑材料无法满足机械运动部件的高温润滑需求情况下，利用具有自润滑性能的材料来解决和减缓机械运动部件的高温摩擦磨损问题。

高温自润滑材料是以金属或陶瓷为基体组元，加入润滑组元和一些辅助组元，按照一定的组成原则，通过一定工艺制备而成的具有一定强度和润滑性能的复合材料[2,4,10]。它兼有基体组元的机械性能和固体润滑剂的摩擦学特性,可根据工况要求设计成分,一方面具有较高的强度和硬度,能够提高接触摩擦副的耐磨损性能;另一方面又具有润滑的效果,在摩擦副之间形成固体润滑膜,减小摩擦副的摩擦系数和稳定摩擦功耗,实现润滑的目的。鉴于其综合性能优异,高温自润滑材料适宜在各种不同的大气环境、化学环境、电气环境、高温、低温、高真空、强辐射等特殊工况下工作。

高温自润滑材料可分为高温自润滑合金、高温自润滑复合材料和高温自润滑涂层。高温自润滑合金主要通过制备过程中原位生成或通过摩擦化学反应来诱导生成具有润滑性能的化合物来实现自润滑功能,相关研究集中于软质金属氧化物(如氧化铼、氧化钼、氧化钒等)和硫化物的润滑性能和原位再生机理。高温自润滑涂层最具代表性的工作为美国国家航空航天局(NASA)研制的PS系列涂层以及美国空军研究实验室(AFRL)研制的自适应性系列涂层[3,11-17]。NASA从最初的PS100系列涂层发展到PS300系列涂层,又在PS304的基础上开发了最新的第四代自润滑涂层PS400,它具有更好的尺寸稳定性和高温自润滑性[11-14]。AFRL首先研制了氧化物基(主要为YSZ及Al_2O_3)自适应性涂层,随后氮化物基自适应性涂层也相继被报道,如Mo_2N-MoS_2-Ag、VN-Ag、NbN-Ag及TaN-Ag涂层,自适应性高温润滑涂层表现出良好的宽温域润滑性能[3,15-17]。其他的高温自润滑涂层也被开发,如Ni-hBN高温自润滑涂层、NiMoAl-Ag高温自润滑涂层、Ni_3Al基高温自润滑涂层等[18-20]。高温自润滑复合材料的研究也得到突破。早期,NASA提出了使用复合润滑剂的理念,研制了PM212高温自润滑复合材料,实现了室温到900℃的连续润滑[21];此后,PM300高温自润滑复合材料被开发[22]。日本开展了氧化锆基高温自润滑复合材料的工作,研究了其室温到800℃的摩擦磨损性能[23]。近年来,中国科学院兰州化学物理研究所开展了室温到1000℃的高温自润滑复合材料的研究工作,一系列的镍基高温自润滑复合材料、金属间化合物基高温自润滑复合材料和陶瓷基高温自润滑复合材料得到开发[24-29]。国内其他高校,如哈尔滨工业大学、西安交通大学、南京理工大学、武汉理工大学等也进行了高温自润滑复合材料的相关研究,取得了一些较好的研究结果[30-33]。

总体而言,近年来高温自润滑材料的研究取得了一定的进展,高温自润滑材料的种类不断更新,性能不断提高。然而,目前开发的高温自润滑材料的综合性能难以达到苛刻工况的要求;另外,国内相关高温自润滑材料的应用研究积累较薄弱,与国外相比尚存在一定差距。

1.2.3　高温耐磨损材料

材料的高温耐磨损性能是高温机械摩擦副设计的重要指标之一。目前,成熟应用的高温耐磨损材料主要包括铁基、镍基和钴基系列高温合金。其中,铁基合金高温下磨损表面容易形成一层疏松易剥落的氧化层，因此其高温耐磨损性能较差，使役温度较低。另外，铁基合金多用于机械设备表面防护、模具制造以及动传输系统和水压循环系统的管道、阀门、叶片等领域，其应用环境多面临气体或流体颗粒的冲蚀磨损，因此现有的关于铁基合金高温磨损性能的研究主要集中在耐冲蚀和高温磨粒磨损性能两个方面。而镍基和钴基合金高温抗氧化性能优异，高温条件下磨损表面易形成一层釉质保护层，因此，高温耐磨损性能优异。其中Inconel 系列镍基合金、Incoloy 系列镍基合金和 Stellite 系列钴基合金被广泛地应用于航空航天、核能和化工领域，相应的高温耐磨损性能已经得到广泛研究。此外，研究者在此基础上还开发了诸多的镍基和钴基防护涂层，如 NiCrBSi 系列涂层、NiCr-Cr$_3$C$_2$ 系列涂层、Stellite 6 和 Stellite 21 合金堆焊涂层等。

材料轻质化是实现装备轻量化和高性能的关键要素之一，而发展新型高温耐磨损轻质材料是世界各国材料研究计划的重要内容。一方面，改善现有材料体系的耐磨损性能。在现有的高温铝基(Al-Si、Al-Fe-V-Si 和 Al-Cu)和镁铝基合金(AZ91D 合金)中添加硬质颗粒相(如 TiB$_2$、SiC)来提高其耐磨损性能。另一方面，探索新的耐磨损材料体系，例如，金属间化合物由于其优异的轻质、耐高温、抗氧化、耐磨损等特性，成为新一代轻质耐高温结构材料。已有研究表明，Ti-Al 系和 Ni-Al 系金属间化合物在 800℃高温环境下耐磨损性能优异，而 Fe-Al 系合金在 600℃以下高温耐磨损性能突出[34-37]。

陶瓷材料室温和高温强度高、耐腐蚀性能和热稳定性优良，是高温耐磨耐蚀应用领域的理想材料。但目前关于陶瓷材料的高温磨损研究较为匮乏，其本征脆性、加工成型困难、抗热振性能较差等制约了陶瓷基高温耐磨损材料的应用。

1.2.4 高温摩擦学测试分析技术

高温摩擦磨损过程错综复杂，准确测试评估难度大。高温摩擦磨损测试受各种内在因素(如材料的物理、化学、力学性能)和外部因素(包括载荷、速度、温度和环境条件等)的影响。为了正确地分析摩擦现象和客观地研究磨损机制，必须掌握科学的测试分析方法。目前，高温摩擦磨损行为的研究多处于实验室研究阶段，只有少量样件进入台架试验和实际应用试验阶段。

对于摩擦磨损性能的测试，目前高温摩擦磨损试验机已经能够实现室温到1000℃的测试试验，有的摩擦磨损试验机甚至能够达到 1200℃。但参数范围较窄，功能较为单一，测量精度和准确性有待进一步提高。为适应高温摩擦学的研究，宽温域、广速率、高承载、多环境等工作参数和高可靠运行要求将是新一代高性能高温摩擦磨损试验机的发展趋势。

对于摩擦磨损行为的分析技术，现阶段仍是以静态测试分析为主，摩擦过程的动态分析技术仍处于起步阶段。原位表征采集技术与高温摩擦磨损试验机的集成系统将有助于更深入地理解摩擦磨损行为，推进摩擦动态分析技术的发展。例如，原位 X 射线衍射分析仪或原位激光拉曼光谱仪与高温摩擦磨损试验机的集成，可以实时采集高温摩擦过程中材料磨损表面的形貌、结构和元素价态变化，结合摩擦系数和磨损率的波动，更能准确地分析摩擦过程中材料表面摩擦行为、磨损机制以及润滑机理。

1.3　高温摩擦学应用

现代工业的发展，特别是航空、航天、核能等高技术领域的激烈竞争，使得机械系统在高温条件下的摩擦、磨损和润滑问题日益受到重视，迫切需要发展相适应的高温润滑和耐磨材料与技术。高温自润滑耐磨损材料的应用面广，需求量大，涉及众多机械设备。然而，高温自润滑耐磨损材料和技术研究的底子薄、基础弱，高温摩擦、磨损和润滑问题已成为目前亟须解决的重要科学问题和技术难题，必须研究高温自润滑耐磨损材料和技术来突破高端装备的技术瓶颈。

1. 高温轴承

轴承是机械设计的三大要素之一，是支撑传动装置的关键零部件。国防和高技术领域的发展使得机械设备处于更加苛刻的条件中，高温、高速、高载是对轴承提出的新的环境要求。以固体润滑技术为基础的高温轴承能够简化润滑和冷却系统，减少磨损，保障润滑，满足使用寿命，在高温条件下工作轴承的摩擦磨损研究成为关键科学问题。高温轴承已在多个领域中应用，如航天飞机的轻载摆动轴承、航空高温箔片轴承、燃气轮机的高温滚动轴承、超声速飞行器舵轴承、武器装备高温滑动轴承、绝热柴油发动机轴承等[13, 38, 39]。

2. 高温密封

机械系统能量效率和工作温度的不断提高对高温密封材料和技术提出更高的要求，如核电主泵的密封、斯特林发动机活塞环、汽车发动机中回热器密封垫汽缸套和活塞环等[40]。在尖端技术领域，高超声速飞行器控制翼面动密封间隙和超燃冲压发动机动密封是两种较为典型的高温动密封部位，它们都需要承受高温氧化，一般的动密封结构难以正常工作，因此高温动密封已成为制约未来航天飞行器发展的关键技术，其性能直接影响着飞行器服役期间的安全可靠性，是未来高超声速飞行器发展急需解决的问题[40]。

3. 制动装置

制动装置广泛应用于交通工具、工程机械等各类机械设备中，是设备中关键的安全部件。机械设备负载及其运行速度的不断增大导致高速重载下摩擦副所吸收的能量大幅增加，如高速列车制动时制动盘及闸片的温度可达 500℃以上(瞬时可达 1000℃)。为了保障设备运行和交通工具行驶的安全可靠性，必须解决高速重载时摩擦副的热衰退现象及热损伤等问题。

4. 集电装置

集电装置主要包括发电机的集电环和轨道交通的集电滑板。摩擦集电材料要在载流条件下作为摩擦副做高速相对滑动，其摩擦磨损涉及摩擦接触系统和电接触系统，这两个系统相互作用、相互影响。载流摩擦过程中电弧烧蚀引起摩擦副发生熔融喷溅、高温氧化等失效形式，导致磨损加剧。受电摩擦磨损由于摩擦机理复杂，已成为当前摩擦学与材料学领域研究热点之一。在开发新型摩擦集电材料的同时，有必要在最大限度模拟实际工况的条件下对载流摩擦磨损机理做更深入的探讨，建立自润滑摩擦集电材料高速载流摩擦磨损的理论模型，以指导摩擦集电材料的进一步研究和应用。

5. 切削刀具

在机械加工过程中，切削工具与加工件的剧烈摩擦会产生大量的摩擦热，即使采用最好的冷却润滑液，也无法避免刀具温度的急剧升高。当切削速度很高时，刀具材料在高温下会发生氧化作用，生成脆性、疏松、低强度的氧化膜，造成切削工具磨损。加工过程中产生的摩擦温升是导致刀具磨损失效的主要原因之一。因此，通过设计新型的自润滑刀具可以减少在加工过程中产生的摩擦热，从而有效地延长切削刀具的使用寿命。

6. 热作模具

热作模具主要包括材料的热成形模具、热挤压模具和压力铸造模具。热作模具服役条件恶劣，长期在高温下工作，并承受材料间的摩擦，极易发生磨损和疲劳破坏，而导致模具失效，因此提高热作模具的磨损性能是延长模具使用寿命、降低生产成本的关键因素之一。热作模具的性能和寿命主要取决于模具材料的性能，因此，热作模具钢材料的高温摩擦和磨损性能的改善对热作模具的应用至关重要。

参 考 文 献

[1] Zhu S Y, Cheng J, Qiao Z H, et al. High temperature solid-lubricating materials: A review[J]. Tribology International, 2019, 133: 206-223.
[2] 刘维民, 薛群基. 摩擦学研究及发展趋势[J]. 中国机械工程, 2000, 11: 77-80.

[3] Bi Q L, Zhu S Y, Liu W M. Tribology in Engineering-Chapter 7: High Temperature Tribological Materials[M]. London: Intech, 2013.

[4] Voevodin A A, Muratore C, Aouadi S M. Hard coatings with high temperature adaptive lubrication and contact thermal management: Review[J]. Surface and Coatings Technology, 2014, 257: 247-265.

[5] 薛群基, 吕晋军. 高温固体润滑研究的现状及发展趋势[J]. 摩擦学学报, 1998, 19: 91-96.

[6] 石淼森. 固体润滑技术[M]. 北京: 中国石化出版社, 1998.

[7] Semenov A P. Tribology at high temperatures[J]. Tribology International, 1995, 28: 45-50.

[8] 翁立军, 刘维民, 孙嘉奕, 等. 空间摩擦学的机遇和挑战[J]. 摩擦学学报, 2005, 25: 92-95.

[9] 刘维民, 翁立军, 孙嘉奕. 空间润滑材料与技术手册[M]. 北京: 科学出版社, 2009.

[10] 王黎钦, 应丽霞, 古乐, 等. 固体自润滑复合材料研究进展及其制备技术发展趋势[J]. 机械工程师, 2002, 9: 6-8.

[11] Dellacorte C, Fellenstein J A. The effect of compositional tailoring on the thermal expansion and tribological properties of PS300: A solid lubricant composite coating[J]. Tribology Transactions, 1997, 40: 639-642.

[12] Dellacorte C, Edmonds B J. Preliminary evaluation of PS300: A new self-lubricating high temperature composite coating for use to 800℃[R]. NASA-TM-107056, 1996.

[13] Dellacorte C, Edmonds B J. PS400: A new high temperature solid lubricant coating for high temperature wear applications[R]. NASA-TM-2009-215678, 2009.

[14] Dellacorte C, Stanford M K, Thomas F, et al. The effect of composition on the surface finish of PS400: A new high temperature solid lubricant coating[R]. NASA-TM-2010-216774, 2010.

[15] Voevodin A A, Zabinski J. Nanocomposite and nanostructured tribological materials for space applications [J]. Composites Science and Technology, 2005, 65: 741-748.

[16] Aouadi S M, Paudel Y, Luster B, et al. Adaptive $Mo_2N/MoS_2/Ag$ Tribological nanocomposite coatings for aerospace applications[J]. Tribology Letters, 2007, 29(2): 95-103.

[17] Aouadi S M, Singh D P, Stone D S, et al. Adaptive VN/Ag nanocomposite coatings with lubricious behavior from 25 to 1000℃[J]. Acta Materialia, 2010, 58: 5326-5331.

[18] Zhang S T, Zhou J S, Guo B G, et al. Friction and wear behavior of laser cladding Ni/hBN self-lubricating composite coating[J]. Materials Science and Engineering A, 2008, 491: 47-54.

[19] Chen J, Zhao X, Zhou H, et al. HVOF-sprayed adaptive low friction NiMoAl-Ag coating for tribological application from 20 to 800℃[J]. Tribology Letters, 2014, 56: 55-66.

[20] Niu M Y, Bi Q L, Yang J, et al. Tribological performance of a Ni_3Al matrix self-lubricating composite coating tested from 25 to 1000℃[J]. Surface and Coatings Technology, 2012, 206(19-20): 3938-3943.

[21] Dellacorte C, Sliney H E. Tribological properties of PM212: A high-temperature, self-lubricating, powder metallurgy composite[R]. NASA-TM-102355, 1990.

[22] Striebing D R, Stanford M K, DellaCorte C, et al. Tribological performance of PM300 solid lubricant bushings for high temperature applications[R]. NASA/TM-2007-214819, 2007.

[23] Ouyang J H, Sasaki S K, Murakami T, et al. The synergistic effects of CaF_2 and Au lubricants on tribological properties of spark-plasma-sintered $ZrO_2(Y_2O_3)$ matrix composites[J]. Materials Science and Engineering A, 2004, 386(1-2): 234-243.

[24] Li F, Cheng J, Qiao Z H, et al. A Nickel-alloy-based high-temperature self-lubricating composite with simultaneously superior lubricity and high strength[J]. Tribology Letters, 2013, 49(3): 573-577.

[25] Zhen J M, Li F, Zhu S Y, et al. Friction and wear behavior of nickel-alloy-based high temperature self-lubricating composites against Si_3N_4 and Inconel 718[J]. Tribology International, 2014, 75: 1-9.

[26] Zhu S Y, Bi Q L, Yang J, et al. Ni_3Al matrix high temperature self-lubricating composites[J]. Tribology International, 2011, 44(4): 445-453.

[27] Zhu S Y, Bi Q L, Yang J, et al. Effect of particle size on tribological behavior of Ni_3Al matrix high temperature self-lubricating composites[J]. Tribology International, 2011, 44(12): 1800-1809.

[28] Zhu S Y, Bi Q L, Yang J, et al. Influence of Cr content on tribological properties of Ni_3Al matrix high temperature self-lubricating composites[J]. Tribology International, 2011, 44(10):1182-1187.

[29] Kong L Q, Bi Q L, Niu M Y, et al. High-temperature tribological behavior of ZrO_2-MoS_2-CaF_2 self-lubricating composites[J]. Journal of the European Ceramic Society, 2013, 33(1):51-59.

[30] Ouyang J H, Li Y F, Wang Y M, et al. Microstructure and tribological properties of $ZrO_2(Y_2O_3)$ matrix composites doped with different solid lubricants from room temperature to 800℃[J]. Wear, 2009, 267: 1353-1360.

[31] Ding C H, Li P L, Ran G, et al. Tribological property of self-lubricating PM304 composite[J]. Wear, 2007, 262: 575-581.

[32] Li J L, Xiong D S. Tribological properties of nickel-based self-lubricating composite at elevated temperature and counterface material selection[J]. Wear, 2008, 265(3-4):533-539.

[33] Shi X L, Song S Y, Zhai W Z, et al. Tribological behavior of Ni_3Al matrix self-lubricating composites containing WS_2, Ag and hBN tested from room temperature to 800℃[J]. Materials and Design, 2014, 55: 75-84.

[34] Zhu S Y, Bi Q L, Niu M Y, et al. Tribological behavior of NiAl matrix composites with addition of oxides at high temperatures[J]. Wear, 2012, 274-275: 423-434.

[35] Cheng J, Yang J, Zhang X H, et al. High temperature tribological behavior of a Ti-46Al-2Cr-2Nb intermetallics[J]. Intermetallics, 2012, 31: 120-126.

[36] Cheng J, Yu Y, Fu L C, et al. Effect of TiB_2 on dry-sliding tribological properties of TiAl intermetallics[J]. Tribology International, 2013, 62: 91-99.

[37] Zhang X H, Ma J Q, Fu L C, et al. High temperature wear resistance of Fe-28Al-5Cr alloy and its composites reinforced by TiC[J]. Tribology International, 2013, 61: 48-55.

[38] DellaCorte C, Bruckner R J. Oil-free rotor support technologies for an optimized helicopter propulsion system[R]. NASA/TM-2007-214845, 2007.

[39] Sliney H E. PM200/PS200: Self-lubricating bearing and seal materials for applications to 900℃ [R]. NASA-TM-103776, 1991.

[40] 张婕, 蒋军亮, 任青梅, 等. 美国高温密封试验技术研究[J]. 液压气动与密封, 2015, 10: 7-9.

第 2 章 高温摩擦理论

目前，高温摩擦理论尚不完善，仍然缺乏系统深入的研究。高温摩擦学属于固体摩擦研究的范畴，高温摩擦理论的研究也必然建立在固体摩擦理论之上。经典摩擦理论在以试验为基础的经验研究模式中归纳出经典摩擦公式，现代摩擦理论从机械-分子联合作用的观点出发较完整地发展了固体摩擦理论(特别是以黏着效应和犁沟效应为基础的摩擦理论和摩擦二项式定律)，新兴的固体摩擦理论又从微观角度研究摩擦能量耗散过程。无疑，不断发展的固体摩擦理论正逐步向摩擦起源和摩擦控制靠近；同时，也为丰富和完善高温摩擦理论奠定了深厚的理论基础。

苛刻的高温摩擦环境条件导致高温摩擦研究难度增加，而复杂的高温摩擦现象又加剧了高温摩擦理论的研究难度。透过高温摩擦现象，可以认识高温摩擦本质。精确测量材料在高温下的摩擦学性能以及准确分析摩擦表面状态能够深入理解高温摩擦现象，也是研究高温摩擦学行为规律以及相关机理的基础。

2.1 摩 擦 理 论

从 15 世纪达·芬奇开始对摩擦进行研究以来，经过五百多年许多科学家的努力，目前对摩擦现象及其机理的研究已有很大的进展，出现了阿蒙东-库仑定律、机械嵌合理论、分子作用理论、黏着-犁沟摩擦理论以及摩擦能量理论等来阐明摩擦的本质，但至今尚未形成统一的理论来解释摩擦起源。本节简要地介绍在摩擦研究中的几种主要理论。

2.1.1 阿蒙东-库仑定律

达·芬奇、阿蒙东、库仑等最早对干摩擦状态下固体间相对滑动的问题进行了研究，建立了经典摩擦定律，也称为阿蒙东-库仑定律，其基本内容有：

(1) 摩擦力的大小与表观接触面积无关。

(2) 摩擦力的大小与滑动速度无关。

(3) 摩擦力的大小与接触面积间的法向载荷成正比

$$F = \mu N \tag{2-1}$$

式中，μ 为摩擦系数；N 为法向载荷(作用力 P 的法向分力)，如图 2.1 所示。

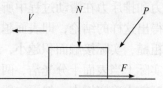

(4) 静摩擦系数大于动摩擦系数。

在经典摩擦定律中，摩擦系数是一个常数。但实际上摩擦系数并不代表一种材料的固有特性，它主要取决于组成摩擦副的材料与试验条件。

图 2.1　物体摩擦时的受力情况

在经典摩擦定律中，摩擦力的大小与名义接触面积的大小无关。近代研究发现，摩擦力与真实接触面积有关。真实接触面积不但与载荷有关，而且与影响其是否发生塑性变形的表面粗糙度 ε 和微凸体的平均曲率半径 ρ 有关。

在经典摩擦定律中，摩擦力的大小与滑动速度无关。这一结论仅在有限的速度范围内成立，且随摩擦副材料不同而有所差异。

经典摩擦定律认为静摩擦系数大于动摩擦系数，但这一定律不适用于黏弹性材料，尽管关于黏弹性材料究竟是否具有静摩擦系数还没有定论。

因此，经典摩擦定律一定程度上反映了滑动摩擦的机理，给出了摩擦系数的定义，但尚不足以完整、合理地解释摩擦机理。

2.1.2　机械嵌合理论

早期的机械嵌合理论认为摩擦起源于表面粗糙度，摩擦中能量损耗于粗糙峰的相互嵌合、碰撞以及弹塑性变形，动摩擦力是硬粗糙峰嵌入软表面后在滑动过程中形成的犁沟效应，静摩擦力是粗糙峰相互嵌合而阻止相对运动产生的力(图 2.2)。

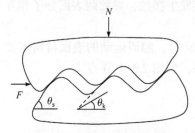

图 2.2　机械嵌合理论模型[1]

静摩擦系数：

$$\mu_s = \tan\theta_s \tag{2-2}$$

动摩擦系数：

$$\mu_k = \tan\theta_k \approx \frac{\mu_s}{2} \tag{2-3}$$

只有在表面粗糙峰被削平、变形及压溃后，两表面才易于做相对运动。一般情况下，表面越光滑平整，摩擦阻力越小。但是，它不能解释当表面粗糙度特别小的时候，摩擦力反而很大的现象。这说明机械嵌合作用并非产生摩擦力的唯一因素。

2.1.3　分子作用理论

随后的分子作用理论认为摩擦来源于摩擦表面分子间作用力。17 世纪，英国物理学家德萨古利埃(J. T. Desaguliers)第一次提出了摩擦力产生于两物体摩擦表面间所持有的分子力。托姆林森(G. A. Tomlinson)于 1929 年提出分子间存在吸引力和排斥力在滑动过程中所产生的能量损耗是摩擦的起因。根据分子作用理论应得出这样的结论,即表面越光滑,实际接触面积越大,摩擦系数应越大;表面越粗糙,实际接触面积越小,摩擦系数应越小。这种观点与机械嵌合论是矛盾的。实际上当表面十分光洁,两表面接触时双方表面分子间的吸附力起主要作用时,摩擦力确实增大,然而一般情况下并非如此,这种分析除重载荷条件外是不符合实际情况的。

2.1.4 黏着-犁沟摩擦理论[1-4]

20 世纪 40～50 年代,鲍登和泰伯对固体摩擦进行了深入研究,建立了较完整的黏着-犁沟摩擦理论。该理论认为两相互接触表面承载后,某些微凸体的接触点产生了很大的接触应力,导致两表面接触点黏着在一起。当两表面作相对滑动时,黏着点则被剪断;同时,表面上的微凸体嵌入软表面,软表面则被犁成沟槽。剪断黏着点的力与在表面上犁沟的力之和,就是摩擦力。这一理论适用于金属摩擦副的解释。

1. 摩擦的起因及摩擦过程中的能耗

1) 摩擦表面相互作用

承载表面的相对运动阻力(摩擦力)是由表面相互作用引起的。表面的相互作用包含材料表面的黏着和材料表面的位移。

(1) 材料表面的黏着是指在洁净金属表面,即微凸体顶端相接触的界面上不存在表面膜的情况下,金属与金属在高压下直接发生接触,导致两表面分子相互吸附而形成连接点,如图 2.3 中的 A、C、D 点。

(2) 材料表面的位移是指当表面发生相对运动时,阻碍运动的表面材料需要被移动或将软表面犁成沟槽才能继续做相对滑动,如图 2.3 中 B 点。

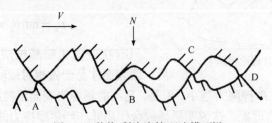

图 2.3　黏着-犁沟摩擦理论模型[1]

2) 摩擦功耗

两接触表面做相对运动时,需要施加作用力(即对其做功),以克服运动阻力。这些功主要消耗在:

(1) 当相对运动时,必须要使阻碍运动的微凸体发生弹性变形或塑性变形。对于大多数金属材料而言，塑性变形消耗的功是不可逆的。

(2) 当微凸体间相互黏着时，必须消耗部分功，剪断此处的黏着点连接。

(3) 当微凸体相互嵌合时，必须消耗部分功，剪断一些微凸体的高峰或使较软一方材料发生变形。

摩擦过程中消耗的能量就是摩擦力做的功。

3) 摩擦力的起源

要使两个接触表面做相对运动，必须施加一个切向力来克服摩擦阻力。这个摩擦力由两部分组成：①剪断固相黏着点的力——黏着分量；②克服硬质微凸体在软表面上的犁沟阻力——犁沟分量。

假定这两项阻力彼此没有影响，则总摩擦力为此两个分量的代数和。摩擦系数也可看作是两部分之和。

$$F = F_b + F_v \tag{2-4}$$

$$\mu = \mu_b + \mu_v \tag{2-5}$$

式中，F、μ 分别为总摩擦力和总摩擦系数；F_b、μ_b 分别为摩擦力和摩擦系数的黏着分量；F_v、μ_v 分别为摩擦力和摩擦系数的犁沟分量。

2. 摩擦的黏着分量

1) 简单黏着摩擦理论

由于真实接触面积只占表观接触面积的很小部分，在载荷作用下接触点上的接触应力 σ 达到金属的压缩屈服极限 σ_s 时发生塑性变形，形成小平面接触，直到接触面积增大到足以支承法向载荷为止(图 2.4)。

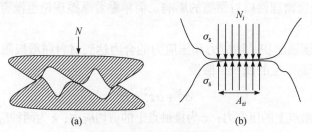

图 2.4　摩擦表面接触情况

(a) 微凸体的接触；(b) 接触点的受力

真实接触面积与载荷的关系为

$$N_i = \sigma_s A_{ri} \tag{2-6}$$

$$N = \sum \sigma_s A_{ri} = \sigma_s A_r \tag{2-7}$$

式中，N_i 为单个微凸体的法向载荷；A_{ri} 为单个微凸体的真实接触面积；N 为载荷的法向部分；A_r为真实接触面积的总和；σ_s为金属的压缩屈服极限。

真实接触处出现牢固的黏着点，摩擦力主要就是剪断黏着点的剪切力。塑性变形首先发生在摩擦对偶中软材料，剪断的也是软材料。

$$F_b = A_r \tau_b = \frac{N}{\sigma_s} \tau_b \tag{2-8}$$

$$\mu_b = \frac{F_b}{N} = \frac{\tau_b}{\sigma_s} = \frac{\text{软材料的剪切强度极限}}{\text{软材料的压缩屈服极限}} \tag{2-9}$$

式中，F_b为摩擦力的黏着分量；μ_b为摩擦系数的黏着部分；τ_b为软金属黏结点部分的剪切强度极限；σ_s为软金属黏结点部分的压缩屈服极限。

鲍登的简单黏着摩擦理论给出的表达式符合库仑定律：摩擦力与表观接触面积无关；摩擦力与法向载荷成正比。

但是，根据此表达式得出的摩擦系数与实验结果并不相符，大多数金属的τ_b与σ_s之比约为 0.2，于是计算得到的摩擦系数约为 0.2。事实上，在大气条件下，干摩擦时金属副的摩擦系数约 0.5，高真空条件下摩擦系数更大，所以这个理论尚不完善。

2) 修正黏着摩擦理论

简单黏着摩擦理论认为，分析实际接触面积时只考虑压缩屈服极限σ_s，而计算摩擦力时又只考虑剪切强度极限τ_b，这对于静摩擦状态是合理的。但对于滑动摩擦状态，由于存在切向力，实际接触面积和接触点的变形条件都取决于法向载荷产生的压应力σ和切向力产生的切应力τ的共同作用。

此外，简单黏着摩擦理论认为，摩擦力只取决于材料的机械性质，也未考虑表面化学和表面物理性质对摩擦的影响。简单黏着摩擦理论也没有考虑表面膜对摩擦的影响。

(1) 真实接触面积是切应力和压应力的合力达到材料屈服极限时，接触点处发生塑性变形而产生的面积。假设

$$\sigma^2 + \alpha \tau^2 = k^2 \tag{2-10}$$

式中，σ为接触点上的压应力；τ为接触点上的剪切应力；k为两种应力的合力——合成应力。α和k均为待定值，即

$$k^2 = \left(\frac{N}{A_r}\right)^2 + \alpha \left(\frac{F_b}{A_r}\right)^2 \tag{2-11}$$

当合成应力达到材料压缩屈服极限时，

$$k^2 = \sigma_s^2 = \left(\frac{N}{A_r}\right)^2 + \alpha \left(\frac{F_b}{A_r}\right)^2 \tag{2-12}$$

此时真实接触面积上发生塑性变形，面积不再继续扩大。经整理

$$A_r^2 = \left(\frac{N}{\sigma_s}\right)^2 + \alpha\left(\frac{F_b}{\sigma_s}\right)^2 \tag{2-13}$$

将 $\frac{F_b}{N} = \mu_b$ 代入式(2-13)，得

$$A_r = \frac{N}{\sigma_s}\left(1 + \alpha\mu_b^2\right)^{\frac{1}{2}} \approx \frac{N}{\sigma_s}\left(1 + \frac{\alpha}{2}\mu_b^2\right) \tag{2-14}$$

由式(2-14)可以看出，由于剪切力的共同作用，真实接触面积有所增大。所以，由式(2-14)求得的摩擦力比简单黏着摩擦理论计算的要大。

(2) 具有软材料表面膜的摩擦副滑动时，剪切发生在剪切强度较低的表面膜内。

一般来说，表面膜的剪切强度极限 τ_f 比金属剪切强度极限 τ_b 小。

$$\tau_f = c\tau_b \tag{2-15}$$

式中，$0 < c < 1$。当剪应力 $\tau = \frac{F_b}{A_r} < \tau_f$ 时，接触点尚不能被剪断，接触面积仍继续扩大。而当剪应力 $\tau = \frac{F_b}{A_r} = \tau_f$ 时，在表面膜处的接触点剪断，接触面积停止增大，开始滑动。若 F_b 很大，由 F_b 引起的应力 $\frac{F_b}{A_r} \gg \frac{N}{A_r}$ 时，则 $\frac{N}{A_r}$ 可忽略不计。

在式 $\sigma_b^2 = \left(\frac{N}{A_r}\right)^2 + \alpha\left(\frac{F_b}{A_r}\right)^2$ 中，如开始滑动，即 $\frac{F_b}{A_r} = \tau_b\frac{N}{A_r}$，则 $\sigma_b^2 \approx \alpha\tau_b^2$，即 $\sqrt{\alpha} = \frac{\sigma_b}{\tau_b}$。

当合成应力达到式 $\sigma^2 + \alpha\tau_f^2 = \sigma_s^2$ 金属压缩屈服极限时，接触点处发生塑性变形。将 $\tau_f = c\tau_b$ 和 $\sigma_s^2 \approx \alpha\tau_b^2$ 代入式 $\sigma^2 + \alpha\tau_f^2 = \sigma_s^2$，经简化整理后得

$$\frac{\tau_f}{\sigma} = \frac{c}{\left[\alpha\left(1 - c^2\right)\right]^{\frac{1}{2}}} \tag{2-16}$$

根据摩擦定律，可推导得

$$\mu_b = \frac{F_b}{N} = \frac{A_r\tau}{A_r\sigma} = \frac{\tau_f}{\sigma} = \frac{c}{\left[\alpha\left(1 - c^2\right)\right]^{\frac{1}{2}}} \tag{2-17}$$

由不同的 α 值，可得 μ-c 的关系曲线(图 2.5)。由图可见，当 c 趋近于 1，即

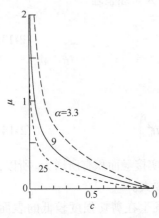

图 2.5　不同 α 值的 μ-c 曲线[1]

表面膜基本上不存在，也即 $\tau_f \to \tau_b$，此时 μ 趋向于 ∞。当表面膜存在时，$\tau_f < \tau_b$，c 从 1 下降，此时 μ_b 下降得十分明显。

如 c 值很小，则 $\mu_b = \dfrac{c}{\sqrt{\alpha}}$，而 $\sqrt{\alpha} = \dfrac{\sigma_s}{\tau_b}$，所以

$$\mu_b = \frac{c\tau_b}{\sigma_s} = \frac{\tau_f}{\sigma_s} = \frac{\text{软表面膜的剪切强度极限}}{\text{硬基体材料压缩屈服极限}} \tag{2-18}$$

修正黏着摩擦理论能很好地解释金属摩擦副在大气中干摩擦时的实际情况，其主要论点是：① 真实接触面积是由塑性变形来决定的，取决于法向载荷与切向力(摩擦力)共同作用；② 当两表面在大气环境条件下相接触时，被剪切强度极限为 τ_f 的表面膜所隔开；③ 摩擦力的黏着分量是剪断分隔点处的表面膜需要的力。如果在高真空中接触，分隔膜可能不存在，这时就沿较软金属的表层剪断软表面上一部分材料，并将其转移到硬表面上。当表面有氧化膜或吸附膜覆盖时，有些膜破裂处发生金属间的焊接，这时界面的剪切强度可能介于金属的与表面膜的剪切强度之间。

3. 摩擦的犁沟分量

摩擦的犁沟分量是由于硬金属的微凸体顶嵌入软金属时，软金属发生塑性流动，被犁出一条沟槽所需克服的阻力。在黏着分量较小时(如磨粒磨损)，犁沟分量就成了摩擦力的主要分量。

(1) 微凸体为锥形时，假设硬金属表面微凸体由一些半角为 θ 的相同的锥形峰顶组成(图 2.6)。摩擦时只有锥形峰顶的前沿面与软金属接触。真实接触面积即为接触面的垂直投影面积(为半圆形)，即

$$A_h = n\frac{\pi r^2}{2} = A_r \tag{2-19}$$

式中，n 为微凸体峰顶数；A_h 即为真实接触面积 A_r；r 为接触投影面积的半径。

微凸体承受的法向载荷为

$$N = A_r\sigma_b = n\frac{\pi}{2}r^2\sigma_b \tag{2-20}$$

微凸体水平方向接触投影的三角形面积为

$$A_v = nhr \tag{2-21}$$

式中，h 为犁沟深度。

微凸体犁沟时承受的剪切阻力为

$$F_v = A_v \sigma_s = nhr\sigma_s \qquad (2\text{-}22)$$

犁沟时的摩擦系数为

$$\mu_v = \frac{F_v}{N} = \frac{nhr\sigma_s}{n\frac{\pi}{2}r^2\sigma_s} = \frac{2}{\pi}\frac{h}{r} = \frac{2}{\pi}\cot\theta \qquad (2\text{-}23)$$

通常微凸体的 θ 很大，则如半球形，摩擦系数的犁沟分量 μ_v 就很小。因为 θ 大，h 就小，A_v 也很小，可以忽略不计。而当锥形微凸体的 θ 较小时，犁沟就不能不计了。

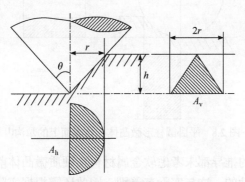

图 2.6　锥形微凸体在软表面上的犁沟

(2) 微凸体为球形时(图 2.7)，则得

$$\mu_v = \frac{F_v}{N} = \frac{A_v \sigma_s}{A_r \sigma_s} = \frac{4R^2}{\pi d^2}(2\theta - \sin 2\theta) \qquad (2\text{-}24)$$

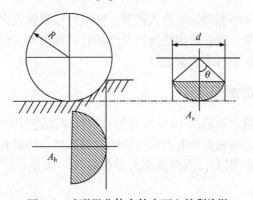

图 2.7　球形微凸体在软表面上的犁沟[1]

式中，R 为微凸体半径；d 为微凸体与表面接触面积的直径。

(3) 微凸体为平卧的圆柱体时(图 2.8)，则得

$$\mu_v = \frac{A_v}{A_r} = \left[\frac{1}{2\left(\dfrac{R}{h}\right)-1}\right]^{\frac{1}{2}}　　　　(2-25)$$

式中，R 为圆柱形微凸体半径；h 为微凸体压入深度。

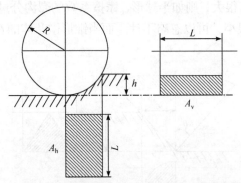

图 2.8　平卧圆柱形微凸体在软表面上的犁沟[1]

这些犁沟模型的推导都未考虑软金属材料在硬质微凸体前沿的堆积。同时，假设材料是各向同性的。这与实际有差别，因此还需根据实际的犁沟分量做一定的修正。

如果同时考虑黏着效应和犁沟效应，总摩擦力包括对金属的剪切力和犁沟力，即

$$F = F_b + F_v = A_r\tau_b + A_v\sigma_s　　　　(2-26)$$

黏着理论是固体摩擦理论的重大进展，能很好地解释表面膜的减摩作用、滑动中的摩擦跃动现象、胶合磨损机理以及摩擦转移现象等。但黏着理论简化了复杂的摩擦现象，因而也有不完善之处。

2.1.5　摩擦二项式定律[2,3]

苏联学者克拉盖尔斯基从 1939 年开始对固体摩擦进行研究，提出了摩擦二项式定律。该理论认为两表面相互滑动过程中，表面微凸体既要克服分子吸引力，又要克服机械啮合的阻力，因而摩擦力是机械作用和分子作用所产生的阻力之和，即

$$F = F_分 + F_机 = A_分\tau_分 + A_机\tau_机　　　　(2-27)$$

式中，$A_分$ 和 $A_机$ 分别为分子作用和机械作用的实际接触面积；$\tau_分$ 和 $\tau_机$ 分别为单位面积上的分子作用力和机械作用力。

而 $\tau_分 = A_1 + B_1 p^a$。其中，p 为单位面积上的法向载荷；A_1 为分子作用的切向阻力，与表面清洁度有关；B_1 为粗糙特性的系数；a 为指数，其值不大于 1 但趋近于 1。$\tau_机 = A_2 + B_2 p^b$。其中，A_2 为机械作用的切向阻力；B_2 为材料在压缩载荷作用下的硬化特性系数；b 为指数，其值不大于 1 但趋近于 1。由此可得

$$F = A_分 \left(A_1 + B_1 p^a \right) + A_机 \left(A_2 + B_2 p^b \right) \tag{2-28}$$

在分子作用面积与机械作用面积之间的比率恒定时，则

$$A_分 = n A_机 \tag{2-29}$$

并且当 $A_r = A_分 + A_机$ 时，摩擦力可推导为

$$F = A_r \left(\alpha + \beta p \right) \tag{2-30}$$

式中，α 为与表面分子特性有关的参数；β 为与表面机械特性有关的参数。

因 $p = P/A_r$，故最后得出

$$F = \alpha A_r + \beta p \text{ 或 } \mu = \alpha A_r / P + \beta \tag{2-31}$$

式中，P 为正压力；μ 为摩擦系数。

式(2-31)称为摩擦二项式定律，既考虑了机械作用，又注意了分子作用。总体来说，摩擦二项式定律考虑的因素较多，比较符合实验的结果。在干摩擦和边界摩擦时，大多数材料都可按摩擦二项式定律分析。

2.1.6 摩擦能量理论[2]

对摩擦能量理论的研究有两种观点：一种是从表面能量的观点出发分析摩擦机理，这是以美国拉宾诺维奇(Rabinowicz)为代表的看法；另一种是从能量平衡的观点综合分析摩擦过程，持这种观点的有苏联的卡斯杰茨基和德国的弗莱舍尔等。

1. 摩擦的表面能量理论

摩擦的表面能量理论认为，黏着理论把关于材料的问题看作是静止的、不活动的，这是不恰当的，实际上应考虑表面的作用。在分析材料的滑动过程中，黏着点的尺寸不仅取决于塑性变形过程，而且受表面吸引力存在的影响。其黏着力用黏着表面能表示，这种黏着表面能的作用，增加了实际接触面积的尺寸，对于摩擦系数，则得

$$\mu = \frac{\tau_b}{H}\left(1 + \frac{2W_{ab}\cot\theta}{Hr}\right)^{\frac{1}{2}} \tag{2-32}$$

式中，μ 为摩擦系数；τ_b 为软材料的剪切强度极限；H 为软材料的硬度；W_{ab} 为黏着表面能；θ 为接触角；r 为黏着点平均半径。

实际上，表面能只是摩擦能量的一部分，而大部分摩擦能量是消耗于金属的弹性、塑性变形。这个塑性变形交替发生在黏着过程中，它积蓄在材料内作为位错和最后表现为热能。此外，在摩擦过程中还出现一系列与能量消耗有关的现象，如摩擦发光、摩擦辐射、机械振动、噪声、摩擦化学反应等。因此，要用摩擦的能量平衡理论才能解释。

2. 摩擦的能量平衡理论

为了对摩擦现象进行科学分析，必须考虑摩擦学系统、模型和整个摩擦过程。摩擦的能量平衡理论就是采取了这种科学分析方法。

摩擦学系统的基本结构由四个作用元素组成，即摩擦体 1、摩擦体 2、中间材料 3 和周围介质 4。而整个摩擦学系统的结构则由元素 A、它的性质 P 和相互作用 R 组成，通常以 S 来表示：

$$S = \{A,\ R,\ P\} \tag{2-33}$$

根据系统理论，摩擦学系统属于开式、离散、动态系统。

摩擦学系统在特定的摩擦副和外界工作条件下相互作用，使摩擦过程有能量的损失，即输入能量大于输出能量，其损失能量就是摩擦能量。

摩擦使得能量可以转化为机械能、热能、化学能、电能、电磁能等。

摩擦使得摩擦体 1 和摩擦体 2、中间材料 3 和周围介质 4，会发生不同程度的形状和材料的变化。

借助于摩擦功 W_r 来表示摩擦的能量平衡，卡斯杰茨基认为，摩擦功 W_r 由四部分组成：

$$W_r = W_{er} + W_{kin} + W_{th} + W_{ab} \tag{2-34}$$

式中，W_{er} 为剪切和边界膜滑动时的功(变形部分)；W_{kin} 为内能的变化；W_{th} 为所形成的热；W_{ab} 为表面能的增加。

弗莱舍尔认为，摩擦功 W_r 由九部分组成，即

$$W_r = W_{er} + W_{mth} + W_{ph} + W_v + W_{th} + W_{st} + W_{el} + W_{ch} + W_{de} \tag{2-35}$$

式中，W_{mth} 为达到某一热相变的运动能；W_{ph} 为完全相变的能量；W_v 为容积变化的能量；W_{st} 为辐射能；W_{el} 为电位能；W_{ch} 为化学过程极化能；W_{de} 为覆盖膜的解吸能。

对于一个摩擦学系统来说，其能量分配方程式为

$$W_r = W_{r1} + W_{r2} + W_{r3} \tag{2-36}$$

若 $W_{r1} = \alpha_1 W_r$，$W_{r2} = \alpha_2 W_r$，$W_{r3} = \alpha_3 W_r$，则

$$\alpha_1 + \alpha_2 + \alpha_3 = 1 \tag{2-37}$$

式中，α_1、α_2、α_3 是能量分配系数，它描述的是一个摩擦学系统中三个积累元素在摩擦物体总的能量消耗中的分配情况。

可以认为，在一般情况下，外摩擦功 W_r 的大部分转化为热量 T_e，小部分用来改变金属表面层内能的变化 ΔE。即

$$W_r = T_e + \Delta E \tag{2-38}$$

在表面层没有明显的残余变形时，外摩擦功全部的功转化为热

$$W_r \approx T_e \tag{2-39}$$

摩擦的能量平衡理论是从摩擦学系统的概念出发，分析摩擦过程中能量的转化，摩擦过程中的能量大部分转化为热能，小部分转化为其他各种能量，摩擦的能量平衡理论可用于分析多种摩擦类型。因涉及参数较多，应用较为困难。

2.2　高温摩擦现象

摩擦是摩擦副表面在相互运动中发生能量转换，并产生能量损耗的过程[5]。高温摩擦过程中，材料表面会发生组织结构、力学性能、物理和化学性质的变化。复杂的高温摩擦现象给高温摩擦学的研究带来极大的挑战，但是这些摩擦表界面效应也为建立高温学理论架起了一座桥梁。摩擦试验可以产生摩擦表面效应，透过摩擦现象可以逐步认识摩擦体系的内涵。通过分析和研究高温摩擦现象，能够深入理解摩擦、磨损和润滑机制，对高温摩擦学理论的建立有所助益。另外，利用这些高温摩擦现象可以设计出摩擦学性能优异的高温摩擦材料。

2.2.1　摩擦表面组织结构

摩擦和磨损都发生在接触表面上，表面的状态影响着摩擦的大小、磨损的类型以及润滑剂的选择。因此，表面是摩擦学研究的重要对象。静态的固体表面宏观上具有一定的几何形状，微观上存在各种晶格缺陷，在一定的环境下还存在各种吸附膜、反应膜和污染膜，而摩擦状态下的表面是动态变化的，是一个非常复杂的系统。

摩擦表面是指在摩擦力作用下摩擦副在组织结构、物理和化学性能等方面异于基体的表面材料[6-9]。摩擦表面可描述为两个表层，即摩擦表层和亚表层。摩擦表层是指在摩擦过程中产生塑性流动和传递载荷、分隔摩擦副表面直接接触的几

微米以内的薄层，其成分和结构偏离原始态的表面材料。亚表层是指在摩擦表层与基体之间几微米到几百微米的区域，其特征是严重的塑性变形且变形逐渐减小、晶粒细化或发生相变。目前，摩擦表面组织结构的研究多集中于摩擦学白层，正是摩擦剪切力所涉及的这层材料对摩擦副的摩擦学行为产生了重要影响。

摩擦学白层是一种具有高硬度、抗腐蚀、超细晶、大变形、形成时间短和存在微裂纹等特征的薄层组织[10-12]。因其对材料的摩擦磨损性能有重要的影响，又被冠以白色浸蚀层、绝热剪切带、再结晶层和摩擦学转变结构等不同的名称。摩擦学白层是一种形成条件极宽、表现形式各异的摩擦表面组织，它根据不同材料，在不同的磨损形式、摩擦条件和摩擦副中出现。摩擦学白层的形成条件主要为相对滑移、接触应力和材料性质，其形成机制可归纳为摩擦热作用机制、塑性变形机制、再结晶机制等。从广义上讲，摩擦学白层表现为摩擦磨损表面的显微组织变化，是摩擦磨损过程的必然产物。摩擦学白层对后续的磨损行为有两方面的作用：一是耐磨能力提高。摩擦学白层的高硬度可增强耐磨损性能。二是磨损机制转变。一方面由其脆性导致的裂纹在摩擦学白层/基体界面上扩展，导致大块的颗粒按剥层方式脱落；另一方面在形成新相的同时伴随着裂纹的萌生，摩擦学白层导致疲劳裂纹的形核。

2.2.2　摩擦物理

高温摩擦过程往往伴随着能量的转化，材料物理性能也随之变化。摩擦副会经常出现摩擦温升、摩擦相变、摩擦扩散等现象，有时摩擦过程中还会出现摩擦发光、摩擦辐射、摩擦振动、摩擦噪声等，在外场的作用下，还会发生摩擦生电。

1. 摩擦温升

摩擦温升是指在摩擦过程中由于表层材料的变形或破断而消耗的能量，大部分都转变成热能，从而引起摩擦表面温度升高的现象[13]。摩擦副接触时的表面温度很高，很容易达到摩擦副中熔点较低材料的熔点或引起表层材料的再结晶。表面温升与摩擦表面状态和摩擦条件等工况有关。一般来说，温升与载荷、速度成正比。接触滑动的固体表层中，温度分布相当复杂，沿表面的法线方向有很大的温度梯度。这种高温是表面微凸体相互作用的结果。固态微凸体相互作用的时间很短(只有几毫秒或更短)，故称为瞬现温度。在毫秒的时间内表面温度能达到1000℃以上，但摩擦热会被周围环境很快导出，所以表面层温度梯度很大。精确测量表面温度具有一定难度。连续滑动使温度不断升高，直到产生的热量与散出的热量达到平衡，此时再继续滑动，表面温度也不再升高。

2. 摩擦相变

1) 摩擦奥氏体与摩擦马氏体[6,12,14]

摩擦过程中在局部区域产生的摩擦热会导致高温，使摩擦表面局部区域产生摩擦奥氏体，随之表面快速淬火形成摩擦马氏体。摩擦表面在一定的接触应力下发生相对滑移，一方面在摩擦表面薄层产生强烈的塑性变形，晶粒产生高应变、高位错密度以及孪晶和滑移线等大量塑性变形，并按切应力方向排列；另一方面，由于摩擦热和形变热使其在瞬间产生高温，导致表面奥氏体相变。细化的奥氏体晶粒中点阵畸变强烈，但总体积很少。在表面一薄层的体积内，其温度虽然很高，但热容量却很小，容易迅速地被冷却到马氏体相变点以下，由于摩擦副处于常温或略高于常温状态，所以能迅速将摩擦表面微体积的热量吸收。因此，摩擦奥氏体在大过冷度的驱动下转变为摩擦马氏体。但是，如果摩擦副处于高温状态，不能形成大的过冷度，这种摩擦相变可能很难发生。

2) 高温相变

一些摩擦副在高温环境中本身就存在相变，这种高温相变对材料的摩擦磨损性能具有重要影响。钴就是一个典型的例子。已知金属钴有两种同素异形体，在 427℃以下、1015℃以上为 α-Co 的密排六方晶系(hcp 相)，$a=2.492$Å，$c=4.056$Å，$c/a=1.63$；介于两温度之间为 β-Co 面心立方晶系(fcc 相)，$a=3.525$Å。低温马氏体 hcp 相加热升温至 438℃，马氏体逆相变开始，即 hcp 相转变为 fcc 相，升至马氏体逆相变结束温度，马氏体逆相变为高温奥氏体。继续升温至 1015℃，fcc 相转变为高温 hcp 相。在不同温度下真空内，钴对钴的摩擦磨损试验结果表明，350℃下的磨损率较 280℃大一百倍。这是环境温度和摩擦热的联合作用而使表面材料转变为 fcc 结构，使工作滑移面的数目增加、接触点增多所致。

3) 摩擦熔融

摩擦熔融是指在高温环境和摩擦热作用下，摩擦表面发生熔融，形成液态表面。这一现象经常出现在高温自润滑材料中：高温时，低熔点的固体润滑剂会发生软化，从而具有低剪切强度；当摩擦表面温度超过其熔点时，固体润滑剂由固相转变为液相，其润滑机理也转变为半液态或液态润滑；如果高温自润滑材料的基体材料具有高的力学性能，熔融的液态润滑剂会显著降低摩擦系数，类似于物体在冰面滑动时的低摩擦现象。

4) 其他相变

在极端工况(超高温度或外加电场等环境中)下，摩擦副会发生气化，甚至会导致爆发性气化。在载流摩擦过程中，低熔点物质会发生熔融、喷溅、气化、蒸发等现象。一些非金属材料如石墨，虽然不能熔融，但在高温的情况下却能够生成 CO_2 或 CO，仍然会因热的作用而突然爆发性气化。

3. 摩擦扩散

在高温摩擦条件下由于表面材料所处的温度较高，塑性变形及其他物理化学变化，使之具有较高的缺陷密度，造成摩擦副材料中的元素向摩擦表面扩散。目前已知的扩散有空位、间隙和换位等基本机制。多晶材料的扩散一般有三种途径：晶内扩散、晶界扩散和表面扩散。界面(晶界和表面)原子的跃迁频率显著多于晶内原子，且跃迁激活能低，这使得界面扩散系数远大于晶内扩散系数。对于高温自润滑材料来说，在高温环境热和摩擦应力作用下，固体润滑剂会沿界面向摩擦表面扩散，在摩擦表面析出、富集，形成一层较为稳定的润滑膜，通过受热释放来不断补充和提供润滑剂，从而实现自润滑。高温发汗自润滑材料和美国空军研究实验室研制的含贵金属的自适应涂层便是利用了此原理[15,16]。

4. 载流摩擦

载流摩擦是指处于电场中，在有电流通过条件下摩擦副的摩擦磨损行为。摩擦副的磨损机制主要为黏着磨损、氧化磨损、磨粒磨损。载流摩擦副与一般摩擦副相比，主要有以下特点[17,18]：

(1) 电因素介入摩擦学过程。电场、电流及电弧的作用都将影响摩擦学性能。

(2) 摩擦副的润滑与接触电阻影响摩擦磨损和载流能力。增加润滑与减小接触电阻是相互矛盾的，因此在载流条件下要对润滑剂的作用进行综合评估。

(3) 工况条件苛刻，如高温、高速、摩擦副间柔性接触。电气化铁路，特别是高速列车，受电弓滑板与载流导线之间是柔性接触(负载很小)，同时受到车体的振动、接触导线的谐波振动等因素，对于摩擦副的接触状态都将产生显著的影响。

2.2.3　摩擦化学

摩擦化学是化学与摩擦学的一个交叉学科，主要研究相对运动中的固体表面在机械能影响下所发生的化学及物理化学变化[19-21]。其内容包括物质的物理化学状态、元素组成的变化、反应机理、影响反应的各种因素以及这些化学变化与摩擦磨损和润滑的相互关系。它与热化学反应具有一定的差异：

(1) 摩擦化学反应速度比热化学反应速度快几个数量级；

(2) 摩擦化学反应比热化学反应所需活化能小很多；

(3) 摩擦化学反应与热化学反应的平衡常数很不相同；

(4) 摩擦化学反应是不可逆的。

在高温摩擦过程中，摩擦化学主要为摩擦氧化，即相对运动的摩擦副因相互摩擦而与环境气氛中的氧发生反应而形成表面氧化膜。当摩擦副处于其他腐蚀性介质(如 Cl_2、SO_2、熔融盐等)、还原性气氛(如 H_2 等)或真空环境时，环境介质与摩擦副的作用或高温时摩擦副成分间的作用等摩擦化学作用也容易影响体系的摩擦磨损行为。

1. 摩擦釉化

高温往往造成摩擦表面的氧化，摩擦过程中表面氧化膜被磨损成氧化物颗粒层，在温度和其他条件的作用下氧化物颗粒层进而形成釉质层，从而对材料的磨损起到保护作用[22-28]。摩擦釉化的动力学机制是氧化膜的生成和磨损之间的竞争。在较高温度或严重的机械催化条件下摩擦化学反应易于获得足够的活化能和较高的反应速度，而且氧化膜在较高温度下表现为无序的玻璃态，这时它更像液态。这个过程非线性作用的特征是十分明显的，体现在化学反应的非线性动力特征，材料力学性能的非线性及摩擦催化的加速作用。摩擦釉化是不可逆的，但摩擦釉化具有一定的自适应性，例如，接触压力和滑动速度增加，釉化范围扩大，这种性能对工程应用很有利。摩擦釉质层的形成对摩擦副的高温摩擦磨损行为起着至关重要的作用，其形成条件复杂。通常，薄的氧化膜强度高，有利于降低摩擦系数和防止黏着磨损；但如果摩擦表面严重氧化，氧化膜厚度增加会使强度降低，氧化磨损就会发生，脱落的氧化物会作为磨粒对摩擦副产生二次磨损，将导致摩擦磨损性能的严重恶化。

2. 摩擦化学反应原位生成固体润滑剂

利用摩擦化学原理可以在摩擦过程中原位生成固体润滑剂，从而能够制备高强度、耐高温和自润滑的复合材料。Ni_3Al 基宽温域自润滑复合材料表现出良好的高温润滑耐磨性能，主要归因于高温时合金元素与氟化物发生摩擦化学反应生成具有润滑性能的含氧无机酸盐[29-31]。运用摩擦化学的原理还可以制备用一般工艺难以获得的同时具有高强度和自润滑性能的镍基高温自润滑复合材料。如在 Ni-Cr-Mo-Al 合金中加入 Ag 和氟化物共晶，经过一定的工艺即可以制备出同时具有良好力学性能和摩擦学性能的材料，其室温压缩强度高达 1300MPa，900℃的压缩强度达到 80MPa，室温到 900℃范围内摩擦系数低于 0.25[32]。研究表明，该材料优异的高温润滑性能在一定程度上得益于摩擦过程中形成的具有自润滑性能的钼酸盐。

陶瓷的高温润滑以及高温陶瓷发动机的润滑是摩擦学工作者需解决的一个难题[20,33,34]。多年来人们开展了多种陶瓷高温润滑方法的研究，其中运用摩擦化学的原理在陶瓷表面原位生成固体润滑膜的方法引起了摩擦学界普遍的关注。该方法将液体润滑剂或乙烯、丙烯、丁烯等气体导入高温摩擦部件表面，利用摩擦引起的聚合化学反应使之在摩擦表面上原位形成固体润滑膜。用该方法可望解决陶瓷部件在 300～1600℃的润滑问题。

2.2.4　摩擦转移

摩擦转移是指在摩擦过程中摩擦表面材料在物理和化学作用下向摩擦对偶发生选择性转移的现象。若摩擦表面上存在固体润滑膜，摩擦时对偶材料表面形成有效转移膜，摩擦便发生在润滑剂内部，从而减小摩擦，降低磨损[35,36]。摩擦转移膜一方面可以防止对偶材料表面间直接接触，避免磨损，另一方面可以减小接触层的剪切强度，显著降低摩擦系数。

摩擦转移膜的形成是一种包含物理和化学作用的复杂过程。长期以来，很多学者对 MoS_2 转移膜与金属底材表面间的相互作用进行了大量的研究[37]，但至今仍无统一的观点。关于 MoS_2 转移膜与金属底材表面间的相互作用机理，目前有如下几种观点：机械作用理论、静电吸附理论、自由能效应、极性相互作用理论、化学作用理论、能带理论等。这些理论各自能解释一部分实验现象，它们都具有一定的片面性，把其中任何一种绝对化都是不合理的。

早期的机械作用理论主张，MoS_2 是机械地转移到对偶表面而形成固体润滑膜，从而将对磨表面间的摩擦转变为 MoS_2 间的摩擦。机械作用理论虽然能很好地解释金属底材硬度和表面粗糙度对 MoS_2 转移膜形成的影响，却难以解释具有高比例棱面的 MoS_2 的润滑性不好的原因，也不能解释具有不同化学活性及表面化学状态的金属底材与 MoS_2 转移膜间相互作用的差异等，因而机械作用理论具有一定的片面性。

主流的化学作用理论认为，在摩擦条件下 MoS_2 转移膜与金属底材表面发生了化学作用，且 MoS_2 转移膜与金属底材的黏附是由于化学键合在起作用；同时 MoS_2 转移膜与金属底材发生化学作用的难易程度取决于底材金属硫化物的金属-硫键的强度，而金属-硫键的键能则是 MoS_2 转移膜形成的一个决定性因素。现代表面分析技术的应用，肯定了在一定条件下 MoS_2 向某些金属表面的转移过程中确有化学效应存在，但并非所有的转移过程中都有化学效应存在，化学作用理论仍具有一定的片面性，有待于进一步的完善和发展。

参 考 文 献

[1] 徐锦芬. 摩擦学原理[R]. 兰州: 中国科学院兰州化学物理研究所固体润滑实验室, 2003.

[2] 戴雄杰. 摩擦学基础[M]. 上海: 上海科学技术出版社, 1984.

[3] 温诗铸, 黄平. 摩擦学原理[M]. 3 版. 北京: 清华大学出版社, 2008.

[4] Bowden F P, Tabor D. The Friction and Lubrication of Solids[M]. London: Oxford University Press, 1954, Part II, 1964.

[5] 戴振东, 王珉, 薛群基. 摩擦体系热力学引论[M]. 北京: 国防工业出版社, 2002.

[6] 柳巴尔斯基, 巴拉特尼特. 摩擦的金属物理[M]. 高彩桥译. 北京: 机械工业出版社, 1984.

[7] Tarasov S, Rubtsov V, Kolubaev A. Subsurface shear instability and nanostructuring of metals in

sliding[J]. Wear, 2010, 268: 59-66.

[8] Rice S L. Characteristics of metallic subsurface zones in sliding and impact wear[J]. Wear, 1981, 74: 131-142.

[9] Rigney D A, Glaeser W A. The significance of near surface microstructure in the wear process[J]. Wear, 1978, 46: 241-250.

[10] Griffiths B J. White layer formation at machined surface and their relationship to white layer formations at worn surface[J]. Journal of Tribology, 1985, 107: 165-170.

[11] 朱旻昊, 周仲荣, 刘家浚. 摩擦学白层的研究现状[J]. 摩擦学学报, 1999, 19: 281-287.

[12] 栾道成, 曲敬信, 邵荷生. 滑动磨损表层组织的 α-γ 相变及白层组织特征研究[J]. 四川工业学院学报, 1992, 3: 174-181.

[13] Kasem H, Brunel J F, Dufrénoy P, et al. Thermal levels and subsurface damage induced by the occurrence of hot spots during high-energy braking[J]. Wear, 2011, 270(5): 355-364.

[14] 刘正义, 符坚, 庄育智. 摩擦马氏体及其回火转变特征[J]. 金属学报, 1989, 4: 36-40.

[15] 张一兵. 高温发汗润滑的热驱动机理及其稳定性研究[D]. 武汉: 武汉理工大学, 2008.

[16] Voevodin A A, Muratore C, Aouadi S M. Hard coatings with high temperature adaptive lubrication and contact thermal management: Review[J]. Surface and Coatings Technology, 2014, 257(50): 247-265.

[17] 李占君, 孙乐民, 张永振. 载流摩擦磨损研究现状及前景[J]. 铁道运输与经济, 2005, 27(1): 82-84.

[18] 董霖, 陈光雄, 周仲荣. 载流摩擦磨损系统研究[J]. 润滑与密封, 2009, 34(7): 102-106.

[19] 薛群基, 张俊彦. 润滑材料摩擦化学[J]. 化学进展, 2009, 21(11): 2445-2457.

[20] 薛群基, 刘维民. 摩擦化学的主要研究领域及其发展趋势[J]. 化学进展, 1997, 3: 311-318.

[21] 徐滨士, 乔玉林. 变化无穷的摩擦化学转移膜技术[J]. 中国表面工程, 2001, 14(1): 46-48.

[22] Quinn T F J, Stott F H, Lin D S, et al. The structure and mechanism of formation of glaze oxide layers produced on nickel-based alloy: During wear at high temperature[J]. Corrosion Science, 1973, 13: 449-469.

[23] Stott F H, Lin D S, Wood G C. Glazes produced on nickel-base alloys during high-temperature wear[J]. Nature-Physical Science, 1973, 242: 75-77.

[24] Inman I A, Datta S, Du H L, et al. Microscopy of glazed layers formed during high temperature sliding wear at 750℃[J]. Wear, 2003, 254: 461-467.

[25] Aizawa T, Mitsuo A, Yamamoto S, et al. Self-lubrication mechanism via the in situ formed lubricious oxide tribofilm[J]. Wear, 2005, 259: 708-718.

[26] Pauschitz A, Roy M, Franek F. Mechanisms of sliding wear of metals and alloys at elevated temperatures[J]. Tribology International, 2008, 41: 584-602.

[27] 田四光, 尤显卿, 钟成山, 等. 金属基复合材料热磨损过程中氧化物的研究现状及展望[J]. 稀有金属与硬质合金, 2007, 35: 46-50.

[28] 熊党生, 李溪斌. 氧化磨损与氧化物润滑[J]. 粉末冶金材料科学与工程, 1996, 1: 49-57.

[29] Zhu S Y, Bi Q L, Yang J, et al. Ni₃Al matrix high temperature self-lubricating composites[J]. Tribology International, 2011, 44(4): 445-453.

[30] Zhu S Y, Bi Q L, Wu H R, et al. NiAl matrix high temperature self-lubricating composite[J].

Tribology Letters, 2011, 41(3): 535-540.

[31] Zhu S Y, Bi Q L, Yang J, et al. Effect of particle size on tribological behavior of Ni₃Al matrix high temperature self-lubricating composites[J]. Tribology International, 2011, 44(12): 1800-1809.

[32] Li F, Cheng J, Qiao Z H, et al. A nickel-alloy-based high-temperature self-lubricating composite with simultaneously superior lubricity and high strength[J]. Tribology Letters, 2013, 49: 573-577.

[33] 刘维民, Klaus E E, Duda J L. 气相润滑下氮化硅磨损行为的研究[J]. 摩擦学学报, 1995, 15(2): 160-164.

[34] Klaus E E, Jeng G S, Duda J L. A study of tricresyl phosphate as a vapoe delivered lubricant[J]. Lubrication Engineering, 1989, 45(11): 717-723.

[35] DellaCorte C. The effect of counterface on the tribological performance of a high temperature solid lubricant composite from 25 to 650℃[J]. Surface and Coatings Technology, 1996, 86-87: 486-492.

[36] Biswas S K. Some mechanisms of tribofilm formation in metal/metal and ceramic/metal sliding interactions[J]. Wear, 2000, 245: 178-189.

[37] 张招柱, 赵家政. MoS₂ 转移膜与金属底材表面间的相互作用机理[J]. 润滑与密封, 1994, 1: 51-56.

第 3 章　高温磨损理论

磨损是指在物体做相对运动时，由于相互作用造成表面材料的损耗或损伤。摩擦是摩擦副表面在相互运动中发生能量转换，并产生能量损耗的过程；而磨损则是由摩擦副之间力学、物理、化学作用造成的表面损伤和材料剥落[1]。摩擦与磨损密切相关，但并不存在确定的量化关系。

高温磨损机制大致可分为四种典型类型，即黏着磨损、磨粒磨损、疲劳磨损、腐蚀磨损。这些不同类型的磨损，可以单独发生、相继发生或同时发生。一般来说，高温磨损是多种机制共存，而且是交互作用的过程，因此高温磨损所表现出的外部特征错综复杂。经过长期的生产实践和科学研究的积累，人们不断深化对磨损本质的认识，提出了大量描述磨损的物理模型以及预测磨损的量化公式。材料磨损行为对摩擦学系统的依赖性、摩擦元素的时变性以及影响因素的复杂性，导致相关的理论分析和实验检测存在极大困难，磨损理论研究仍不够完善。

3.1　黏　着　磨　损

摩擦副相对运动时，由于黏着作用使材料从一个表面转移到另一个表面所引起的磨损现象称为黏着磨损。

3.1.1　黏着磨损机理

由摩擦的黏着理论可知，当摩擦副接触时，金属表面微凸体发生点接触，在相对滑动和一定载荷作用下，接触点发生塑性变形或剪切，表面膜破裂，就会在接触处形成黏着点，继续滑动又会将结点剪断，随后再形成新的结点。在不断的剪断和形成新结点的过程中，发生了金属磨损。摩擦副的基本特性是结点的形成和剪断，磨损量取决于结点处被剪断的位置。

3.1.2　黏着磨损类型

根据剪断位置的不同、表面损伤程度的不同，又可将黏着磨损分为以下几个等级[2,3]。

1) 轻微磨损

当黏着结合处强度比摩擦副的两基体金属都弱时，剪切破坏发生在黏着结合面上，表面转移的材料极其轻微。

2) 涂抹

如果黏着结合处强度大于较软金属的剪切强度时，剪切破坏发生在离黏着结合面不远的较软金属浅层内，软金属涂抹在硬金属表面。

3) 擦伤

若黏着结合处强度比两金属基体都高，转移到硬面上的黏着物质又拉削软金属表面时，剪切破坏主要发生在较软金属的亚表层内，有时硬金属亚表面也有划痕。

4) 胶合

黏着结合处强度大于任一基体的剪切强度，剪切应力高于黏着结合强度，剪切破坏发生在摩擦副一方或两方金属较深处，表面出现严重磨损。

5) 咬死

黏着结合处强度比任一基体金属的剪切强度都高，而且黏着区域大，剪切应力低于黏着结合强度，摩擦副之间咬死，不能相对运动。

3.1.3　黏着磨损理论

1940 年德国的霍姆(Holm)根据原子磨损机理提出了磨损计算公式；1952 年美国的布尔威(Burwell)和斯恰奇(Strang)[4]以及 1953 年英国的阿查德(Archard)[5]发展了黏着磨损理论，提出结构上类似霍姆公式的黏着磨损计算公式；1958 年日本的吉本(Yoshimoto)与筑添(Tsukizoe)[6]以及 1966~1967 年英国的罗厄(Rowe)[7,8]对阿查德公式进行了修正。

1. 阿查德的磨损定律[5]

阿查德提出的模型：假设一个硬半球形微凸体在载荷作用下压在另一个软半球形微凸体上，并且磨损仅限于无加工硬化的软半球形微凸体，即在一系列等高度、大小相仿的软半球形微凸体上形成磨屑(图 3.1)。

设单个微凸体的黏着点面积为以 r 为半径的圆，黏着点的接触面积为 πr^2。当接触点处于塑性接触状态，则黏着点支承的载荷为

$$N_i = \sigma_s \pi r^2 \tag{3-1}$$

式中，σ_s 为软半球材料的压缩屈服极限。

假设黏着点沿球面破坏，则磨屑为半球形。若滑动位移为一个直径长 $2r$ 时，则剪断的半球状微凸体的体积为

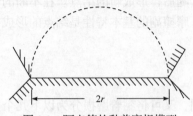
图 3.1　阿查德的黏着磨损模型

$$\Delta V = \frac{2}{3}\pi r^3 \qquad (3\text{-}2)$$

在此 $2r$ 距离中的磨损率为

$$W_i = \frac{1}{2r}\Delta V \qquad (3\text{-}3)$$

若 n 为所涉及的接触表面间的黏着点数，则滑动了距离 L 后的总磨损量为

$$V = L\sum_{i=0}^{n} w_i = Ln\frac{1}{2r}\frac{2}{3}\pi r^3 = n\frac{1}{3}\pi r^2 L \qquad (3\text{-}4)$$

所受的载荷为 N。将式(3-1)代入式(3-4)，则得

$$V = \frac{1}{3}\frac{N}{\sigma_s}L \qquad (3\text{-}5)$$

以上假定每个接触的微凸体都被剪断而形成磨屑(磨损量)，而实际上并非所有的黏着点都形成半球形磨屑，尚有一个概率。引入黏着磨损系数 k，且 $k \ll 1$，则得

$$V = \frac{k}{3}\frac{N}{\sigma_s}L \qquad (3\text{-}6)$$

如滑动距离 L 设为 1 个单位长度，将单位长度的磨损量定义为磨损率：

$$w = \frac{V}{L} = \frac{k}{3}\frac{N}{\sigma_s} \qquad (3\text{-}7)$$

由于 $3\sigma_s \approx H$ (H 为软金属的硬度)，有

$$w = k\frac{N}{H} \qquad (3\text{-}8)$$

这就是磨损的黏着定律，根据以上结果，可以得出以下结论：

(1) 磨损量与滑动距离成正比；

(2) 磨损率与法向载荷成正比，而与表观面积无关；

(3) 磨损率与软材料的压缩屈服极限(硬度)成反比；

(4) 滑动速度大体上对磨损量没有影响。

但是实验证明，磨损率与法向载荷成正比只适用于法向载荷较小的情况下，当法向载荷增大到接触面上平均压应力超过 $3\sigma_s$ 时，磨损会急剧增大。另外，很多实验也表明，速度对于各种材料的不同磨损类型都存在着一定的影响。

同时，阿查德的公式中没有说明表面膜对黏着磨损的影响，计算式中没有反映出表面几何性质、表面加工状况、磨合等因素的影响。

2. 吉本-筑添的计算式[6]

考虑到几何因素的影响，利用锥形微凸体和半球形微凸体进行对比研究。锥形微凸体的模型是用一个理想光滑平面压在另一个具有锥形微凸体的表面上，锥形微凸体损失形成磨屑。

假定锥底直径为 $2r$，高度不等，都具有相同的锥底角 θ，与理想平滑的表面摩擦(图 3.2)。推导思路和方法与阿查德模型相同。

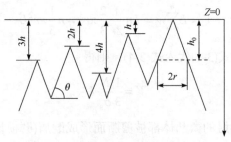

图 3.2　吉本-筑添的表面接触模型[2]

锥形微凸体的形状为锥体，若滑动位移为一个直径长 $2r$ 时，则剪断的微凸体的体积为

$$\Delta V = \frac{1}{3}\pi r^2 h_0 \tag{3-9}$$

在此 $2r$ 距离中的磨损率为

$$w_i = \frac{1}{2r}\Delta V \tag{3-10}$$

若 n 为所涉及的接触表面间的结点数，则滑动了距离 L 后的总磨损量为

$$V = L\sum_{i=0}^{n}w_i = Ln\frac{1}{2r}\frac{1}{3}\pi r^2 h_0 = \frac{1}{6}\tan\theta\frac{N}{\sigma_s}L \tag{3-11}$$

式(3-11)考虑了几何性质的因素——$\tan\theta$。从式中可以看出，表面越光滑(θ 越大)，$\tan\theta$ 越小，磨损量就越小。

3. 罗厄的修正式[7,8]

阿查德的磨损定律和吉本-筑添的计算式都假设完全是纯金属之间的接触，未曾考虑表面膜的影响，必须进行修正。罗厄研究了表面膜的影响，有表面膜存在时金属直接接触的面积只是真实接触面积的一部分，即

$$\beta = \frac{A_m}{A_r} < 1 \tag{3-12}$$

式中，β 为表面膜分隔缺陷系数；A_m 为金属直接接触的面积；A_r 为真实接触面积 (包括有表面膜分隔的面积)。

表面膜缺损多时，β 趋向于 1，表示几乎全是金属直接接触。

由阿查德的磨损量计算式(3-6)，可推导罗厄的修正公式为

$$V = \frac{k}{3}\frac{N}{\sigma_\mathrm{s}}L = \frac{k}{3}A_\mathrm{r}L = k_\mathrm{m}A_\mathrm{m}L = k_\mathrm{m}\beta A_\mathrm{r}L \tag{3-13}$$

根据修正黏着摩擦理论，由真实接触面积推导得出

$$V = k_\mathrm{m}\beta\frac{N}{\sigma_\mathrm{s}}\left(1+\alpha\mu^2\right)^{\frac{1}{2}}L \tag{3-14}$$

式中，k_m 为概率系数，但与阿查德公式中的 k 数值不同，主要考虑表面几何因素等；μ 为摩擦系数；α 为由剪切力引起的接触面积增大系数，它满足关系 $\sigma^2 + \alpha\tau_\mathrm{f}^2 = \sigma_\mathrm{s}^2$，其中 σ 为压应力，τ_f 为表面膜的剪切强度极限，σ_s 为压缩屈服极限。

将式(3-14)简写为

$$V = k'\frac{NL}{\sigma_\mathrm{s}} \tag{3-15}$$

式中，k' 为磨损系数，与接触产生的概率、摩擦副的材料、几何性质、表面膜的破损程度等因素有关。

罗厄和阿查德的公式说明磨损量与法向载荷成正比，与较软材料的硬度成反比。这正好与黏着摩擦理论相一致。在罗厄的修正公式中，包含了剪切力的影响和表面膜的影响。如表面膜损伤系数很小，则磨损量就会大大降低。

3.2　磨粒磨损

硬质颗粒或表面上硬微凸体在摩擦过程中引起的材料脱落现象称为磨粒磨损。黏着-犁沟摩擦理论把相互作用过程中的摩擦分为黏着和犁沟两个分量。摩擦表面上的硬微凸体嵌入到软材料上形成压坑，当界面间发生相对运动时，软材料被犁刨出沟槽，一部分软材料堆积在沟槽的两边，另一部分则脱落成磨屑。硬微凸体犁刨材料的磨损现象归入磨粒磨损。

3.2.1　磨粒磨损机理[2]

(1) 微量切削：磨损是由于磨料颗粒在材料表面发生微量切削。磨粒压入的深

度在表面膜厚度的范围内，表面几乎看不到磨损。

(2) 疲劳破坏：磨粒在材料表面产生交变的接触应力，使材料处于疲劳状态而从表面断裂。断裂是磨损速率的控制因素。

(3) 挤压剥落：磨损是由于硬质磨粒对塑性材料表面产生压痕，从表面挤出剥落物。塑性变形是磨损速率的控制因素。

3.2.2　磨粒磨损类型[3,9]

磨粒可能是固定在摩擦表面上的微凸体，也可能是处于松散状态的自由颗粒。如果发生磨损时，只涉及两个物体之间的相互作用，则称为二体磨粒磨损；涉及三个物体之间的相互作用，则称为三体磨粒磨损。具体有以下三种形式。

(1) 磨粒沿一个固体表面相对运动产生的磨损，即二体磨粒磨损。

(2) 在一对摩擦副中，硬表面的微凸体在软表面上滑动所造成的磨损，也是一种二体磨粒磨损。

(3) 外界磨粒移动于两摩擦表面之间所造成的磨损，即三体磨粒磨损。外界的磨粒可以是磨损脱落的磨屑，也可以是环境中的硬颗粒。

在摩擦过程中，磨粒所受到的接触压力越高，磨损量越大。按此可划分为两种形式的磨粒磨损，即高应力磨粒磨损和低应力磨粒磨损。

(1) 高应力磨粒磨损。当磨粒与摩擦副表面接触处的最大压应力大于磨粒的压溃强度时，一般材料被拉伤，韧性材料产生塑性变形或疲劳，脆性材料发生碎裂或剥落。当磨粒对材料表面产生高应力碰撞时，材料表面会被凿削下大颗粒的材料，被磨表面有较深的沟槽。

(2) 低应力擦伤磨粒磨损。当磨粒作用于表面的应力不超过磨粒的压溃强度时，材料表面产生擦伤或微小切削痕。

3.2.3　磨粒磨损理论[3]

假设磨粒为形状相同的锥形硬质颗粒，在软材料上滑动，犁刨出一条沟槽，一部分材料被挤到沟的两边，另一部分则磨成磨屑。图 3.3 所示为锥形微凸体在软表面上犁沟的简图，压入深度为 h，半顶角为 θ，锥底直径为 $2r$(即犁出的沟槽宽度)。在垂直方向的投影面积为 πr^2(圆面积)，软材料的压缩屈服极限为 σ_s，法向载荷为 N。滑动时只有半个锥面(前进方向的锥面)承受载荷，共有 n 个微凸体，则所受的法向载荷 N 为

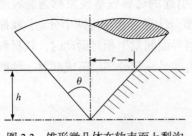

图 3.3　锥形微凸体在软表面上犁沟

$$N = \sum_{i=0}^{n} N_i = n\frac{\pi r^2 \sigma_s}{2} \tag{3-16}$$

将犁去的体积作为磨损量，如滑动距离为 L，则单位滑动距离的磨损率(体积磨损量为 V，磨损率为 w)为

$$w = \frac{V}{L} = nhr = \frac{2\cot\theta}{\pi}\frac{N}{\sigma_s} = k_a\frac{N}{H} \tag{3-17}$$

式(3-17)与黏着磨损有同样的形式：磨损率与法向载荷成正比，与软材料的硬度成反比。就锥形微凸体而言，半顶角 θ 越小，锥形微凸体越尖锐，犁沟的效率越高，则磨损率越大；半顶角 θ 越大，锥形微凸体越钝，则磨损率越小。

k_a 不仅包含了微凸体的形状因素，还包含磨损类型的区别，一般二体磨粒磨损数值较大，三体磨粒磨损则数值较小。

一般来说，硬度是磨粒磨损最重要的参数，材料的硬度越高，磨损量越小。材料硬度 H_m 和磨粒硬度 H_a 之间的相对值影响磨粒磨损的特性(图 3.4)。当 $H_m \geqslant 1.3H_a$ 时，材料硬度高于磨粒硬度，只发生轻微的磨粒磨损，处于低磨损状态；当 $0.7H_a < H_m < 1.3H_a$ 时，材料处于轻微磨损到严重磨损的过渡状态；当 $H_m \geqslant 0.7H_a$ 时，材料硬度低于磨粒硬度，将发生严重磨损。一般情况下，磨粒的硬度越高，材料的磨损越大；但超过一定值后，磨损量增加变得缓慢，甚至有所降低。

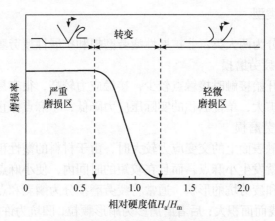

图 3.4　相对硬度值对磨损率的影响

3.3　疲　劳　磨　损

摩擦副接触表面做滚动或滑动摩擦时，由于周期性载荷作用，使接触区产生交变应力，导致表面发生塑性变形，在表层薄弱处引起裂纹，逐渐扩展并发生断

裂，而造成的点蚀或剥落，称为疲劳磨损。

3.3.1　疲劳磨损机理

疲劳磨损，不仅使摩擦接触面上承受交变压应力，材料发生疲劳，而且还存在摩擦和磨损，表面还有塑性变形和温升，因此，情况比一般疲劳更为严重。由弹性力学的赫兹公式可知，无论是点接触还是线接触，表层最薄弱处是在离表面一定深度的最大剪切应力处。因为这里是最大剪切应力的作用点，最容易产生裂纹。特别是在滚动加滑动的情况下，最大剪切应力的作用点离摩擦表面更近，就更容易剥落产生磨损[3,10]。

对于裂纹产生机理有很多研究：

1) 裂纹从表面产生

在滚动接触过程中，由于外界载荷的作用，表面层的压应力引起表层塑性变形，导致表层硬化，开始出现表面裂纹。

2) 裂纹从接触表层下产生

由于接触应力的作用，离表面一定深度的最大剪切应力处，塑性变形最剧烈。在载荷作用下反复变形，使材料局部弱化，在最大剪应力处首先出现裂纹，并沿着最大剪应力的方向扩展到表面，从而形成疲劳磨损。如在表层下最大剪应力区附近，材料有夹杂物或缺陷，造成应力集中，早期极易产生疲劳裂纹。

3.3.2　疲劳磨损类型

疲劳磨损可分为两大类：非扩展性疲劳磨损和扩展性疲劳磨损。

1) 非扩展性疲劳磨损

摩擦表面在开始接触时接触点较少，接触应力较高，很容易产生小麻点。随着接触面积逐渐扩大，单位面积的实际压应力降低，小麻点停止扩展。

2) 扩展性疲劳磨损

若作用在接触表面上的交变应力较大时，由于材料的塑性稍差或润滑不当，在运动开始初期就发生小麻点，而且在较短的时间内，使小麻点扩展成豆斑状的凹坑。按照磨屑和疲劳坑的形状，通常将疲劳磨损分为鳞剥和点蚀两种。前者磨屑是片状，凹坑浅而面积大；后者磨屑多为扇形颗粒，凹坑为许多小而深的麻点。

3.3.3　疲劳磨损理论[11]

苏联学者克拉盖尔斯基最早提出疲劳磨损理论，霍林根据疲劳理论模型提出了类似阿查德黏着磨损定律的表面疲劳方程，而哥尔特布拉特(Goldblat)讨论了疲劳磨损模型[2]。疲劳磨损理论可适用于多种材料，已经由金属、非金属和自润滑材料的实验所验证。

1. 疲劳磨损理论的基本论点

疲劳磨损理论的基本原理是：①由于表面粗糙度和波纹度的存在，两个物体的表面接触是不连续的；②磨损是由于实际接触区的局部变形和局部应力而发生的材料机械破坏过程；③摩擦表面某些部分的材料疲劳破坏将取决于接触区所承受的交变载荷。

根据摩擦表层所发生的现象，可以认为磨损过程是由三个发展阶段组成的：①表面的相互作用；②在摩擦力的影响下，接触材料表层性质的变化；③表面的破坏和磨损微粒的脱落。表面的相互作用是这三个发展阶段中最重要的阶段，同时必须考虑到相互作用的双重特性和接触的不连续性。

在摩擦表面微小部分的疲劳破坏，可能发生在弹性和塑性接触条件下。在弹性接触时的疲劳过程中，达到破坏的循环可以有数千次以上，而在塑性接触时达到破坏的循环则只有十几次以上，即低循环次数的疲劳破坏。

2. 疲劳磨损理论的计算公式

疲劳磨损的综合计算公式可表示为

$$W_{\mathrm{L}} = k_2 \alpha k_{\mathrm{tr}} N_{\mathrm{m}}^{1+\frac{t}{2\upsilon+1}} E^{\frac{2\upsilon t_{弹}}{2\upsilon+1}} \Delta^{\frac{\upsilon t_{弹}}{2\upsilon+1}} \left(\frac{k\mu}{\sigma_{疲}} \right)^{t_{弹}} \tag{3-18}$$

$$k_2 = 0.5^{t_{弹}-1-\frac{1}{2\upsilon}} 2^{\frac{1}{2\upsilon}} k_1 \tag{3-19}$$

式中，k_1、k_2、k_{tr} 为系数；W_{L} 为线磨损量；E 为弹性模量；Δ 为表面粗糙度综合指数；υ 为支撑曲线参数；k 为接触区应力状态系数(脆性材料 $k=5$，塑性材料 $k=3$)；N_{m} 为名义接触压力；t 为疲劳特性曲线指数；$t_{弹}$ 为弹性接触时摩擦疲劳曲线指数；μ 为摩擦系数；$\sigma_{疲}$ 为摩擦接触疲劳参数；α 为名义接触面积与真实接触面积之比。

疲劳磨损的综合计算公式考虑了载荷条件(N_{m})、物理机械性质(E)、疲劳特性($t_{弹}$、$\sigma_{疲}$)、摩擦特性(μ)、表面几何参数(Δ、υ)等因素对磨损的影响。

3.4 腐蚀磨损

在摩擦过程中，摩擦表面材料与周围介质发生化学或电化学反应而引起的磨损称为腐蚀磨损。腐蚀磨损同时发生了两个过程，即腐蚀和机械磨损。机械磨损是由于摩擦副的相互运动引起的，而腐蚀是由于摩擦副与介质发生化学或电化学的相互作用过程产生的。

3.4.1　腐蚀磨损机理[12]

一般情况下，腐蚀磨损处于轻微磨损状态，而在高温环境或特殊腐蚀介质中，则处于严重磨损状态。通常，材料表面与环境先发生化学或电化学反应，然后通过机械磨损作用，将反应生成物磨掉；也有可能由机械磨损作用产生微细的磨屑，然后再发生化学作用。由于介质的性质、介质作用于摩擦面上的状态以及摩擦副材料的不同，腐蚀磨损的状态也不同。

3.4.2　腐蚀磨损类型

常见的腐蚀磨损有氧化磨损和特殊介质腐蚀磨损。

1. 氧化磨损

在氧化性介质的磨损过程中，摩擦表面会生成一层氧化膜，从而避免摩擦副之间的直接接触。在此条件下的磨损过程即氧化磨损。氧化磨损最简单的机理：氧化膜形成和生长达到一定厚度，将摩擦面隔开，摩擦过程中表面所生成的氧化膜被磨掉后，表面与氧化性介质又很快形成新的氧化膜，其动力学机制是氧化膜的生成和机械磨损之间的竞争。

2. 特殊介质腐蚀磨损

摩擦副表面可能与酸、碱、盐等介质起作用。一方面可能生成耐磨性较好的保护膜，但另一方面，随着腐蚀速率的增大，磨损也加快。磨损率通常随腐蚀性增强而变大(磨损率还取决于摩擦过程中的载荷、速率和温度等条件)。当耐磨性保护膜的生成速率大于磨损速率，则磨损率不受介质腐蚀性的影响，即磨损均发生在保护膜中；当磨损率大于保护膜的生成速率，则将发生较为严重的磨损。如Ni、Cr等金属在特殊介质中，易形成化学结合力较强、结构致密的钝化膜，因而可减轻腐蚀磨损。

3.4.3　氧化磨损理论

1. Rabinowicz 模型[13]

根据氧化膜的机械性质，Rabinowicz 提出了如下两种氧化磨损模型。

1) 脆性氧化膜的氧化磨损模型

在有氧气体介质中，金属材料表面会氧化生成脆性氧化膜，由于这种膜的物理机械性能与基体差别很大，当它生长到一定厚度时，很容易被外部机械作用去除并暴露出金属基体，随后在新的基体上面又开始新的氧化磨损过程。

2) 韧性氧化膜的氧化磨损模型

如果生成的氧化膜是韧性的，并且比基体软，当受到外部机械作用时，可能只有部分氧化膜被去除，随后的氧化磨损过程仍是在氧化膜上进行，因此磨损要比脆性氧化膜轻微。

2. Quinn 模型[14-17]

Quinn 提出了轻微磨损的氧化理论，其基本论点如下：

(1) 磨损规律遵从阿查德公式。

(2) 表面氧化膜存在一个临界厚度 h。当氧化膜厚度大于 h 时，氧化膜产生脱落而形成磨屑；当氧化膜厚度小于 h 时，氧化膜将不能发挥作用。磨损系数 k 表示一次摩擦时去除氧化膜的概率，那么形成此临界厚度 h 的氧化膜需要两微凸体碰撞 $1/k$ 次。

(3) 氧化膜的生长速率遵从抛物线规律。

(4) 表面间的相对运动为无润滑的纯滑动，氧的供应充分。

基于以上几点假设，轻微磨损状态下的数学模型为

$$w = \frac{2Nr}{vm^2h^2\rho_o^2} A_p \exp\left[\frac{-Q_p}{R(T+273)}\right] \tag{3-20}$$

式中，w 为磨损率；N 为载荷；r 为微凸体峰顶平均接触半径；v 为滑动速度；A_p 为摩擦氧化反应的阿伦尼乌斯(Arrhenius)常数；m 为氧化物中氧的质量分数；h 为氧化膜临界厚度；ρ_o 为氧化膜密度；Q_p 为摩擦氧化反应激活能；R 为摩尔气体常数；T 为微凸体表面接触温度。

式(3-20)表明材料的氧化磨损与材料本身的氧化性能，如氧化膜临界厚度、氧化反应激活能直接相关，并且受到环境条件，如接触温度、滑动速度等的影响。Quinn 的轻微磨损氧化理论很好地诠释了摩擦氧化与静态氧化的不同，式(3-20)的计算值与实验值较好的吻合度能够解释很多磨损现象。

3. Stott 模型[18-23]

高温往往造成金属摩擦表面的氧化，摩擦过程中表面氧化膜被磨损成氧化物颗粒层，在温度和其他条件的作用下氧化物颗粒层进而形成釉质层，从而对材料的磨损起保护作用。Stott 等详细研究了镍基、钴基和铁基等金属在高温中的摩擦磨损行为。研究发现，随着温度的升高，材料的摩擦系数和磨损率都发生从高到低的明显转变，这种转变与材料摩擦表面形成的一层釉状物(均匀混合的氧化物层)密切相关。该摩擦表面分为四个结构层次：最外层即釉质层，亚表层为压实的氧化物颗粒层，下面是变形的内氧化物和金属颗粒组成的混合层，最下层

是未变形的金属基体, 如图 3.5 所示。各层的厚度及氧化程度一般随摩擦时间而变化。

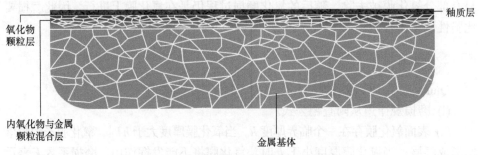

图 3.5　金属摩擦表面结构层次示意图

关于氧化釉层的三种形成机制如下所述。

(1) 第一种机制是釉质层在金属表面直接形成。一旦釉质层足够厚, 在进一步的滑动中它仍能保持稳定和完整。在釉质层形成前, 合金已产生严重的变形和撕裂, 在滑动过程中, 釉质层下的合金继续被氧化。在严重变形的起始阶段, 大量的气体氧经由变形裂纹和撕裂处进入合金, 同时氧在加工硬化的合金内部的扩散速度也大大增强。即使在有保护作用的釉质层形成后, 氧也能够沿着高承载区边沿进入合金, 这些氧足以使氧化釉质层下面的变形合金产生内部氧化颗粒, 最终内部氧化颗粒连接起来, 在合金变形区内部边沿形成完整层。

(2) 第二种机制主要针对低强度合金, 在相对不高的温度下, 有保护作用的釉质层不是在滑动初期就能形成。滑动使大量的磨屑被碾碎成颗粒, 挤压并敷抹这些氧化物颗粒于两个相对运动的摩擦表面, 直到烧结在一起形成釉质层, 一旦形成釉质层, 它将保持稳定和完整。釉质层下面的变形合金的氧化过程同第一种机制。

(3) 和前面两种机制不同, 在第三种机制中釉质层在摩擦过程中是不稳定的。釉质层的破坏和下层金属的氧化导致压实氧化物颗粒层的建立。釉质层和压实氧化物颗粒层在滑动过程中不断地形成和破坏。这种情况是一种腐蚀磨损过程, 即氧化层生长和磨损去除的过程。

釉质层形成后, 摩擦磨损将减轻。这主要与两个因素有关: 一是环境温度和摩擦热的作用, 导致软化的釉质层具有低剪切强度和其下面基材相对高的承载能力, 故有利于减摩和耐磨; 二是与釉质层固有性质有关, 特别是在高温磨损下, 釉质层中含有大量的六方结构的氧化物, 六方结构氧化物的剪切强度比立方结构氧化物低, 有利于减摩。

基于以上的氧化磨损机制, 建立了氧化釉层的模型。假定氧化釉层与其他磨损区域相比, 磨损率可以忽略不计, 磨屑只产生于其他磨损区域, 经过一定的滑行时间 t 以后, 磨损体积为

$$V(t) = \frac{\pi}{6} \int_0^t \left\{ A(t)N(t)[1 - C_e(t)] \int_0^{\infty} D^3 f(D)P_r(D)\mathrm{d}D \right\} \mathrm{d}t \tag{3-21}$$

式中，$N(t)$为在 t 时刻单位时间单位面积内形成的磨屑数量；$A(t)$为在 t 时刻磨痕的表面面积；$C_e(t)$为在 t 时刻耐磨层(釉质层和氧化物颗粒层)的有效覆盖率；$f(D)\mathrm{d}D$为新生成的粒径在 D 到$(D+\mathrm{d}D)$范围内的颗粒所占的百分比；$P_r(D)$为直径为 D 的磨粒从磨痕脱离的概率。

考虑到磨屑的几何形状、环境温度以及氧分压等因素的影响，在单位时间单位面积内形成的磨屑数量可用 N 表示为

$$N = k'_g N_0 \left[\int_0^D \left(\frac{1}{v_c} \right) \mathrm{d}c \right]^{-1}$$

$$= k'_g N_0 C(T) p_A^{\eta\beta} \exp\left(\frac{\alpha_0 G}{RT} \right) \exp\left(-\frac{U_0^*}{RT} \right)$$

$$= k_g p_A^{\eta\beta} \exp\left(-\frac{Q}{RT} \right) \tag{3-22}$$

式中，k_g 和 k'_g 均为比例常数，因材料性能和机械条件而不同；N_0 为在单位面积的磨损表面上裂纹成核点数；v_c 为裂纹扩展速度；η 为吸附气体分子的原子数量；β 为物理常数；α_0 为与裂纹扩展有关的常数；p_A 为反应物 A 的分压；G 为磨损材料中的裂纹扩展力或能量释放速率；U_0^* 为在裂纹尖端处化学反应的活化能函数；Q 为磨损过程中裂纹增殖的表观活化能；R 为摩尔气体常数；T 为热力学温度。Stott 模型很好地解释了金属材料从严重氧化磨损到轻微氧化磨损的转变机理，理论计算与实验数据具有较高的吻合度。

3.5　其他磨损理论

通常认为，磨粒磨损和腐蚀磨损的机理比较成熟，而黏着磨损和疲劳磨损有许多共同特征，却还没有一种理论来解释这两种磨损的机理。表面微观分析技术的发展促进了对磨损状态的磨损微粒的分析及对磨损过程的深入研究，出现了多种解释机理的理论，如黏着磨损理论和疲劳磨损理论，另外还包括一些其他磨损理论，如剥层磨损理论和能量磨损理论。

3.5.1　剥层磨损理论[24-26]

剥层磨损理论是由 Suh 于 1973 年提出的，这一理论建立在弹塑性力学分析

和实验基础之上，并总结了以往大量的研究成果，因而是较完整的一种磨损理论，它能够解释很多磨损现象。实践证明，剥层理论促进了对磨损本质的更深入认识。

1. 剥层磨损理论的基本论点

在剥层磨损的过程中，磨屑的形成经历了四个连续过程：

(1) 在法向载荷和切向载荷共同作用下，使表面层产生周期性的塑性变形与位错行为。

(2) 在位错堆积的应力影响下，裂纹或空穴在变形层中形成，以及在任何夹杂物或第二相微粒中进行聚集。

(3) 在金属产生塑性剪切变形时，裂纹和空穴相互结合在一起，裂纹在接近平行于表面的方向上扩展。

(4) 当裂纹扩展到表面时，形成薄而长的磨损层并最后分离成磨屑。

在低速滑动摩擦时上述理论与实验结果基本相符合，剥层磨损过程的示意图见图 3.6。磨屑的厚度与裂纹距离表面的生长深度有关，并且取决于作用在表面的垂直与切向的载荷。

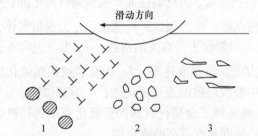

1. 有位错堆积的硬颗粒；2. 刚形成的空穴；3. 延伸的空穴和裂纹

图 3.6　剥层磨损的过程

2. 剥层磨损理论的计算公式

硬材料与软材料相对滑动时的总磨损量，可用下式进行计算：

$$V = k \cdot N \cdot L \tag{3-23}$$

式中，k 为磨损系数；N 为载荷；L 为滑动距离。

磨屑的厚度可用下式进行计算：

$$h = k \frac{Gb}{4\pi(1-\nu)\sigma_f} \tag{3-24}$$

式中，G 为剪切模量；b 为伯格斯矢量；σ_f 为摩擦应力；ν 为泊松比。

磨损量公式表明，总磨损量与载荷、滑动距离成正比，而不直接取决于材料硬度，这点不同于黏着磨损的计算公式。

3.5.2　能量磨损理论[11]

能量磨损理论的基本概念是大部分摩擦功以摩擦热的形式转化，但是其中 9%～16%的部分摩擦功以势能的形式积蓄在摩擦材料中，当一定体积内积累的能量达到临界数值时，便以磨屑的形式从表面剥落，即形成磨损。因此，磨损是摩擦过程中能量转化和消耗的结果。

在分析过程中，引入了摩擦能量密度的概念，以便利用能量的观点将摩擦和磨损有机地联系起来。其磨损能量的基本方程式为

$$E_R^* = \frac{W_R}{W_V} = \frac{FL}{A_m h_v} = \frac{\tau}{w_r} \tag{3-25}$$

式中，E_R^* 为假设的摩擦能量密度；W_R 为摩擦功；W_V 为被磨材料体积；F 为摩擦力；L 为摩擦路程；A_m 为名义摩擦面积；h_v 为磨损高度；τ 为摩擦剪切应力；w_r 为磨损率。

除此之外，还引入了基本能量密度(E_{Re})的概念，表示为单位体积内吸收或消耗的摩擦功：

$$E_{Re} = \frac{W_R}{V_d} \tag{3-26}$$

当一次作用还不够使磨损微粒分离时，假定进行了 n_k 次作用才使磨屑剥落，则

$$E_R^* = \frac{n_k E_{Re}}{V} \tag{3-27}$$

式中，

$$V = \frac{W_V}{V_d} \tag{3-28}$$

其中，V_d 为变形体积，在其中积累了摩擦能量。由此推导出

$$W_R = \frac{\tau V}{E_{Re} n_k} \tag{3-29}$$

并非所有的摩擦功都转化为材料内部能量的积累，因而引入一个能量积累系数 ξ_R，则有

$$W_{Rk} = \xi_R W_R \tag{3-30}$$

$$E_{Rk} = \xi_R E_{Re} \tag{3-31}$$

式中，W_{Rk} 为积累能量；E_{Rk} 为积累能量平均密度。

如果在作用 n_k 循环次数后，才产生磨屑，这时在 n_k-1 次循环的平均能量密度将由 E_{Rk} 来决定。而在临界循环次数 n_k 时，所有吸收的能量全都消耗于磨屑脱离表面，即磨屑形成所需平均能量密度为

$$E'_{Rb} = E_{Re}[\xi_R(n_k-1)+1] \tag{3-32}$$

根据托洛萨(Tpocca)的理论，磨屑的实际断裂能量密度为平均能量密度的 K 倍，且 $K>1$，即

$$E_{Re} = E'_{Re}K \tag{3-33}$$

按照上述公式，经过变换，得到所假设的摩擦能量密度为

$$E_R^* = E_{Rb}\frac{n_k}{K[\xi_R(n_k-1)+1]} \tag{3-34}$$

由式(3-34)可以看出，假设的能量密度 E_R^* 与磨屑的实际断裂能量密度 E_{Rb}，由载荷大小和工作材料的积累能力决定的能量脉冲临界次数 n_k，由微观几何形状特性决定某些接触点的积累容积 K 和由工作材料的结构、成分、类型决定的能量积累系数 ξ_R 有关。式(3-34)可用于定性分析影响 E_R^* 的因素。

对于通常发生的磨损，$n_k \gg 1$，则

$$E_R^* = \frac{E_{Rb}}{K\left(\xi_R + \dfrac{1}{n_k}\right)} \tag{3-35}$$

在微量切削情况下，能量脉冲到分离一个受载工作材料区的临界值 n_k，理论上 $n_k = 1(\xi_R = 0)$，因而式(3-35)可表示为

$$E_R^* = \frac{E_{Rb}}{K} \tag{3-36}$$

即在工作材料中没有能量积累和所得的能量级将直接通过平均的能量密度 E_{Rb} 作为工作材料的特性来确定。

参 考 文 献

[1] 温诗铸. 材料磨损研究的进展与思考[J]. 摩擦学学报, 2008, 28(1): 1-5.

[2] 徐锦芬. 摩擦学原理[R]. 兰州: 中国科学院兰州化学物理研究所固体润滑实验室, 2003.

[3] 温诗铸, 黄平. 摩擦学原理[M]. 3 版. 北京: 清华大学出版社, 2008.

[4] Burwell J T, Strang C D. On the empirical law of adhesive wear[J]. Journal of applied physics, 1952, 23: 18-28.

[5] Archard J F. Contact and rubbing of flat surfaces[J]. Journal of applied physics, 1953, 24(8): 981-988.

[6] Yoshimoto G, Tsukizoe T. On the mechanism of wear between metal surfaces[J]. Wear, 1958, 1(6):

472-490.

[7] Rowe C N. Some Aspects of the heat of adsorption in the function of a boundary lubricant[J]. ASLE Transactions, 1966, 9: 101-111.

[8] Rowe C N. A relation between adhesive wear and heat of adsorption for vapor lubrication of graphite[J]. ASLE Transactions, 1967, 10(1): 10-18.

[9] 靳自齐, 尚本立, 王圣雄, 等. 摩擦与磨损[M]. 西安: 西安交通大学出版社, 1991.

[10] 孙家枢. 金属的磨损[M]. 北京: 冶金工业出版社, 1992.

[11] 戴雄杰. 摩擦学基础[M]. 上海: 上海科学技术出版社, 1984.

[12] 刘家浚. 材料磨损原理及其耐磨性[M]. 北京: 清华大学出版社, 1993: 196-199.

[13] Rabinowicz E. Lubrication of metal surfaces by oxide films[J]. ASLE Transactions, 1967, 10: 400-407.

[14] Quinn T F J. Oxidational wear[J]. Wear, 1971, 18: 413-419.

[15] Quinn T F J, Stott F H, Lin D S, et al. The structure and mechanism of formation of glaze oxide layers produced on nickel-based alloy: During wear at high temperature[J]. Corrosion Science, 1973, 13: 449-469.

[16] Quinn T F J. Review of oxidational wear: Part I: The origins of oxidational wear[J]. Tribology International, 1983, 16: 257-271.

[17] Quinn T F J. Review of oxidational wear Part II: Recent developments and future trends in oxidational wear research[J]. Tribology International, 1983, 16: 305-315.

[18] Stott F H, Sulliron T L, Rowson D M. Origins and development oxidation wear at low ambient temperatures[J]. Wear, 1984, 94: 175-191.

[19] Wilson J E, Stoot F H, Wood G C. The development of wear-protective oxides and their influence on sliding friction[J]. Proceedings of the Royal Society A, 1980, 369(1739): 557-574.

[20] Jiang J, Stott F H, Stack M M. A generic model for dry sliding wear of metals at elevated temperatures[J]. Wear, 2004, 256: 973-985.

[21] Stott F H, Lin D S, Wood G C. Glazes produced on nickel-base alloys during high-temperature wear[J]. Nature-Physical Science, 1973, 242: 75-77.

[22] Stott F H, Lin D S, Wood G C. Structure and mechanism of formation of glaze oxide layers produced on nickel-based alloys during wear at high-temperatures[J]. Corrosion Science, 1973, 13(6): 449.

[23] 熊党生, 李建亮. 高温摩擦磨损与润滑[M]. 西安: 西北工业大学出版社, 2013.

[24] Suh N P. The delamination theory of wear[J]. Wear, 1973, 25: 111-124.

[25] Suh N P. An overview of the delamination theory of wear[J]. Wear, 1977, 44: 1-16.

[26] Jahanmir S, Suh N P, Abrahamson E P. The delamination theory of wear and the wear of a composite surface[J]. Wear, 1975, 32: 33-49.

第 4 章 高温润滑理论

润滑是控制摩擦、减少磨损的有效手段。液体润滑使用温度范围较窄，气相润滑尚处于探索研究阶段。因此，从目前的情况来看，最具实用价值的高温润滑技术是固体润滑技术。凡是固体润滑均属边界润滑状态。尽管现在固体润滑还不像流体润滑有系统的理论，但在固体润滑理论方面的研究已经得到重视，特别是对固体润滑剂作用机理的研究。通过这些理论指导，一些新型的高温润滑剂不断发展，一些新颖的高温润滑材料日益涌现。

4.1 固体润滑理论

根据修正的黏着摩擦理论，真实接触面积是切应力和压应力的合力达到材料屈服极限时，接触点处发生塑性变形而产生的面积；当具有表面膜的摩擦副滑动时，剪切发生在剪切强度较低的表面膜内[1,2]。

$$\mu = \frac{F_b}{N} = \frac{A_r \tau_b}{A_r \sigma_s} = \frac{\tau_f}{\sigma_s} = \frac{c}{\left[\alpha\left(1-c^2\right)\right]^{\frac{1}{2}}} \tag{4-1}$$

式中，μ 为摩擦系数；F_b 为摩擦力的黏着分量；N 为载荷的法向部分；τ_b 为黏结点的剪切强度极限；A_r 为真实接触面积的总和；σ_s 为基材的压缩屈服极限；α 为待定值；c 为表面膜的剪切强度极限 τ_f 与金属剪切强度极限 τ_b 之比。一般来说，表面膜的剪切强度极限 τ_f 小于金属剪切强度极限 τ_b，$0 < c < 1$，由不同的 α 值，可得 μ-c 的关系曲线。

(1) 当 c 趋近于 1，即软表面膜基本上不存在，也即 $\tau_f \to \tau_b$，此时摩擦系数 μ 趋向于 ∞。如果在高真空中接触，软表面膜不存在时，就沿较软材料的表层剪断软表面上一部分材料，并将其转移到硬表面上。

(2) 当表面膜存在时，$\tau_f < \tau_b$，c 从 1 下降，此时 μ 下降得十分明显。实际工况条件下的摩擦副多在此条件下发生。

(3) 如 c 值很小，则 $\mu = \frac{c}{\sqrt{\alpha}}$，而 $\sqrt{\alpha} = \frac{\sigma_s}{\tau_b}$，所以

$$\mu = \frac{c\tau_b}{\sigma_s} = \frac{\tau_f}{\sigma_s} = \frac{\text{表面膜的剪切强度极限}}{\text{基体材料压缩屈服极限}} \tag{4-2}$$

修正黏着理论认为，表面膜包括在空气中金属表面自然生成的氧化膜或其他污染膜，它能使摩擦系数降低。有时为了降低摩擦系数，常在硬基体材料表面引入一层薄而软的固体润滑膜。当固体润滑膜牢固地粘在表面上，与另一固体接触时，固体润滑膜的剪切强度低，因此剪切发生在膜中，被剪断的是固体润滑膜；而接触面积的大小取决于基体材料的压缩屈服极限(因为固体润滑膜很薄，可以看成是二维的材料，能牢固地附着在基体材料表面上且随基体发生变形)，见图 4.1。因此，

$$\mu = \frac{\tau_f}{\sigma_s} = \frac{\text{固体润滑膜的剪切强度极限}}{\text{硬基体材料的压缩屈服极限}}$$

(4-3)

式中，τ_f 为固体润滑膜的剪切强度；σ_s 为基体材料的压缩屈服极限。

当摩擦表面完全被固体润滑膜覆盖时，表面膜的剪切强度即为固体润滑膜的剪切

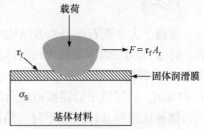

图 4.1　固体润滑膜的作用机理

强度。一般来说，固体润滑膜的剪切强度均小于基材的剪切强度，所以，固体润滑膜的摩擦系数一般都小于基材的摩擦系数，能够起到润滑作用。

当摩擦表面不完全被固体润滑膜覆盖时，表面膜的剪切强度应为固体润滑膜与其他表面膜的剪切强度之和。具体摩擦系数应视固体润滑膜的面积与其他表面膜面积的比例而定。

4.2　高温固体润滑剂及其作用机理

高温润滑剂是指在高温时用以减小摩擦、降低磨损的气体、液体或固体润滑剂。高温润滑剂是实现高温润滑的物质基础。传统润滑油的最高使用温度不超过 250℃，聚合物类润滑材料的极限使用温度为 400℃，而某些固体润滑剂的使用温度可达 1000℃以上[3,4]。高温气体润滑的使用温度较高，但其技术尚不成熟。高温液体润滑剂使用温度较低，种类较少，主要为聚硅氧烷等，而具有低表面能的聚合物基高温润滑材料主要为聚酰亚胺等。高温固体润滑剂使用温度较高，种类繁多，润滑机理复杂，主要包括以下类型：①具有弱层间结合力的层状结构物质；②能够发生晶间滑移的软金属；③高温时发生软化的金属氟化物和氧化物。高温固体润滑剂可以单独使用，也可以因各种不同的目的而进行多种润滑剂复合使用。高温固体润滑剂通常被制备成高温润滑粉末、高温润滑薄膜/涂层或高温润滑复合材料来发挥润滑功能。

4.2.1　层状固体润滑剂

具有低摩擦的层状固体，其晶体结构一般为：原子紧密地排列在一层一层的平面内，处在同一层面上原子间的相互作用力很强，而处在相邻层面上的原子间作用力较弱。因而，在受到剪切力时，层与层之间易于滑动，晶体将在其棱面上劈开，在平行于其层面的方向发生滑移。

1. 石墨

室温下大多数石墨是六方结构(图 4.2)，只有少量石墨以斜方六面体的形式排列。高温 2000℃以上，斜方六面体就向六方结构转变。石墨的每个碳原子以共价键与其相邻的三个碳原子(互为 120°角)连接在同一层面上，C—C 的距离为0.1415nm。层间原子的连接由较弱的范德瓦耳斯力束缚，其间距离为 0.3354nm。当石墨被研磨到 0.1μm 以下时，结晶粒子减小到 20nm 以下。这时由三度空间排列变成二度空间排列，层间的约束力更小，层间距扩大到 0.344nm，变成无定形碳的特征。

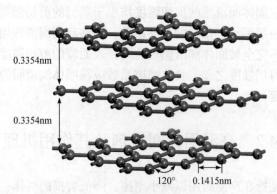

0.3354nm
0.3354nm
120°　0.1415nm

图 4.2　石墨的晶体结构

石墨的基本性能如表 4.1 所示。石墨作为固体润滑剂必须吸附空气、氧气、水蒸气等才具有低的剪切强度。通过理论计算和实验验证[5-10]，其润滑机理解释如下：石墨晶体的棱缘具有很高的活性，可与氧、水蒸气反应得到不同氧化基团的表面，因此石墨在空气中是由原来的低能量解理面和大大降低了表面能的棱面组成。当在空气中产生滑动时，无论是解理面与解理面、解理面与棱面，还是棱面与棱面之间相互摩擦，其相互作用都会很小；在真空条件下时，原来棱缘上的氧化基团分解，并在棱面上和晶格的缺陷处留下自由基，使其表面能增加，导致棱面与棱面、棱面与解理面之间的相互作用大大增加，进而导致摩擦增大。

表 4.1　石墨的基本性能

性能	量值
原子量	12.01
晶型	六方晶系
密度/(g/cm³)	2.268(20℃)
熔点/℃	3527
蒸汽压/Pa	0.1(2204℃)
比热容/(kJ/(kg·℃))	8.5
电阻率/Ω·m	$4×10^{-7}$(平行于基面，20℃)；$4×10^{-5}$(垂直于基面，20℃)
导热系数/(W/(m·℃))	400(平行于基面，20℃)；6(垂直于基面，20℃)
热膨胀系数/(cm/(cm·℃))	$-0.36×10^{-6}$(平行于基面)；$30×10^{-6}$(垂直于基面)

环境温度对石墨的摩擦特性有很大的影响[4,11,12]。石墨在大约 400℃开始氧化，在 540℃以上急剧氧化，摩擦系数突然增高，失去其润滑性能。为了提高石墨的耐高温性能，加入恰当的添加剂后，在氧化环境下，石墨可用至 600℃。若要求润滑时间很短，则应用温度可达 1000℃以上。氟化石墨的耐温性明显优于石墨，但抗氧化性的提高有限。

石墨的耐温性能较低，多以复配多种润滑剂来拓宽使用温度范围。选择石墨与银作为固体润滑剂，镍基合金作为基体材料，采用粉末冶金方法制备的高温自润滑复合材料在 600℃下可以保持良好的自润滑性[13]。采用石墨和 CeF_3 作为低、高温润滑剂，利用粉末冶金法制备镍基高温自润滑复合材料，研究发现，添加石墨一方面由于热压过程中碳化物的生成，可提高复合材料的抗压强度和硬度，另一方面可改善润滑性能，室温到 600℃的摩擦系数为 0.22～0.35[14]。复配石墨和 MoS_2 为润滑剂，通过热压烧结技术制备的镍基自润滑材料在室温到 600℃具有良好的摩擦学性能，源于石墨和 MoS_2 的协同润滑效应[15]。

2. 二硫属过渡金属化合物

二硫属过渡金属化合物是指 TX_2(T 为 Ti，Zr，Hf，V，Nb，Ta，Mo，W；X 为 S，Se)，即元素周期表中Ⅳ、Ⅴ、Ⅵ族的重金属元素与 S、Se 的化合物，与 MoS_2 有相同的层状结构。

MoS_2 是层状六方形结晶，由 S 平面、Mo 平面和 S 平面组成。S-Mo 层间距为 0.154nm，S-Mo-S 层内距离为 0.308nm。Mo-Mo 层间距为 0.616nm，S-S 层间距也是 0.308nm。其晶体结构如图 4.3 所示，基本性能见表 4.2。

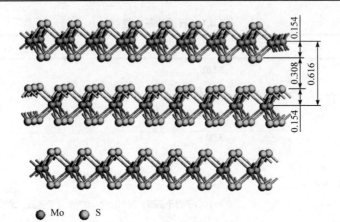

● Mo　　○ S

图 4.3　二硫化钼的晶体结构(单位：nm)

表 4.2　MoS₂ 的基本性能

性能	量值
原子量	160.08
晶型	六方晶系
密度/(g/cm³)	4.5～4.8
熔点/℃	1185
电阻率/Ω·cm	851(20℃)
导热系数/(W/(m·K))	0.13(40℃)；0.19(430℃)；
热膨胀系数/(cm/(cm·℃))	10.7×10⁻⁶(基面)
表面能/J·m²	24×10⁻³(基面)；0.7(棱面)
显微硬度，HV/MPa	303(基面)；8820(棱面)

　　S-Mo-S 分子层内的硫原子与钼原子以离子键结合，而 S-Mo-S 层面与 S-Mo-S 层面以范德瓦耳斯力结合，因而产生了一个低剪切力的平面，当分子之间受到很小的剪切力时沿分子层很容易产生滑移，而形成滑移面，因此具有低的剪切强度[16-21]。另外，其晶体的棱缘具有高的表面能，将在空气中特别是与氧气迅速起反应，因此在空气或潮湿环境下，摩擦系数较高[18,19]。

　　与石墨不同，在真空中和处于惰性气体中，MoS₂ 是优良的固体润滑剂，分解温度约为 1000℃，有效使用温度限制在 650℃。但在大气环境中，350℃左右就被氧化，其润滑效果也相应下降[17,18]。与二硫化钼相类似的层状结构固体润滑剂，还有 W、Ta、Nb 的硫化物和硒化物等，其中以 Mo 和 W 的硒化物最为实用。硒化物的特点是在真空中比硫化物的蒸发率小且有良好的耐热性，可以作为真空润滑剂使用。在真空、辐射和高温的条件下，这些化合物的性能均优于石墨和二硫化钼[22-25]。

中国科学院兰州化学物理研究所报道的氧化锆基高温自润滑复合材料采用了 MoS_2 与氟化物的组合，研究发现，MoS_2 在低温段表现出良好的润滑性能，高温段 MoS_2 与氟化物反应生成具有润滑性能的钼酸盐，从而起到润滑作用。另外，当 MoS_2 添加到镍基合金中时也可以获得摩擦学特性良好的自润滑材料[26,27]。此外，在铁基、镍基高温合金中添加适量的元素硫，利用它与合金中的某些元素反应生成或在摩擦中加速反应生成的固体润滑剂，可以有效地改善合金的摩擦学特性[28,29]。Ni-Cr-S 合金摩擦学特性和润滑机理研究表明，其自润滑机理为：合金中元素硫与铬形成了具有润滑性的非化学计量比的 Cr_xS_y 化合物，在摩擦过程中于合金表面富集成膜，并能向偶件表面转移形成转移膜。

3. 六方氮化硼

六方晶系的氮化硼(hBN)也具有与石墨类似的层状结构，但与石墨不同的是它的解理面含 B 和 N 两种不同的元素，因此不具有特别低的表面能。hBN 具有良好的耐热性、化学稳定性和电绝缘性，其基本性能见表 4.3。在惰性气体中，2800℃的高温条件下，它仍然很稳定，仍有很高的电绝缘性、润滑性以及导热性。因此，它适宜作高温润滑剂，并可作减摩绝缘隔热材料[30-32]。高纯度的 hBN 为白色或淡黄白色的微粉，比黑色的石墨或者灰色的二硫化钼在洁净的电子机械应用方面更具优势。

表 4.3　六方氮化硼的基本性能

性能	量值
原子量	24.82
晶型	六方晶系
密度/(g/cm³)	2.15～2.2
熔点/℃	1185
热膨胀系数/(cm/(cm·℃))，20～600℃	8.58×10^{-6}(平行于基面)；6.33×10^{-6}(垂直于基面)
导热系数/(W/(m·K))	15.16(平行于基面，300℃)；28.76(垂直于基面，300℃)；12.35(平行于基面，1000℃)；26.67(垂直于基面，1000℃)
电阻率/Ω·cm	1.7×10^{13}(25℃)；3.1×10^{4}(1000℃)
莫氏硬度	2
抗拉强度/MPa	2.5(1000℃)
抗压强度/MPa	315(平行于基面，室温)；238(垂直于基面，室温)
抗弯强度/MPa	111(平行于基面，室温)；51(垂直于基面，室温)；15(平行于基面，1000℃)；7.5(垂直于基面，1000℃)
最高使用温度/℃	空气中 1100～1400；氮气中 3000

4.2.2 软金属固体润滑剂

软金属作为固体润滑剂，是基于它的低剪切强度，能够发生晶间滑移[33-45]。具有一定强度和韧性的软金属，一旦黏着于基材表面，便能与表面牢固地黏结在一起，发挥它优异的减摩和润滑作用。适合作为高温固体润滑剂的软金属有 Au、Ag、Pb 等，一些用作固体润滑剂的软金属的基本物理性能参数见表 4.4。Au、Ag、Pb 均系面心立方晶体，不易与硬质金属对偶发生黏着，可获得低摩擦，而且，没有低温脆性，可在超低温下使用。

表 4.4 用作固体润滑剂的软金属的物理性质

软金属	晶型	莫氏硬度	临界剪切应力/GPa	熔点/℃
金	面心立方	2.5~3.0	0.092	1063
银	面心立方	2.5	0.060	960
铅	面心立方	1.5	0.030	327
锌	稠密立方	2.5	0.030	419
锡	金刚石(型)，<10℃ 体心立方，>16℃	2.0	0.018~0.019	232

美国航空航天局研制的 PM/PS 系列高温润滑材料就采用了软金属银作为低温润滑剂。另外，美国空军研究实验室研制的温度自适应性氮化物-银纳米复合涂层表现出良好的宽温域自润滑性能[46-48]：低温段，银由于具有高的扩散系数和低的剪切强度能够获得低摩擦；高温段，银与氮化物涂层中另外一种组元结合，在高温氧化以及摩擦化学反应条件下生成具有润滑性能的软质氧化物或银的含氧酸盐，以此来实现自润滑性能。

4.2.3 氧化物固体润滑剂

金属氧化物可以作为固体润滑剂，是由于它在高温时会发生软化而具有低的剪切强度，其使用温度比石墨和二硫化钼更高[49,50]。金属干摩擦时，如果表面存在氧化物，则摩擦系数会比纯金属表面有明显的降低，说明氧化物膜本身就具有润滑作用。而且摩擦表面的氧化物能够防止咬合过程的发展，降低摩擦偶件的磨损，其代表性的氧化物有氧化铅、三氧化钼和五氧化二钒等[51-60]。一些氧化物的物理性能和摩擦学性能参数如表 4.5 所示[50]。

表 4.5 一些氧化物的物理性能和摩擦学性能参数[50]

氧化物	熔点/℃	莫氏硬度	实验温度/℃	摩擦系数 起	摩擦系数 终
B₂O₃	577	5	650		0.14
PbO	888	2	704	0.12	0.12

续表

氧化物	熔点/℃	莫氏硬度	实验温度/℃	摩擦系数	
				起	终
MoO_3	795		704	0.20	0.20
MoO_3	795		482		0.59
Co_2O_3	900		704	0.39	0.28
WO_3	2130	2.5	704	0.65	0.55
Cu_2O	1235	3.5~4	704	0.34	0.44
ZnO	1800	4	704	0.50	0.33
CdO	900~1000		704	0.60	0.48
SnO	2430		704	0.39	0.42
TiO_2	1640		704	0.66	0.50
MnO_2			704	0.50	0.41
La_2O_3	2000		704	失效	
Nd_2O_3	1900		704	失效	
NiO	Ni_2O_3 (400)	5.5		失效	
Fe_3O_4	1528		704	失效	
Cr_2O_3	1900	9	704	失效	

　　许多氧化物在各种温度下的润滑行为已被评价[50]，研究结果发现，一些氧化物，如 CuO、MoO_3、V_2O_5 和 Re_2O_7，在高温时是有效的润滑剂。但除 PbO 等少数氧化物在较宽温度范围内具有润滑性外，其他氧化物作为润滑剂的使用温度范围却都很窄。利用氧化物的原位再生和减摩作用，一些研究者提出用氧化物解决超高温润滑的方法[61,62]。二元或者多元氧化物比单一的氧化物具有更低的熔化温度，因此在高温时会有更低的剪切强度。WC-Ni-PbO 自润滑金属陶瓷材料的研究表明，此材料在 600℃时具有良好的自润滑性能和较高的机械强度，在较高的速度和负荷下的摩擦磨损性能更好，其中高温下起润滑作用的材料是 $PbO \cdot WO_3$ 双元氧化物[51]。

　　金属硫酸盐、铬酸盐、钼酸盐、钨酸盐、钒酸盐和铼酸盐等含氧酸盐也可以用作高温固体润滑剂，该类无机化合物与氧化物的润滑机理类似，因高温软化形成低剪切强度的润滑膜而被广泛应用于高温润滑领域[63-86]。一些含氧酸盐基本的物理性质和摩擦学性能如表 4.6 所示[50]。

表 4.6　一些无机含氧酸盐的物理性能和摩擦学性能参数[50]

含氧酸盐	熔点/℃	莫氏硬度	实验温度/℃	摩擦系数	
				起	终
$PbMoO_4$	1065	3	704	0.33	0.32
$PbMoO_4$	1065	3	27		0.50
K_2MoO_4	920		704	0.13	0.20

续表

含氧酸盐	熔点/℃	莫氏硬度	实验温度/℃	摩擦系数	
				起	终
K_2MoO_4	920		27	0.51	
$NiMoO_4$	970		704	0.36	0.29
$NiMoO_4$	970		482		0.58
Ag_2MoO_4	600		704	0.57	0.28
$FeMoO_4$			704	0.48	0.42
$CaMoO_4$	1065	3.5	704	0.64	0.52
$Cr_2(MoO_4)_3$			704	0.58	0.80
Na_2WO_4	700		704	0.35	0.17
Na_2WO_4	700		27		0.55
Pb_2WO_4	1123		704	0.35	0.35
$CuWO_4$		4.5～5	704	0.41	0.41
$FeWO_4$			704	0.46	0.43
$CaWO_4$			704	0.47	0.45
$Cr(WO_4)_3$			704	0.69	0.49
$NiWO_4$		5～5.5		0.53	0.51

采用钼酸盐作为固体润滑剂已被广泛报道，大量研究表明，这类化合物，如 $PbMoO_4$、Ag_2MoO_4、$CaMoO_4$、$BaMoO_4$、$ZnMoO_4$ 和 $CuMoO_4$ 等[63-69]，是优良的高温润滑剂。利用离子束沉积的 Cu-Mo 薄膜在高温 600℃时表现出良好的减摩性能(摩擦系数为 0.2)，润滑机理归结于高温下生成的 $CuMoO_4$ 和 MoO_3 起到了润滑作用[64]。此外，相关文献也报道了 $CuMoO_4$ 的减摩性能[65]。$CaMoO_4$ 和 $BaMoO_4$ 的高温摩擦学研究表明，高温下两者同样具有良好的润滑性能[67]。Ag 的钼酸盐的润滑性能也有研究[68,69]，这一低熔点的层状化合物提供了优良的高温润滑性能。

类似钼酸盐结构的钨酸盐，同样也具有良好的高温润滑性[70-72]。在 Ni-WC-PbO 高温自润滑金属陶瓷材料的研究过程中发现，在摩擦轨迹上形成了具有良好高温润滑性能的以 $PbWO_4$ 为主要成分的表面膜[51,52]。对 Ni-WC-PbO 系金属陶瓷材料的高温润滑机理和 $PbWO_4$ 高温润滑特性进一步研究表明，$PbWO_4$ 具有良好的高温热稳定性和摩擦-温度特性，而于 500℃以上加热后可以发生少量的正方晶型向斜方晶型的转变；在高温下 $PbWO_4$ 可以与摩擦偶件中的 Ni、Fe 元素的氧化物发生化学反应生成少量的 $NiWO_4$、$FeWO_4$ 及 $PbO_{1.44}$，这有利于提高 $PbWO_4$ 膜与底材的结合强度。此外，其他的钨酸盐，如 $CaWO_4$ 和 $BaWO_4$，也表现出良好的高温润滑性能[73]。

铬酸盐作为高温润滑剂也见报道[73-75]。将 $BaCrO_4$ 添加到 Ni_3Al 金属间化合物中，在烧结制备过程中，$BaCrO_4$ 与 Ni_3Al 发生高温固相反应而损失。高温 800℃

时，复合材料的摩擦学性能明显改善，低摩擦归于磨斑上润滑剂 $BaCrO_4$ 的重新生成，低磨损归于由 NiO 和 $BaCrO_4$ 组成的具有保护性的氧化层的形成[74]。$BaCrO_4$ 添加到 ZrO_2 陶瓷中制备的复合材料，在室温到 800℃与 Al_2O_3 球对磨时，摩擦系数在 0.38～0.55 之间，磨损率约为 $10^{-5}mm^3/(N\cdot m)$，主要的磨损机理是低温下磨损表面的脆性断裂，高温下 $BaCrO_4$ 发生塑性变形，所形成的界面层和转移膜有效地改善了摩擦磨损行为[75,76]。

硫酸盐的润滑性能引起了研究者的关注[76-80]。利用脉冲激光技术在不锈钢底材上沉积的硫酸盐薄膜，在 500℃具有良好的摩擦系数 0.15[76,77]，明显低于 CaF_2 薄膜在相同磨损条件下的摩擦系数 0.35。在 Al_2O_3 陶瓷和 316 不锈钢两种基体上分别涂抹片层状 $BaSO_4$ 粉体和 $SrSO_4$ 粉体制备的涂层材料中 $BaSO_4$ 涂层材料表现了更好的摩擦性能，室温到 800℃摩擦系数低于 0.4[78]。另外，研究结果还发现，片层状的 $BaSO_4$ 比块体的 $BaSO_4$ 润滑性要好。此外，选用硫酸盐($BaSO_4$、$PbSO_4$ 和 $SrSO_4$)作为润滑剂添加到氧化铝陶瓷基体中制备的复合材料，在 200～800℃，也具有较低的摩擦系数[79]。

钒酸盐、铌酸盐、钽酸盐、铼酸盐的润滑减摩行为研究尚不多见[81-91]，但已有研究报道了这些无机含氧酸盐的合成和高温润滑。结果表明，它们是潜在的高温润滑剂。

4.2.4 氟化物固体润滑剂

金属氟化物具有较高的化学稳定性和热稳定性，在加入到材料中使用时，它们的结构和性能被很好地保持，经历韧脆性转变后，在摩擦表面上能够形成稳定的具有低剪切力的分隔膜，使其在工作环境中有效地发挥润滑性能[92-95]。一些氟化物的基本物理参数见表 4.7[92-95]。

表 4.7 一些氟化物的物理性能参数[92-95]

氟化物	熔点/℃	莫氏硬度	晶型
CaF_2	1423	4	立方晶系
BaF_2	1368	3	立方晶系
LaF_3	1490	4.5～5	六方晶系
CeF_3	2620	4.5～5	六方晶系
NdF_3	2505	4.5～5	六方晶系
GdF_3	2242	4.5～5	斜方晶系
62%BaF_2+38%CaF_2(质量分数)	1020		
57%LiF+43%CaF_2(质量分数)	769		

选用 CaF_2/BaF_2 共晶体作为润滑剂，通过浸渍法制备的镍铬合金材料在高温下表现出良好的自润滑性能[96]。在空气中，它可于 732℃以下工作；在氢气中，它可在 815℃的环境中使用。另外，CaF_2/BaF_2 共晶体对 Al_2O_3 陶瓷同样具有减摩作用[97]，从室温到 800℃，其摩擦系数在 0.3～0.4 之间。此外，含有氟化物的 ZrO_2 基陶瓷材料的宽温域润滑行为的研究也见报道[98]。选用 CaF_2 作为高温润滑剂，制备的 $ZrO_2(Y_2O_3)$-CaF_2 复合陶瓷明显改善了无润滑相的 $ZrO_2(Y_2O_3)$ 陶瓷的高温摩擦学性能。将软金属 Ag 和 Au 分别加入到 $ZrO_2(Y_2O_3)$-CaF_2 材料中，又进一步改善了 $ZrO_2(Y_2O_3)$-CaF_2 复合材料的室温脆性断裂和严重的磨粒磨损。软金属和氟化物的协同效应使得 ZrO_2 基陶瓷材料在宽温域下有较好的摩擦磨损行为。

在氟化物润滑剂中，另一类重要的化合物为稀土氟化物，如 LaF_3 和 CeF_3。它们在 500℃以上可有效润滑镍基合金。CeF_3 润滑的镍合金和 Si_3N_4 陶瓷摩擦副的高温摩擦学性能研究发现，CeF_3 在 500℃以上能起有效润滑作用[99]。其润滑机理研究[100-105]表明，室温至 700℃银与 CeF_3 具有协同减摩效应，但在 700℃以上 CeF_3 发生氧化反应，导致润滑性能显著降低；CeF_3 在摩擦过程中发生的物理和化学效应是影响润滑作用的主要因素，如(002)面的择优取向、结晶度变化以及摩擦氧化等。

4.2.5　固体润滑剂的协同效应

协同理论在研究多因素耦合作用，特别是多因素减摩耐磨机理方面取得了良好的效果[106]。几种成分间的协同效应已经发现了很多固体润滑体系，但是对其形成这种效应的机理却研究得还很不够。固体润滑剂的协同效应可分为以下两种类型：

(1) 固体润滑剂的增强作用。多种固体润滑剂的复合使用，在一定配比下具有协同效应，可得到优于单组分固体润滑剂的减摩耐磨性能。如二硫化钼与石墨的复配，二硫化钼与石墨混合无论是粉末还是在固体膜中或复合材料中均显示出协同效应，即混合物的摩擦磨损或耐温等性能都优于单独存在时。

(2) 固体润滑剂的联合作用。单组分固体润滑剂很难在复杂环境中实现良好的润滑性能，而多种固体润滑剂的复配则有可能达到这一目的。如采用低温润滑剂(如软金属、硫化物)和高温润滑剂(如氟化物)的组合，以及其他潜在的固体润滑剂(如无机含氧酸盐)，就有可能扩大使用温度范围，改善最终润滑效果。

固体润滑剂的协同效应是高温固体润滑理论的重要组成部分，可以为探索新的润滑剂和润滑剂组合做出贡献，具有很高的学术意义和实用价值。

4.2.6　高温润滑方式

如何实现材料的宽温域润滑性能，其途径可以分为以下三种：①材料本身具有润滑特性；②向复合材料体系中直接加入润滑剂来实现减摩性能；③在一定条件下通过化学反应原位生成润滑剂来达到润滑目的。在宽温域内具有连续润滑性能的材料尚未被发现，而通过摩擦表面反应生成润滑剂来实现减摩功效具有一定的局限性，并不具有普适性。无疑，第②种方法是最直接、最简单，也是最常用的一种润滑方式。但是如果将直接加入润滑剂与反应生成润滑剂两种润滑方式复合并用可能会有非凡效果，这种理念将有助于发展新型的宽温域自润滑材料。

4.2.7　离子势模型

Erdemir 介绍了一种对高温润滑氧化物选择、归类和理解其机制的新方法[107,108]，建立了离子势模型(离子势 $\varphi = Z/r$，其中 Z 是标准阳离子电荷，r 是阳离子的半径)：对于单一氧化物而言，离子势越高，润滑性就越好(表 4.8)；在复杂氧化物体系中，离子势的差值越大，润滑性越好(表 4.9)。这种晶体-化学模型可以预测一种氧化物或氧化物的混合物在高温时的剪切流变性能或润滑性能；可用于阐述在高温时具有低摩擦的合金成分或复合氧化物结构；在复合氧化物的情况下，可以确定固溶极限、化学反应、化合物形成趋势，以及当出现第二种氧化物时另一种氧化物熔点的降低。晶体-化学与高温润滑氧化物的润滑性能之间的关系规律有助于排除高温摩擦方面的猜测，为高温摩擦所遇到的润滑设计难题提供了一条新途径。

表 4.8　一些氧化物的摩擦系数与离子势的关系[107,108]

氧化物种类	电荷 (Z)	阳离子半径 /Å	离子势 (Z/r)	熔点 /K	摩擦系数 (温度/K)
ReO_3	6	$Re^{6+}(0.51)$	11.7	433	0.2~0.15(273~600)
Re_2O_7	7	$Re^{7+}(0.56)$	12.5	569	0.2~0.15(273~600)
B_2O_3	3	0.25	12	723	0.3~0.15(823~1000)
V_2O_5	5	0.64	8.4	945	0.32~0.3(873~1273)
MoO_3	6	0.67	8.9	1068	0.27~0.2(870~1073)
WO_3	6	0.68	8.8	1743	0.3~0.25(873~1073)
TiO_2	4	0.64	5.8	2123	0.55~0.35(1073~1273)
Al_2O_3	3	0.5	6	2313	0.5~0.3(1073~1273)
SnO_2	4	0.71	5.6		0.5(1273)
ZrO_2	4	0.79	5	3073	0.5(1073)
MgO	2	0.63	3.2	3173	0.5~0.35(773~973)
NiO	2	0.69	2.8		0.6~0.4(773~1073)
CoO	2	0.72	2.7		0.6~0.4(573~973)
ZnO	2	0.74	2.7		0.7(873)
FeO	2	0.74	2.7		0.6(573~1073)

表 4.9　双元氧化物的摩擦系数与离子势的关系[107, 108]

摩擦表面的双元氧化物	摩擦系数	温度/K	离子势之差
Al_2O_3-TiO_2	0.55	873	0.2
NiO-FeO	0.6	873	0.15
Al_2O_3-NiO	0.5	873	3.1
Al_2O_3-FeO	0.55	873	3.3
NiO-TiO_2	0.5~0.3	673~1073	2.9
PbO-MoO_3	0.65~0.35	300~973	4.1
NiO-Ta_2O_5	0.3	673~1073	4.2
NiO-MoO_3	0.3~0.2	773~973	5.1
NiO-WO_3	0.35~0.2	673~1073	5.9
CoO-MoO_3	0.5~0.27	653~1083	6.1
ZnO-MoO_3	0.26	923	6.2
CuO-MoO_3	0.35~0.2	773~903	6.5
PbO-V_2O_5	0.2~0.08	373~813	6.8
SiO_2-PbO	0.3~0.2	800~1273	7.8
CoO-WO_3	0.47~0.2	573~1073	6.9
Cs_2O-MoO_3	0.18	923	8.3
CuO-Re_2O_7	0.3~0.1	573~973	8.5
NiO-B_2O_3	0.3~0.1	873~1173	9.1
PbO-B_2O_3	0.2~0.1	773~873	10.4

参 考 文 献

[1] 徐锦芬. 摩擦学原理[R]. 兰州: 中国科学院兰州化学物理研究所固体润滑实验室, 2003.

[2] Bowden F P, Tabor D. The Friction and Lubrication of Solids[M]. London: Oxford University Press, 1954, Part II, 1964.

[3] 石淼森. 固体润滑技术[M]. 北京: 中国石化出版社, 1998.

[4] Sliney H E. Solid lubricant materials for high temperatures: A review[J]. Tribology International, 1982, 5: 303-315.

[5] Lancaster J K, Pritchard J R. The influence of environment and pressure on the transition to dusting wear of graphite[J]. Journal of Physics D: Applied Physics, 1981, 14: 747-762.

[6] Yen B K, Schwickert B E, Toney M F. Origin of low-friction behavior in graphite investigated by surface x-ray diffraction[J]. Applied Physics Letters, 2004, 84: 4702-4704.

[7] Dienwiebel M, Pradeep N, Verhoeven G S, et al. Model experiments of superlubricity of graphite[J]. Surface Science, 2005, 576: 197-211.

[8] Brendlé M, Stempflé P. Triboreactions of graphite with moisture: A new model of triboreactor for integrating friction and wear[J]. Wear, 2003, 254: 818-826.

[9] 冯大鹏, 刘近朱, 毛绍兰, 等. 耐高温无机固体润滑剂的发展[J]. 润滑与密封, 1997, 6: 2-6.

[10] Liu H W, Xue Q J. The tribological properties of TZP-graphite self-lubricating ceramics[J]. Wear, 1996, 198: 143-149.

[11] Allam I M. Solid lubricants for applications at elevated temperatures[J]. Journal of Materials Science, 1991, 26: 3977-3984.

[12] Rajaram G, Kumaran S, Rao T S, et al. Studies on high temperature wear and its mechanism of Al-Si/graphite composite under dry sliding conditions[J]. Tribology International, 2010, 43: 2152-2158.

[13] 牛淑琴, 朱家佩, 欧阳锦林. 几种高温自润滑复合材料的研制与性能研究[J]. 摩擦学学报, 1995, 15: 324-332.

[14] Lu J J, Yang S R, Wang J B, et al. Mechanical and tribological properties of Ni-based alloy/CeF3/graphite high temperature self-lubricating composites[J]. Wear, 2001, 249: 1070-1076.

[15] Li J L, Xiong D S. Tribological properties of nickel-based self-lubricating composite at elevated temperature and counterface material selection[J]. Wear, 2008, 265: 533-539.

[16] Donnet C, Mogne T L, Martin J M. Superlow friction of oxygen-free MoS2 coatings in ultrahigh vacuum[J]. Surface and Coatings Technology, 1993, 62: 406-411.

[17] Hiraoka N. Wear life mechanism of journal bearings with bonded MoS2 film lubricants in air and vacuum[J]. Wear, 2002, 249: 1014-1020.

[18] Xu J, Zhu M H, Zhou Z R, et al. An investigation on fretting wear life of bonded MoS2 solid lubricant coatings in complex conditions[J]. Wear, 2003, 255: 253-258.

[19] Kubart T, Polcar T, Kopecký L, et al. Temperature dependence of tribological properties of MoS2 and MoSe2 coatings[J]. Surface and Coatings Technology, 2005, 193: 230-233.

[20] Renevier N M, Hamphire J, Fox V C, et al. Advantages of using self-lubricating, hard, wear-resistant MoS2-based coatings[J]. Surface and Coatings Technology, 2001, 142-144: 67-77.

[21] Tagawa M, Muromoto M, Hachiue S, et al. Hyperthermal atomic oxygen interaction with MoS2 lubricants and relevance to space environmental effects in low earth orbit-effects on friction coefficient and wear-life[J]. Tribology Letters, 2005, 18: 437-442.

[22] Pauschitz A, Badisch E, Roy M, et al. On the scratch behaviour of self-lubricating WSe2 films[J]. Wear, 2009, 267: 1909-1914.

[23] Shtansky D V, Lobova T A, Fominski V Y, et al. Structure and tribological properties of WSex, WSex/TiN, WSex/TiCN and WSex/TiSiN coatings[J]. Surface and Coatings Technology, 2004, 183: 328-336.

[24] Watanabe S, Noshiro J, Miyake S. Friction properties of WS2/MoS2 multilayer films under vacuum environment[J]. Surface and Coatings Technology, 2004, 188-189: 644-648.

[25] Prasad S V, McDevitt N T, Zabinski J S. Tribology of tungsten disulfide-nanocrystalline zinc oxide adaptive lubricant films from ambient to 500℃[J]. Wear, 2000, 237: 186-196.

[26] 熊党生, 葛世荣, 李丽娅, 等. Ni-Cr-Mo-Al-Ti-B-MoS2 系合金高温摩擦学特性的研究[J]. 摩擦学学报, 1999, 19: 316-321.

[27] 刘如铁, 李溪滨. MoS2 对镍基自润滑材料摩擦学特性的影响[J]. 粉末冶金技术, 2000, 1: 31-34.

[28] 阚存一, 刘近朱, 张国威, 等. 一种镍-铬-硫合金的研制及其摩擦学特性[J]. 摩擦学学报, 1994, 14: 193-204.

[29] 王莹, 王静波, 王均安, 等. 含硫镍合金的研制及高温摩擦学特性[J]. 摩擦学学报, 1996, 16: 289-297.

[30] León O A, Staia M H, Hintermann H E. Wear mechanism of Ni-P-BN(h) composite autocatalytic coatings[J]. Surface and Coatings Technology, 2005, 200: 1825-1829.

[31] Du L Z, Zhang W G, Liu W, et al. Preparation and characterization of plasma sprayed Ni_3Al-hBN composite coating[J]. Surface and Coatings Technology, 2010, 205: 2419-2424.

[32] Du L Z, Huang C B, Zhang W G, et al. Preparation and wear performance of $NiCr/Cr_3C_2$-NiCr/hBN plasma sprayed composite coating[J]. Surface and Coatings Technology, 2011, 205: 3722-3728.

[33] Chien H H, Ma K J, Vattikuti S V P, et al. Tribological behaviour of MoS_2/Au coatings[J]. Thin Solid Films, 2010, 518: 7532-7534.

[34] Ouyang J H, Sasaki S, Murakami T, et al. The synergistic effects of CaF_2 and Au lubricants on tribological properties of spark-plasma-sintered $ZrO_2(Y_2O_3)$ matrix composites[J]. Materials Science and Engineering A, 2004, 386: 234-243.

[35] Ma K J, Chao C L, Liu D S, et al. Friction and wear behaviour of TiN/Au, TiN/MoS_2 and TiN/TiCN/a-C:H coatings[J]. Journal of Materials Processing Technology, 2002, 127: 182-186.

[36] Scharf T W, Kotula P G, Prasad S V. Friction and wear mechanisms in MoS_2/Sb_2O_3/Au nanocomposite coatings[J]. Acta Materialia, 2010, 58: 4100-4109.

[37] Endrino J L, Nainaparampil J L, Krzanowski J E. Magnetron sputter deposition of WC-Ag and TiC-Ag coatings and their frictional properties in vacuum environments[J]. Scripta Materialia, 2002, 47: 613-618.

[38] Köstenbauer H, Fontalvo G A, Mitterer C, et al. Tribological properties of TiN/Ag nanocomposite coatings[J]. Tribology Letters, 2008, 30: 53-60.

[39] Kutschej K, Mitterer C, Mulligan C P, et al. High-temperature tribological behavior of CrN-Ag self-lubricating coatings[J]. Advanced Engineering Materials, 2006, 8: 1125-1129.

[40] Muratore C, Voevodin A A, Hu J J, et al. Tribology of adaptive nanocomposite yttria-stabilized zirconia coatings containing silver and molybdenum from 25 to 700℃[J]. Wear, 2006, 261: 797-805.

[41] Teker T, Kaplan M. The effects of Co and Cr particles additions on microstructure and wear behaviour of Pb-Sn based alloy[J]. Journal of Alloys and Compounds, 2009, 484: 510-513.

[42] Wu H R, Bi Q L, Zhu S Y, et al. Friction and wear properties of Babbitt alloy 16-16-2 under sea water environment [J]. Tribology International, 2011, 44: 1161-1167.

[43] Zhu M, Gao Y, Chung C Y, et al. Improvement of the wear behaviour of Al-Pb alloys by mechanical alloying[J]. Wear, 2000, 242: 47-53.

[44] An J, Liu Y B, Lu Y. The influence of Pb on the friction and wear behavior of Al-Si-Pb alloys[J]. Materials Science and Engineering A, 2004, 373: 294-302.

[45] Pürçek G, Savaşkan T, Küçükömeroğlu T, et al. Dry sliding friction and wear properties of zinc-based alloys[J]. Wear, 2002, 252: 894-901.

[46] Aouadi S M, Luster B, Kohli P, et al. Progress in the development of adaptive nitride-based coatings for high temperature tribological applications[J]. Surface and Coatings Technology, 2009, 204: 962-968.

[47] Basnyat P, Luster B, Kertzman Z, et al. Mechanical and tribological properties of CrAlN-Ag self-lubricating films[J]. Surface and Coatings Technology, 2007, 202: 1011-1016.

[48] Aouadi S M, Singh D P, Stone D S, et al. Adaptive VN/Ag nanocomposite coatings with lubricious behavior from 25 to 1000℃[J]. Acta Materialia, 2010, 58: 5326-5331.

[49] Peterson M B, Li S Z, Murray S F. Wear-resisting oxide films for 900℃[J]. Journal of Material Sciences and Technology, 1997, 13: 99-106.

[50] Peterson M B, Murray S F, Florek J J. Consideration of lubricants for temperatures above 1000℃ [J]. Tribology Transactions, 1959, 2: 225-234.

[51] 查家宁, 王静波, 黄业中, 等. WC-Ni-PbO 高温自润滑金属陶瓷材料的研究[J]. 固体润滑, 1991, 11: 28-34.

[52] 黄业中, 王静波, 欧阳锦林. WC-Ni-Mo-PbO 高温自润滑金属陶瓷材料的研制及综合性能考察[J]. 摩擦学学报, 1994, 14: 49-56.

[53] Koshy R A, Graham M E, Marks L D. Temperature activated self-lubrication in CrN/Mo$_2$N nanolayer coatings[J]. Surface and Coatings Technology, 2010, 204: 1359-1365.

[54] Zhang Y S, Hu L T, Chen J M, et al. Lubrication behavior of Y-TZP/Al$_2$O$_3$/Mo nanocomposites at high temperature[J]. Wear, 2010, 268: 1091-1094.

[55] Mayrhofer P H, Hovsepian P E, Mitterer C, et al. Calorimetric evidence for frictional self-adaptation of TiAlN/VN superlattice coatings[J]. Surface and Coatings Technology, 2004, 177-178: 341-347.

[56] Gassner G, Mayrhofer P H, Kutschej K, et al. A new low friction concept for high temperatures: Lubricious oxide formation on sputtered VN coatings[J]. Tribology Letters, 2004, 17: 751-756.

[57] Fateh N, Fontalvo G A, Gassner G, et al. The beneficial effect of high-temperature oxidation on the tribological behaviour of V and VN coatings[J]. Tribology Letters, 2007, 28: 1-7.

[58] Fateh N, Fontalvo G A, Mitterer C. Tribological properties of reactive magnetron sputtered V$_2$O$_5$ and VN-V$_2$O$_5$ coatings[J]. Tribology Letters, 2008, 30: 21-26.

[59] Zabinski J S, Corneille J, Prasad S V, et al. Lubricious zinc oxide films: Synthesis, characterization and tribological behaviour[J]. Journal of Materials Science, 1997, 32: 5313-5319.

[60] Zabinski J S, Sanders J H, Nainaparampil J, et al. Lubrication using a microstructurally engineered oxide: Performance and mechanisms[J]. Tribology Letters, 2000, 8: 103-116.

[61] Woydt M, Dogigli M, Agatonovic P. Concepts and technology development of hinge joints operated up to 1600℃ in air[J]. Tribology Transactions, 1997, 40: 643-646.

[62] Woydt M, Skopp A, Dörfel I, et al. Wear engineering oxides/antiwear oxides[J]. Tribology Transactions, 1999, 42: 21-31.

[63] Zabinski J S, Day A E, Donley M S, et al. Synthesis and characterization of a high-temperature oxide lubricant[J]. Journal of Materials Science, 1994, 29: 5875-5879.

[64] Wahl K J, Seitzman L E, Bolster R N, et al. Ion-beam deposited Cu-Mo coatings as high temperature solid lubricants[J]. Surface and Coatings Technology, 1997, 89: 245-251.

[65] Öztürk A, Ezirmik K V, Kazmanlı K, et al. Comparative tribological behaviors of TiN-CrN- and MoN-Cu nanocomposite coatings[J]. Tribology International, 2008, 41: 49-59.

[66] Stone D, Liu J, Singh D P, et al. Layered atomic structures of double oxides for low shear strength at high temperatures[J]. Scripta Materialia, 2010, 62: 735-738.

[67] Han J S, Jia J H, Lu J J, et al. High temperature tribological characteristics of Fe-Mo-based self-lubricating composites[J]. Tribology Letters, 2009, 34: 193-200.

[68] Gulbiński W, Suszko T. Thin films of MoO_3-Ag_2O binary oxides-the high temperature lubricants[J]. Wear, 2006, 261: 867-873.

[69] Gulbiński W, Suszko T, Sienicki W, et al. Tribological properties of silver-and copper-doped transition metal oxide coatings[J]. Wear, 2003, 254: 129-135.

[70] Wang J B, Huang Y Z, Ouyang J L. Study on the tribological of WC-Ni-Co-Mo-PbO high-temperature self-lubricating cermet material[J]. Tribology (in Chinese), 1995, 3: 205-210.

[71] Walck S D, Zabinski J S, McDevitt N T, et al. Characterization of air-annealed, pulsed laser deposited ZnO-WS_2 solid film lubricants by transmission electron microscopy[J]. Thin Solid Films, 1997, 305: 130-143.

[72] Zhu S Y, Bi Q L, Yang J, et al. Ni_3Al matrix composite with lubricous tungstate at high temperatures [J]. Tribology Letters, 2012, 45: 251-255.

[73] Zhu S Y, Bi Q L, Kong L Q, et al. Barium chromate as a solid lubricant for nickel aluminum[J]. Tribology Transactions, 2012, 55: 218-223.

[74] Ouyang J H, Sasaki S, Umeda K. The friction and wear characteristics of low-pressure plasma-sprayed ZrO_2-$BaCrO_4$ composite coating at elevated temperatures[J]. Surface and Coatings Technology, 2002, 154: 131-139.

[75] Ouyang J H, Sasaki S, Murakami T, et al. Spark-plasma-sintered $ZrO_2(Y_2O_3)$-$BaCrO_4$ self-lubricating composites for high temperature tribological applications[J]. Ceramic International, 2005, 31: 543-553.

[76] John P J, Zabinski J S. Sulfate based coatings for use as high temperature lubricants[J]. Tribology Letters, 1999, 7: 31-37.

[77] John P J, Prasad S V, Voevodin A A, et al. Calcium sulfate as a high temperature solid lubricant[J]. Wear, 1998, 219: 155-161.

[78] Murakami T, Ouyang J H, Umeda K, et al. High-temperature friction properties of $BaSO_4$ and $SrSO_4$ powder films formed on Al_2O_3 and stainless steel substrates[J]. Materials Science and Engineering A, 2006, 432: 52-58.

[79] Murakami T, Ouyang J H, Sasaki S, et al. High-temperature tribological properties of spark-plasma-sintered Al_2O_3 composites containing barite-type structure sulfates[J]. Tribology International, 2007, 40: 246-253.

[80] Murakami T, Umeda K, Sasaki S, et al. High-temperature tribological properties of strontium sulfate films formed on zirconia-alumina, alumina and silicon nitride substrates[J]. Tribology International, 2006, 39: 1576-1583.

[81] Gao H, Otero-de-la-Roza A, Gu J, et al. (Ag,Cu)-Ta-O ternaries as high-temperature solid-lubricant coatings[J]. ACS Applied Materials and Interfaces, 2015,7:15422-15429.

[82] Stone D S, Gao H, Chantharangsi C, et al. Load-dependent high temperature tribological properties of silver tantalate coatings[J]. Surface and Coatings Technology, 2014, 244: 37-44.

[83] Stone D S, Migas J, Martini A, et al. Adaptive NbN/Ag coatings for high temperature tribological applications[J]. Surface and Coatings Technology, 2012, 206: 4316-4321.

[84] 李诗卓, 姜晓霞, 尹付成, 等. Ni-Cu-Re 高温自润滑合金的研究[J]. 材料科学进展, 1989, 3: 481-486.

[85] 姜晓霞, 李诗卓, Peterson M B, et al. Co-Cu-Re 高温自润滑合金的研究[J]. 材料科学进展,1989, 3: 487-493.

[86] 李诗卓, 姜晓霞, Peterson M B, et al. Ni-Cu-Re 合金自生氧化膜的减摩机理[J]. 材料科学进展, 1990, 4: 1-7.

[87] 黄俊, 熊党生. 一种新型润滑剂-铼酸铜[J]. 粉末冶金材料科学与工程, 1997, 2: 140-142.

[88] 熊党生, 李溪斌. 铼酸铁高温润滑行为和配副关系[J]. 中国有色金属学报, 1995, 5: 115-118.

[89] 熊党生, 李诗卓, 姜晓霞. Fe-Re 合金高温摩擦特性研究[J]. 自然科学进展, 1997, 7: 81-87.

[90] 刘林林, 李曙, 刘阳. 高铼酸铅宽温度范围内的减摩行为[J]. 无机材料学报, 2010, 25: 1204-1208.

[91] 刘林林, 李曙, 刘阳. 几种合成高铼酸盐的减摩行为[J]. 金属学报, 2010, 46: 233-238.

[92] Sliney H E. Rare earth fluorides and oxides: An exploratory study of their use as solid lubricants at temperatures to $1800^\circ F$ $(1000^\circ C)$[R]. NASA-TN-D-5301, 1969.

[93] Deadmore D L, Sliney H E. Characterization of the tribological coating composition 77wt% CaF_2-23wt% LiF fused to IN-750 alloy[R]. NASA-TM-87342, 1986.

[94] Deadmore D L, Sliney H E. Hardness of CaF_2 and BaF_2 solid lubricants at $25\text{-}670^\circ C$[R]. NASA-TM-88979, 1987.

[95] Sliney H E, Strom T N, Allen G P. Fluoride solid lubricants for extreme temperatures and corrosive environments[R]. NASA-TM-X-52077, 1965.

[96] Sliney H E. Self-lubricating composites of porous nickel and nickel-chromium alloy impregnated with barium fluoride-calcium fluoride eutectic[R]. NASA-TN-D-3484, 1966.

[97] Murakami T, Ouyang J H, Sasaki S, et al. High-temperature tribological properties of Al_2O_3, Ni-20 mass% Cr and NiAl spark-plasma-sintered composites containing BaF_2-CaF_2 phase[J]. Wear, 2005, 259: 626-633.

[98] Ouyang J H, Sasaki S, Murakami T, et al. Tribological properties of spark-plasma-sintered $ZrO_2(Y_2O_3)$-CaF_2-Ag composites at elevated temperatures[J]. Wear, 2005, 258: 1444-1454.

[99] Murray S F, Calabrese S J. Effect of solid lubricants on low speed sliding behavior of silicon nitride at temperatures to $800^\circ C$[J]. Lubrication Engineering, 1993, 49: 955-964.

[100] Lu J J, Xue Q J, Wang J B. The effect of CeF_3 on the mechanical and tribological properties of Ni-based alloy[J]. Tribology International, 1997, 30: 659-662.

[101] Lu J J, Xue Q J, Ouyang J L. Thermal properties and tribological characteristics of CeF_3 compact[J]. Wear, 1997, 211: 15-21.

[102] Lu J J, Xue Q J. Sliding friction, wear and oxidation behavior of CeF_3 compact in sliding against steels at temperatures to $700^\circ C$ in air[J]. Wear, 1998, 219: 73-77.

[103] Xue Q J, Lu J J. Physical and chemical effects of CeF_3 compact in sliding against Hastelloy C in

temperatures to 700℃[J]. Wear, 1997, 21: 9-14.

[104] Lu J J, Xue Q J. Effect of mixed rare earth fluorides on the mechanical and tribological characteristics of Ni-based alloy[J]. Tribology Transactions, 2000, 43: 27-32.

[105] Lu J J, Xue Q J, Zhang G W. Effect of silver on the sliding friction and wear behavior of CeF₃ compact at evaluated temperatures[J]. Wear, 1998, 214: 103-111.

[106] 戴振东, 王珉, 薛群基. 摩擦体系热力学引论[M]. 北京: 国防工业出版社, 2002.

[107] Erdemir A. A crystal-chemical approach to lubrication by solid oxides[J]. Tribology Letters, 2000, 8: 97-102.

[108] Erdemir A. A crystal chemical approach to the formulation of self-lubricating nanocomposite coatings[J]. Surface and Coatings Technology, 2005, 200: 1792-1796.

第 5 章　高温自润滑合金

高温自润滑合金以金属为基体，通过添加一种或多种合金元素，对基体进行固溶强化或者析出强化，并添加低剪切的金属元素或者添加可以形成自生低剪切氧化物/化合物的合金元素，从而实现高温润滑的目的。高温自润滑合金自润滑性能的实现方式不同于下文中的高温自润滑复合材料，后者通常通过加入一种或者多种固体润滑剂化合物来实现宽温域自润滑。高温自润滑合金中没有加入传统的非金属软质固体润滑剂，因此其力学性能仍然能够保持一般合金的水平，其抗拉强度、塑性及韧性均优于金属基自润滑复合材料，但其自润滑效果有一定的局限性，一般不易实现宽温域的自润滑性能。

高温自润滑合金的基体相必须具有一定的高温机械强度、抗氧化性能和抗腐蚀性能。根据基体材料种类的不同，可以将高温自润滑合金分为铜基、铁基、镍基、钴基自润滑合金。因机械强度的要求，高温自润滑合金的润滑性能往往不通过添加非金属固体润滑相来实现。一般是通过以下途径和手段实现：①控制制备方法及工艺，获得特定的材料组织结构及相组成，进而实现润滑，如共晶组织的生成可以有效降低摩擦；②选择合适的配副材料，对于某些材料特定的配副材料可以获得低摩擦；③添加低剪切的软金属为合金相来降低摩擦力，如 Ag、Pb、Bi；④添加可以自生低剪切化合物或氧化物的合金元素，如生成硫化物及各种低剪切的氧化物(CuO、PbO、Re_2O_7、MoO_3 等)，这些氧化物的润滑行为并不具有严格的普适性，因为它们的润滑性除了与自身的性质有关外，还与环境温度、基体材料的氧化速率和氧化层的磨耗速率、氧化层与基体的结合强度等因素密不可分。此外，一般情况下单一的合金元素无法同时满足材料机械性能和润滑性能的综合要求，往往需要添加多种合金元素，这就要求在根据合金化原则选取合金元素时既要考虑合金元素对机械强度的提高又要兼顾其对摩擦学性能带来的影响。至今，获得兼顾机械性能和良好自润滑性能的高温合金仍是一项具有挑战性的工作，需要大量的探索和尝试才能获得综合性能不断提高的高温自润滑合金材料，以满足其在特殊工况及环境中的应用。

5.1　铜基高温自润滑合金

铜合金具有优异的导电性、导热性、耐腐蚀性、耐磨损性等性能，已经广泛地应用于电子、机械、交通、能源等领域。一般情况下，铜合金并不直接应用于高温环境中，但在特殊的服役条件下，如干摩擦、载流摩擦、高速、重载等，铜基合金表面往往产生较多的热量，使得摩擦表面温度上升到几百度，甚至上千度的瞬时高温。铜合金的高温摩擦磨损行为不可避免地影响机械系统的使用性能和使用寿命，进而影响其经济成本和安全运行等因素。因此，改善铜合金的润滑性能具有重要意义。

5.1.1　含石墨铜基自润滑合金

铜合金因其导电性、导热性等优异特性在电流载运及传递方面发挥着重要作用。铜合金在铁路电力机车的供电系统中有着广泛的应用，不仅起着承载和传递电流的作用，而且还受到摩擦磨损的影响。在受流条件下铜合金的摩擦磨损性能对于电力机车的稳定、安全运行至关重要。

通常来说，铁路等电力机车的动力供给方式有两种：一种是通过弓网系统传输，另一种是轮轨回流系统传输。弓网系统中的摩擦形式是滑动载流摩擦，而轮轨回流系统中的摩擦形式是滚动载流摩擦。在弓网系统中，由于导电性和高强度的要求，接触线一般采用铜基合金，如银铜、锡铜、铬锆铜、镁铜。而与之接触的受电弓滑板则须满足两个条件：一是能够承受高速滑动、大电流、高接触电压和冲击等苛刻条件下带来的冲击、机械磨损和电弧磨损；二是对接触网线的磨耗要小。目前受电弓滑板材质主要包括纯铜滑板、碳滑板、铁基粉末冶金滑板、铜基粉末冶金滑板、浸金属碳滑板。其中铜基粉末冶金滑板具有强度高、耐冲击、耐磨损及对接触线损伤较小的优异特性，具有重要的应用价值。有研究表明[1]，粉末冶金制备的 CuFeCrNiZnSnPbC 合金自配副在滑动载流工况下摩擦系数可低至 0.3，磨损率为 $10^{-4}\text{mm}^3/(\text{N}\cdot\text{m})$ 量级；合金中的软金属 Pb 和非金属 C 起到润滑作用，其他合金元素则可提高铜合金的强度，进而提高其耐磨性。粉末冶金 Cu 与 Cr 青铜(QCr0.5)配副的滑动载流摩擦试验发现[2]，随着电流增大，配副材料的摩擦系数逐渐降低，当电流为 100A 时摩擦系数低于 0.2；而由于电弧放电所带来的电弧烧蚀作用，随着电流增大配副材料的磨损逐渐增大。在电流的作用下，摩擦表面会产生较高的温度，部分 Cu 会出现熔融态，以及有部分 CuO 生成。在轮轨电流回路系统中，轮轨之间存在滚动载流摩擦，该种形式的摩擦研究较少，目前主要由河南科技大学张永振教授团队开展了前期的基础研究[3-6]。他们主要以 Cu/Cu 配副作为研究对象，初步的滚动载流摩擦研究发现：①随着电流增大，摩擦系数逐渐增大；②随着载荷增大，系统接触电阻减小，摩擦系数逐渐减小；③环境的湿度对滚动载流有明显影响，随着湿度增大摩擦系数逐渐增大，且当湿度低于 50%RH 时，摩擦系数低于 0.2，当湿度高于 50%RH 时，摩擦系数可高达 0.9，随着湿度增大，磨损机制由轻微黏着向层状剥落磨损转变；④大气和水环境中的摩擦学性能表现出较大的差异，相同电流等测试条件下，大气环境中摩擦系数均低于 0.2，而水环境中，摩擦系数可高达 1.2。

5.1.2　铜铅自润滑合金

铜基自润滑合金广泛用作轴承、轴瓦材料。自润滑金属轴承一般具有连续的硬金属基体和少量细小的软金属分布其上的双相结构，这就要求硬金属相和软金属相具有较低的固溶度。锡青铜和铅青铜是目前最常用的两类铜基自润滑轴承合金。铜基自润滑轴承合金具有疲劳强度和承载能力高、耐磨性和导热性优良、摩擦系数低等优异特性，能在 250℃温度下长期工作，可用于制造高速、重载条件下工作的轴承，如高速采油机轴承、航天发动机轴承等。

Cu-Pb 轴承合金具有耐磨性优越、抗咬黏性好、承载能力强和抗疲劳强度高等优点，合金中的软金属 Pb 不仅能在摩擦表面形成润滑膜，而且对磨屑具有良好的嵌藏性和摩擦顺应性，被认为是一种具有广泛应用前景的自润滑轴承材料。采用等离子烧结技术制备的纳米尺度 Cu-Pb 合金材料[7]具有较高的硬度(可高达 3.5GPa)，在大气环境中表现出优异的润滑和耐磨损性能，同时其摩擦学性能受样品的烧结温度、测试载荷及 Pb 含量的影响。烧结温度一方面有助于致密化过程，一方面又会导致晶粒长大，二者对材料硬度的影响是互相矛盾的。测试载荷的大小影响着接触表面的赫兹接触应力，一般而言在较高的赫兹接触应力下，材料的磨损增大。在 Cu-Pb 合金体系中，Pb 是作为软质相加入的，有利于降低摩擦磨损，在低于阈值的范围内，随着 Pb 含量增加，合金的摩擦系数和磨损率均会下降，超过阈值时摩擦系数和磨损率基本保持不变。因此，如表 5.1 中的结果所示，当 Pb 的质量分数为 15%时，烧结温度为 300℃，测试载荷为 5N 时表现出最佳的摩擦学性能，摩擦系数和磨损率分别低至 0.4 和 $1.25×10^{-6}mm^3/(N·m)$。合金的润滑机理为 Pb 在摩擦过程中形成的连续润滑膜以及 Pb 和 Cu 的摩擦化学反应产物 PbO 和 Cu_2O。

表 5.1　Cu-Pb 合金在不同烧结温度、载荷和 Pb 含量下的摩擦系数和磨损率

样品(质量分数)	烧结温度/℃	载荷/N	摩擦系数	磨损率/($10^{-6}mm^3/(N·m)$)
Cu-10%Pb	300	5	0.53	14.58±4.55
		10	0.50	31.89±6.81
	350	5	0.74	35.37±4.43
		10	0.73	112.05±6.67
Cu-12.5%Pb	300	5	0.40	6.38±1.82
		10	0.45	24.47±9.83
	350	5	0.42	1.43±0.29
		10	0.49	8.91±2.00

续表

样品(质量分数)	烧结温度/℃	载荷/N	摩擦系数	磨损率/(10^{-6}mm³/(N·m))
Cu-15%Pb	300	5	0.40	1.25±0.66
		10	0.45	2.78±1.12
	350	5	0.44	1.63±0.35
		10	0.59	7.36±2.97

　　除了铅青铜之外，含 Pb 锌黄铜 CuZn39Pb3 合金也广泛用作轴承材料，其成分如表 5.2 所示。该合金材料一般用于大气环境中，在航海、航空、航天方面也有潜在应用。在真空和大气环境中的摩擦磨损性能研究表明[8]，该合金材料在两种气氛中均表现出优异的自润滑性能，摩擦系数低于 0.4，但其真空环境下的耐磨损性能优于大气环境。另外，在该含 Pb 锌黄铜合金中，Pb 也几乎不与 Cu-Zn 合金互溶，而是以游离态的铅单质弥散分布在铜基体中。单质 Pb 会在摩擦过程中形成润滑膜，起到良好的润滑作用，从而降低合金材料的摩擦系数。

表 5.2　CuZn39Pb3 合金的化学成分

合金	化学成分(质量分数)/%									
	Cu	Sn	Zn	Pb	Ni	Fe	Si	P	Mn	Al
CuZn39Pb3	59.03	0.22	37.38	2.94	0.09	0.24	0.007	0.001	0.004	0.041

5.1.3　铜锡自润滑合金

　　锡青铜具有优异的机械性能、抗氧化、耐腐蚀与耐磨损等特性，在轴承和轴瓦方面应用广泛。在实际应用中，为了协调材料的机械性能和摩擦学性能，往往在添加 Sn 的基础上添加 Pb 等合金元素。如 CuSn10Pb10，由于该合金具有较高的疲劳和抗冲击强度以及良好的耐腐蚀性和润滑性能，在轴瓦材料领域具有广泛的应用。Sn 固溶到 Cu 中起到固溶强化作用，Pb 则作为软质相分散在铜锡合金基体中，提高合金的减摩性能及耐磨损(擦伤)性能。然而合金中的 Pb 具有较强的毒性，会带来环境污染及对人体造成危害。鉴于此，研究人员积极寻找 Pb 的替代元素。研究发现，以 Al 代 Pb 的无铅双金属自润滑材料 CuSn8Ni1Al 具有优异的干摩擦性能[9]。合金材料中 Al 的质量分数在 2%～12%的范围内均表现出较低的摩擦系数(低于 0.4)，尤其当 Al 的质量分数为 6%时，摩擦系数可低至 0.3，且在试验过程中较为平稳，未出现较大波动。与常规的 CuSn10Pb10 含铅合金相比(约为 0.3)，二者的摩擦系数相当，即两种材料具有相近的润滑效果，而且以 Al 取代 Pb 无论是在环保方面还是成本方面均具有显著优势。因此，在铜铅自润滑合金中以 Al 代 Pb 是可行性。另外，低熔点金属 Bi 代替重金属 Pb 也具有一定的可行性。

这是因为 Bi 与 Pb 相似均不与 Cu 固溶，且 Bi 具有与 Pb 相似的低剪切润滑性能。CuSn10Bi5 合金的摩擦学性能研究表明[10]，该合金具有较低的摩擦系数(0.3)和与工业轴瓦材料相当的耐磨损性能。

5.1.4　其他铜基自润滑合金

除了上述铜合金外，铜镍、铜锌合金也常常用于耐磨和润滑领域。纯铜加镍后能显著提高其强度、耐蚀性、硬度等，镍白铜相对其他铜合金的机械性能和物理性能都较为突出。在 Ni 的基础上添加 Al、Si 等合金元素可以在铜基体中形成沉淀强化作用，如生成 Ni_3Al、Ni_2Si 弥散相，从而显著提高合金的力学性能，合金的摩擦学性能也显著提高[11]。此外，摩擦过程中的摩擦化学反应生成的氧化物对降低摩擦起到协同作用。力学性能和摩擦化学反应的共同作用下，使得合金的干摩擦系数和磨损率分别低至 0.5 和 $10^{-6} mm^3/(N \cdot m)$ 量级。采用线爆炸法制备的 Cu-Zn 纳米颗粒粉体和常温高压(1.6GPa)所制备出来的 Cu-Zn 纳米材料表现出优异的耐磨和润滑性能[12]。当载荷低于 60N 时摩擦系数约为 0.2，当载荷高达 140N 时摩擦系数仍然低于 0.4。这一方面使纳米晶合金具有较高的强度，另一方面摩擦化学反应生成的 Cu 和 Zn 的氧化物也有利于降低摩擦。

5.2　铁基高温自润滑合金

钢铁、有色金属冶炼设备和矿山机械等工业的快速发展对润滑材料的要求越来越高，特别是在高温条件下的摩擦磨损和润滑问题日益受到重视。由于铁基自润滑合金的原料丰富、价格低廉、强度较高、摩擦学性能良好，其应用于各种机械传动系统中，如钢厂的冷床轴承、机床的导向滑轨以及汽车模具导向滑板等。

铁基合金在高温工况下使用时会遭受不同程度的摩擦磨损。铁基合金(如 Fe-Ni-Cr 系合金等)通常具有良好的高温强度和高温抗氧化性能，但是其润滑性能普遍较差，摩擦系数为 0.5～0.7[13]，严重影响了机械设备的高温运行安全和效率，而高温自润滑合金和技术的研究是解决这一高温润滑问题的有效途径。目前，铁基高温自润滑合金的研究主要集中于两个方面：一是在制备过程中原位生成具有润滑性的物质；二是通过摩擦化学反应来诱导生成具有润滑性的物质。例如，在铁基合金基体中添加 Mo、Ni、C、Se 等金属元素或者非金属元素，这些合金元素会在制备过程中或者摩擦过程中生成具有润滑性能的氧化物、硫化物或硒化物等，从而起到减摩作用。

5.2.1　含石墨铁基自润滑合金

在铁基自润滑合金中,常添加合金元素来提高其性能,常用的合金元素有 Cu、Mo、Ni、Cr、C 等[14-16]。铁基粉末冶金结构零件的烧结温度一般为 1050～1200℃,而合金元素 Cu 的熔点是 1083℃,在此烧结条件下会形成液相,促进烧结;另外,Cu 在高温下摩擦形成的 CuO 具有一定的润滑性,可起到高温润滑作用。Mo 是一种碳化物形成元素,常作为金属石墨基材料的添加元素,与碳元素形成稳定的碳化物。Mo 的碳化物由于具有较高的硬度和强度,可以强化基体,提高材料的耐磨性,减少黏着磨损的发生,同时 Mo 的氧化物在高温环境中亦可作高温润滑剂,从而降低摩擦。在 Fe-C 系合金中同时添加 Cu、Mo 等元素可获得较低的高温摩擦系数,约为 0.25。另外,Fe-C 系自润滑合金在温度高于 738℃时,可实现渗碳体完全石墨化,因此通过工艺优化可获得含有铁素体、珠光体和石墨组织结构的 Fe 基自润滑合金。

5.2.2　铁铼自润滑合金

金属 Re 属于六方结构,硬度高,耐磨性好,其氧化物具有良好的润滑性能。早期的 Fe-Re 合金摩擦学研究[17,18]发现,该合金在室温至 600℃具有优异的润滑性能,但不同温度下的润滑机制和润滑效果存在差异。当温度低于 100℃时,摩擦表面生成具有润滑性的自生 Re 氧化物,可有效降低摩擦,此时摩擦系数较低,约为 0.3;随着试验温度升高至 500～600℃,在摩擦力的反复作用下摩擦表面生成铼酸铁 $Fe(ReO_4)_3$,该物质具有更加优异的润滑性能,摩擦系数进一步下降,可低至 0.25;然而,温度继续升高至 600℃以上时摩擦系数反而升高,这主要是由于 $Fe(ReO_4)_3$ 的高温分解,分解化学式如下:

$$2Fe(ReO_4)_3 \longrightarrow 3Re_2O_7 + Fe_2O_3$$

其中 Re_2O_7 是软质氧化物,在 397℃时开始升华,因此,600℃以上摩擦表面只残余了 Fe_2O_3,而 Fe_2O_3 的润滑性能较差,摩擦系数升高。另外,$Fe(ReO_4)_3$ 的润滑性能与配副材料的种类也有一定的关系,如与 Al_2O_3 或玻璃配副时摩擦系数较低,表现出较为优异的润滑性能,而在相同的试验条件下与铁基高温合金配副时摩擦系数则较高,比 Al_2O_3 配副时平均高出 37.5%～50%,表现出较差的润滑性能。这是由于同种材质的材料配副时容易发生黏着,从而难以形成润滑膜。

Re 有利于 Fe 基合金的高温润滑,然而合金的润滑性能并非与 Re 的添加量成正比[19]。在多个试验温度下,从 0 到 70%改变合金中 Re 的质量分数,合金的摩擦系数均先降低后升高。其中,当 Re 的质量分数为 50%时几乎在所有温度下合金的摩擦系数均降至最低,为 0.2～0.3,继续增加 Re 的质量分数至 70%,合金在所有温度下的摩擦系数均基本保持不变。因此,添加适量的 Re 可以获得润滑性能最佳的 Fe 基自润滑合金。

5.3　钴基高温自润滑合金

钴基高温合金是含钴量为 40%~65% 的奥氏体高温合金，在 730~1100℃ 温度条件下具有一定的高温强度、良好的抗热腐蚀和抗氧化能力，适用于制造航空喷气发动机、工业燃气轮机、舰船燃气轮机的导向叶片和喷嘴导叶及柴油机喷嘴等。钴基高温合金在高温环境中服役时，相互接触的活动零部件之间的自润滑性能对其服役性能起决定性作用。钴元素自身在高温环境中可以形成润滑性良好的氧化物，从而表现出一定的高温自润滑性能。而在实际工况中，为了进一步改善材料的综合性能，往往需要添加一些合金元素，如 Cr、Ni、Mo 等。

5.3.1　钴基高温合金

Haynes 高温合金是钴基高温合金中的一个典型牌号，以 Co-Cr-Ni 为主，根据实际应用和工况的不同需要添加其他强化元素。其中，Haynes 25($C_{0.05~0.15}$ $P_{<0.03}S_{<0.03}Si_{<1}Mn_{<2}Fe_{<3}Ni_{9~11}Cr_{19~21}Co_{bal.}$) 和 Haynes 188($C_{0.05~0.15}Ag_{<0.001}Bi_{<0.001}$ $Pb_{<0.001}P_{<0.2}S_{<0.015}B_{<0.015}Cu_{<0.07}La_{0.03~0.12}Si_{0.2~0.5}$ $Mn_{<1.25}Fe_{<3}Ni_{20~24}Cr_{20~24}W_{13~16}Co_{bal.}$) 常用作对高温强度和高温摩擦磨损性能有较高要求的航空发动机部件。

Haynes 188 与 Haynes 25 高温合金配副时的高温摩擦学性能研究发现，摩擦系数随温度变化而出现明显变化[20]。在室温至 200℃，摩擦系数较高且在 200℃ 时达到最高；随着温度升高，摩擦系数逐渐降低，当温度达到 550℃ 时摩擦系数降低至 0.37 左右，表明配副合金具有一定的高温润滑性能。Haynes 25 合金磨痕表面的 SEM 和 Raman 分析发现，在 550℃ 的高温下，磨痕表面形成了一层 2~10μm 的连续氧化层，主要由 Cr_2O_3、Co_3O_4、Fe_2O_3 组成，其中 Cr_2O_3 和 Co_3O_4 在高温下具有良好的润滑性能；而在较低温度时，磨痕表面仅有部分区域出现较薄的氧化层(约 1~2μm)，主要由 Co_3O_4、Fe_2O_3、CoO 组成，这些氧化物在较低温度下含量较少，不能有效焊合形成连续的氧化物膜层[21]，因而不能起到良好的润滑作用。相反，这些氧化物由于低温塑性较差反而会对基体造成磨粒磨损而增大摩擦。因此，Haynes 系列高温合金在中低温条件下润滑性能较差，而在高温下表现出优异的自润滑性能，同时也具有高强度、高耐热腐蚀性能。

5.3.2　钴银自润滑合金

添加 Mo 和 Ag 的 Co-Cr 基合金具有优异的高温自润滑性能[22]。通过对 Co-Cr、Co-Cr-8%Mo 和 Co-Cr-8%Mo-9%Ag 三种 Co-Cr 系合金进行摩擦学行为研究，分析该系列钴基合金的润滑机理。研究表明，当温度低于 600℃时，三种钴基合金材料均具有较低的摩擦系数，其中添加 Ag 的钴基合金摩擦系数最低；当温度高于 600℃时，Co-Cr 和 Co-Cr-Mo 两种合金的摩擦系数均明显升高，而 Co-Cr-Mo-Ag 合金的摩擦系数却持续降低；当温度达到 1000℃时其摩擦系数降低至 0.15。由此可知，Ag 的添加使得 Co-Cr 合金具有优异的自润滑性能。另外，对 Co-Cr-Mo-Ag 合金在 1000℃时的磨痕进行微观形貌和成分分析发现，磨痕表面覆盖有一层由 Ag 氧化物、钼酸盐($CoMoO_3$)、铬酸盐($CoCrO_4$)、金属氧化物(CoO、Cr_2O_3 和 MoO_2)组成的润滑膜。因此，Mo 和 Ag 的加入使得 Co-Cr 合金表现出一定的高温协同润滑作用。

5.3.3 钴铼自润滑合金

Co 的晶体结构对其合金的摩擦学性能也有一定影响。Co 金属在温度低于 400℃时具有密排六方(hcp)结构，在此结构下 Co 合金表现出较好的润滑性能，摩擦系数低至 0.17~0.26；而在温度高于 400℃时发生晶型转变成为 fcc 结构，此结构下的 Co 合金摩擦系数高达 0.6 以上。尽管在高温下合金的摩擦系数因其发生氧化而有所降低，但仍维持在较高值。由此可知，Co 的晶型转变对其摩擦学性能有较大的影响。因此，抑制 Co 的晶型转变可以在一定程度上改善钴基合金的高温摩擦学性能。研究发现，Re 可以有效抑制 Co 在高温下的晶型转变，随着 Re 添加量的增加，Co 合金中六方相的比例不断提高[23]。另外，Co-Re 系列高温合金在室温至 800℃的摩擦学性能也表明，添加 Re 可以有效降低其润滑性能，摩擦系数可低至 0.2~0.15。此外，合金高温自生氧化物在摩擦力的反复作用下形成的氧化膜层也起到减摩作用。

5.4　镍基高温自润滑合金

镍是高温合金中常用的基材，在高温工况下占据特别重要的地位。镍基合金在 500℃以上仍具有优良的机械性能，适合在高温、高应力下服役。而且镍表面易被氧化形成具有良好塑性的 NiO 层，且该氧化物具有较低的剪切力，是一种高温固体润滑剂。另外，镍基合金中的合金元素在高温下形成的氧化膜或者具有润滑作用的化合物也能起到润滑作用。因此，镍基合金在高温润滑材料领域具有广泛的应用前景。

5.4.1 镍铜铼高温自润滑合金

早在 20 世纪 70 年代，研究人员对金属氧化膜，特别是钢的氧化层的减摩行为就有了初步认识，即当环境温度升高时合金的摩擦系数在特征温度区间内明显下降。基于此，利用合金表面自生成氧化膜作为高温润滑剂来设计高温自润滑合金。

早期，Peterson 等[24]广泛研究了各种氧化物的摩擦系数随温度的变化规律，研究发现，在高温下能形成软质氧化物的材料均有较好的减摩能力，且这些氧化物的熔点(或升华点)较低。这些氧化物，如 MoO_3、B_2O_3、V_2O_5、OsO_4 和 Re_2O_7 等，以及一些复合氧化物，如 $CuO \cdot Re_2O_7$、$CuO \cdot MoO_3$、$CoO \cdot Re_2O_7$、$NiO \cdot Re_2O_7$ 等具有良好的减摩作用。这一工作为自生氧化物润滑剂的高温自润滑合金的设计奠定了基础。

Ni-Cu-Re 是一种性能优异的高温自润滑合金材料，其设计思路是利用自生氧化物的减摩作用，将 Ni 作为高温基材，Cu 和 Re 作为高温自生氧化物相[25,26]。为了对比 Cu 和 Re 的润滑性能和协同效果，研究了几种不同 Cu 和 Re 成分的 Ni 基合金的高温摩擦学性能，其组成成分如表 5.3 所示。

表 5.3　Ni-Cu-Re 合金组成成分[17]

编号	合金组成成分
1	Ni
2	95Ni-2.5Cu-2.5Re
3	85Ni-7.5Cu-7.5Re
4	70Ni-15Cu-15Re

Ni-Cu-Re 合金在不同温度梯度下连续的高温摩擦试验结果表明，Ni 基合金中加入 Re、Cu 后摩擦系数明显降低，且几种合金的摩擦系数均随温度升高而降低。这是因为随着温度升高氧化物的形成驱动力不断增大，进而促进连续氧化物润滑膜的形成，降低摩擦。当温度升高至 500℃时摩擦系数降至最低，为 0.2～0.3。而未添加合金元素的纯 Ni，起润滑作用的氧化物含量极低，不能形成有效润滑，因此纯 Ni 的摩擦系数不仅高且波动幅度较大。另外，改变合金中 Re 的含量也会对其摩擦学性能带来影响。随着 Ni-Cu-Re 中 Re 的原子分数由 0 增加到 15%，摩擦系数均先降低后增加，且在 Re 的原子分数为 7.5%时降至最低。而且同时添加 Cu 和 Re 的 Ni 基合金的润滑性能均优于单独加入 Cu 或 Re 的 Ni 基合金，这表明 Cu 和 Re 合金元素起到协同润滑作用。通过对 Ni-Cu-Re 合金的磨痕及磨屑的形貌及成分分析，发现磨痕表面及磨屑中含有大量的 Cu 氧化物及少量的 Re 和 Ni 氧化物，且在磨痕表面有连续氧化物膜层形成。

为了进一步探究氧化物在磨痕中的分布情况，对磨痕横截面的元素分布进行分析，发现在截面上 6μm 以内的区域内有 Cu 元素富集，而在距表面 5～15μm 的区域内有一层厚度为 10μm 富 Re 层，在 15μm 深度处三种元素开始均匀分布，表明摩擦层中的氧化物呈现梯度分布。究其原因，主要是因为 Re 的氧化物高温下容易挥发或分解，从而磨痕表层及磨屑中 Re 氧化物含量较低。金属 Re 在空气中当温度达到 150℃时即发生氧化，它有多种价态的氧化物，但仅有四价和七价能稳定存在。常见的七价氧化物，如 Re_2O_7、$CuO \cdot Re_2O_7$、$NiO \cdot Re_2O_7$，均具有良好的润滑性能，但较易挥发或分解。尽管表层 Re 氧化物存在挥发的情况，但仍在摩擦过程中发挥了其润滑作用。这是因为这些氧化物具有低熔点、低硬度及易剪切等特点，高温时在摩擦过程中 Re 在接触面间形成了润滑性能较好的软质氧化膜，由于外载荷在这层氧化膜上施加压力，当压力足以抑制挥发时，这层氧化膜将在接触面间停留，从而起到润滑作用。另外，Re 氧化物熔融后与镍基氧化物 NiO 紧密地结合在一起，在外载荷作用下经过挤压、塑性变形后，均匀涂抹在接触面上，形成一层光滑的釉质层，从而改善了合金的高温自润滑性能。

5.4.2 含硫镍基自润滑合金

镍基高温合金以镍为基体，由于镍的氧化物防护能力有限，往往通过向基体中加入一定量的 Cr 来改善，它可以在零部件表面形成防护性较好的 Cr_2O_3 基氧化膜。Ni-Cr 合金具有优异的高温力学性能和耐磨损性能，但其润滑性能有待提高。在镍基高温合金中加入 S，利用 S 与合金中特定元素反应生成具有减摩作用的固体润滑剂，可实现高温润滑。这种方法可以有效改善合金的摩擦学特性，也是实现宽温域自润滑的有效途径。下面介绍几种含硫镍基合金的摩擦学性能。

1. Ni-Cr-S 合金

Ni-Cr-S 合金由 Ni(Cr)固溶体相以及其中弥散分布的 Cr_xS_y 相组成，后者是在制备过程中 Cr 与 S 反应形成不同 x/y 比值(2/3~1)的化合物，如 CrS、Cr_5S_6、Cr_7S_8、Cr_2S_3，它们属于六方晶系或单斜晶系，具有较高的熔点。在高温摩擦过程中这些硫化物之间会形成共晶，进而使得熔点由 1300℃降低到 600~900℃[27]，高温下具有良好的塑性。因此，在摩擦过程中由于高温环境及摩擦热可促使 Cr_xS_y 形成连续润滑膜而提供润滑作用。

Ni-Cr-S 合金和 Ni-Cr 合金从室温至 600℃的摩擦学性能研究发现，Ni-Cr 合金的摩擦系数基本不随温度变化而变化，保持在 0.65~0.75，且摩擦系数随时间的变化曲线波动较大。而 Ni-Cr-S 合金的摩擦系数相对较低，400℃以下摩擦系数约为 0.6，随着温度升高摩擦系数逐渐降低，当温度升高至 600℃时摩擦系数降低至 0.4 左右[28]。研究结果表明，S 元素所形成的 Cr_xS_y 化合物可以有效改善 Ni-Cr 合金的高温润滑性能，同时高温下摩擦表面生成的氧化物对润滑也起到一定的协同作用[29]。通过观察两种合金的磨损表面，可以看出 Ni-Cr 合金在室温下主要以磨粒磨损为主，在高温下表现出严重的黏着磨损；而 Ni-Cr-S 合金在室温下的磨损表面主要以层状剥落磨损为主，随着温度升高，摩擦表面逐渐形成连续的润滑膜，且主要由 Cr_xS_y 和一些氧化物组成的复合膜，这层膜高温下具有低剪切性，因而可以实现有效润滑。

2. Ni-Cr-S-M 合金

Ni-Cr-S 合金因含有 Cr_xS_y 化合物而表现出良好的高温摩擦学性能，但 Cr_xS_y 颗粒夹杂在合金基体中会降低其机械性能，难以满足某些特殊工况对高温自润滑合金的力学性能和摩擦学性能的综合要求。根据高温合金强化理论，Fe、Mo、Nb 和 Co 都是 Ni-Cr 合金的重要合金化元素[30]，其中的 Fe、Mo 和 Co 均可与 Cr 一起进入镍奥氏体形成 γ 相，对基体起固溶强化作用；而 Nb 除了强化 γ 相外，还是金属间化合物重要的形成元素，可以提高合金的耐磨损性能。因此，在添加 S 元素的基础上添加上述合金元素可以实现 Ni 基合金的力学性能和摩擦学性能的统一。

从表 5.4 所列的几种含硫和不含硫的固溶强化镍基合金高温自润滑合金及不同温度下的摩擦系数可看出，同时添加多种金属元素可以在一定程度上降低摩擦系数[31]。另外，在添加合金元素的基础上，添加 S 元素可有效降低室温及高温下的摩擦系数，但一定程度上降低了合金的机械强度(表 5.5)，在此基础上向合金基体中添加稀有金属氧化物 CeO 和 B 元素对合金基体进行弥散强化，提高合金机械强度的同时也可以降低摩擦，因而进一步改善了合金的综合性能。合金中 S 元素降低摩擦的原因有两个方面，一方面是自生 Cr_xS_y 的高温低剪切性能，另一方面是 Mo 元素与 S 元素发生摩擦化学反应生成了低剪切的 MoS_2。高温下，MoS_2 发生分解并被氧化成润滑性的 MoO_3，同时其他金属氧化物如 NiO 可与 MoO_3 共同形成复合氧化膜，起润滑作用。因此，含硫多元合金在保证优异机械性能的同时可实现宽温域的自润滑。

表 5.4　几种不同组分的镍基合金及其不同温度下的摩擦系数[31]

编号	组成	20℃摩擦系数	600℃摩擦系数
1	Ni-Cr-Fe-Mo-Nb	0.46	0.25
2	Ni-Cr-Fe-Mo-Nb-Co	0.43	0.23
3	Ni-Cr-Fe-Mo-Nb-Co-S	0.35	0.22
4	Ni-Cr-Fe-Mo-Nb-Co-S-B	0.33	0.22
5	Ni-Cr-Fe-Mo-Nb-S-B-CeO$_2$	0.27	0.19

表 5.5　几种镍基合金物理机械性能[31]

编号	密度/(kg/m³)	硬度 HB	冲击强度/(kJ/m²)	抗压强度/MPa		
				20℃	300℃	600℃
1	8.59	265	298.6	740	690	592
2	8.67	239		657	651	499
3	7.79	263	27.6	638	625	515
4	7.79	265		685	663	548
5	7.76	263	25.6	677	664	544

5.4.3　镍铝基自润滑合金

在所有 Ni-Al 系金属间化合物中，Ni_3Al 和 NiAl 的研究最为广泛。其中 Ni_3Al 合金经过 40 多年的研究和发展已达到较高的性能水平，并表现出优异的综合性能，在美国、俄罗斯等国家已成为一种实用的工程材料。Ni_3Al 具有优异的高温性能，如高温抗氧化性能和抗烧蚀性能(1000～1250℃)，因此，其高温应用相关的研究日益增多。在高温摩擦学方面，Ni_3Al 基高温自润滑复合材料的研究居多[32-37]，往往通过向 Ni_3Al 基体中添加氟化物、钼酸盐、银等固体润滑剂来实现高温自润滑性能。而 Ni_3Al 基高温自润滑合金的相关研究较少。NiAl 具有高熔点、低密度、高比强度、高热导率和优异的抗氧化性能等特性，在宇航工业的中高温结构材料方面具有广泛的应用前景，但其室温塑性差、高温强度低，限制了其实际应用。目前主要通过添加 B、Zr、Cr、Fe、Mn、Ti、Nb、W、Mo 等元素来改善其室温脆性和高温蠕变性，通过添加一些硬质颗粒、纤维等高强度物质改善其基体强度。NiAl 合金作为运动部件其摩擦磨损问题也是高温环境应用的一大挑战。研究表明，纯 NiAl 并不具有高温自润滑性能，室温下摩擦系数在 0.5 左右，在高温下摩擦系数更高达 0.8[38]。目前 NiAl 的高温润滑研究主要是通过复合一定的固体润滑剂来实现的，而 NiAl 高温自润滑合金的研究较少，但在重要的应用领域合金因其高强度而具有不可替代性。

1. NiAl-Cr-Mo 基自润滑合金

通过合金化向 NiAl 合金中添加适量的特定合金元素可以有效解决其室温脆性和高温蠕变的问题。研究发现，在 NiAl 合金中添加 Mo 和 Cr 可生成一种难熔的 Cr(Mo)合金相，这种合金相可有效提高 NiAl 合金的韧性和高温蠕变强度[39,40]。采用粉末冶金法制备了 NiAl-29.96Cr-11.85Mo 合金，由 XRD 衍射图谱(图 5.1)可知在制备过程中有 Cr(Mo)合金相生成。单相 NiAl 金属间化合物的硬度为 234HV，而添加 Cr 和 Mo 的 NiAl 合金的硬度高达 485HV，表明 Cr(Mo)合金相有利于提高合金的硬度。另外，不同温度下的摩擦学性能研究发现(图 5.2 和图 5.3)，

NiAl 合金在室温下的摩擦系数约为 0.5，且随温度升高不断升高，当温度上升到 1000℃时摩擦系数升高至为 0.8，可见 NiAl 合金在室温和高温下均不具有润滑性能。而 NiAl-Cr-Mo 合金室温下的摩擦系数为 0.5～0.7，当温度升高到 600℃时，摩擦系数降低至 0.45；当温度为 800℃时，摩擦系数达到 0.4 左右，且摩擦曲线较为平稳，没有明显的波动；当温度上升至 1000℃时，摩擦系数低至 0.38。由此可见，NiAl-Cr-Mo 合金在高温下具有一定的润滑性能。摩擦磨损机理研究发现，NiAl-Cr-Mo 合金磨痕表面从室温开始便有一些氧化物生成，如 NiO、MoO_3、Cr_2O_3 等，且随着温度的升高氧化物含量越来越高，在温度达到 1000℃时氧化物在反复摩擦过程中形成了一层光滑的釉质层，从而具有较低的摩擦系数。对比之下，NiAl 合金在室温下基本没有氧化物形成，当温度达到 600℃时磨痕表面逐渐有 NiO 和 Al_2O_3 生成，然而 NiO 的润滑作用有限，同时 Al_2O_3 会导致磨粒磨损，因此摩擦学性能较差。另外，NiAl 硬度较小，强度低，尤其在高温下强度显著降低，因此高温下磨痕表面出现剥落层和磨粒磨损，从而导致较高的摩擦系数。

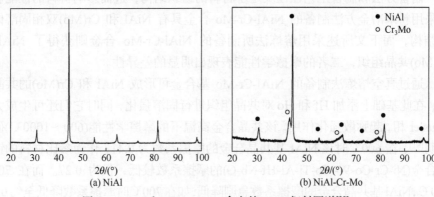

图 5.1　NiAl 和 NiAl-Cr-Mo 合金的 XRD 衍射图谱[28]

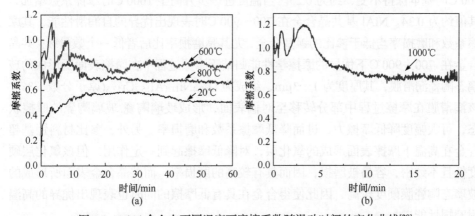

图 5.2　NiAl 合金在不同温度下摩擦系数随滑动时间的变化曲线[28]

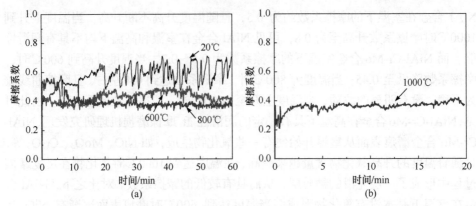

图 5.3　NiAl-Cr-Mo 合金在不同温度下摩擦系数随滑动时间的变化曲线[28]

2. NiAl-Cr(Mo)-Ho-Hf 共晶合金

制备方法和制备工艺往往决定了材料的组织结构,进而影响材料的性能。上述采用粉末冶金方法制备的 NiAl-Cr-Mo 合金具有 NiAl 和 Cr(Mo)双相固溶体组织结构,而下文所述采用熔炼法所制备的 NiAl-Cr-Mo 合金则获得了 NiAl 和 Cr(Mo)共晶组织,二者的摩擦学性能表现出明显的差异性。

通过真空熔炼法制备的 NiAl-Cr-Mo 基合金可形成 NiAl 和 Cr(Mo)的共晶组织,在此基础上添加 Hf 和 Ho 对共晶组织进行固溶强化,同时它们还可生成大量 Heusler 相,起弥散强化作用。该共晶合金高温下的摩擦学性能(600～1000℃)研究表明[41],在 600℃时该 NiAl 基共晶合金的摩擦系数为 0.41;作为参比材料的镍基超合金(Ni-Cr-Co-W-Mo-Ti-Al-Hf-Nb-C)的摩擦系数较低,仅为 0.27。而在 700～900℃,NiAl 基共晶合金的摩擦系数急剧降低,如在 700℃时摩擦系数降低至约 0.27,900℃时基本保持不变,约为 0.25。当温度进一步升高至 1000℃时摩擦系数增加,其值约为 0.34。NiAl 基共晶合金在 700～900℃时表现出优异的自润滑性能,其摩擦系数和磨损率均低于参比的镍基合金,尤其是磨损率比后者低一个数量级。共晶合金在 700～900℃下优异的摩擦学性能归结于摩擦过程中在摩擦表面所形成的玻璃态陶瓷润滑膜,其厚度为 1～3μm,组成为 $O_{60.4}Ni_{11.1}Al_{15.7}Cr_{12.8}$(原子分数,%)。该润滑膜在摩擦过程中部分转移至对偶表面,形成玻璃陶瓷/玻璃陶瓷的摩擦状态,可大幅度降低摩擦力,进而降低摩擦系数和磨损率。另外,参比材料镍基超合金在高温下摩擦表面形成的氧化层,对降低摩擦起到一定作用,但该氧化层硬度低且不致密,容易被磨损,因而具有较高的磨损率;而共晶合金表面所形成的玻璃态陶瓷膜硬度较高,因此使得合金在具有低摩擦的同时也表现出优异的高温耐磨损性能。

5.5　其他高温自润滑合金

5.5.1　高熵合金

高熵合金(high-entropy alloys, HEA)是由五种或五种以上等量或大约等量的金属形成的合金。由于具有诸多优异的性能，如力学性能和抗腐蚀性能(抗氧化等)，在材料科学及工程领域备受青睐。由于具有优异的高温性能，近年来高熵合金在高温摩擦学方面的研究也日益增多。对于高熵合金来说，高温摩擦学性能受组成元素特性、材料力学性能和热化学反应(包括摩擦化学反应)的综合作用影响。一般情况下，基体强度较高的合金为大面积摩擦润滑膜的附着提供了保证，从而具有较低的摩擦系数。例如，CoCrFeMnNi 高熵合金与添加 15%Ti 的 (CoCrFeMnNi)$_{85}$Ti$_{15}$ 高熵合金相比[42]，后者基体中除形成 fcc 固溶相外，还含有 bcc 固溶强化相和 ε 相，二者对 fcc 基体起到明显的强化作用，从而使得摩擦表面从室温至 800℃保持光滑状态，在表层复合氧化物润滑膜的作用下，摩擦系数均低于 0.3；而未添加 Ti 的合金，摩擦表面出现大量的犁沟和磨屑，在 600℃以上，摩擦系数高达 0.6。另外，在合金中添加低剪切的金属(如 Ag)也可有效降低摩擦。例如，AlCoCrFeNi 高熵合金添加 Ag 后室温至 600℃的摩擦系数可降低 30%[43]，这与 Ag 在高温下向表层扩散从而形成润滑膜有关，此外基体元素的氧化起到了协同润滑作用。

5.5.2　难熔合金

Mo-Si 系难熔合金具有突出的高温强度、良好的抗高温蠕变性能，然而高温抗氧化性能较差，制约着其作为高温结构材料的应用。研究发现，在 Mo-Si 系难熔合金中加入少量的 B 能够大幅度提高该系合金的高温氧化抗力，这主要归功于 T2 相(Mo$_5$SiB$_2$)的形成。此外，Mo-Si-B 合金中通常还包含 α-Mo 和 Mo$_3$Si 相。正是这一特殊的相组成使得该难熔合金具有优异的高温自润滑性能[44,45]，如在 800℃左右时摩擦系数可低至 0.19，这是由于 MoO$_3$ 和 B$_2$O$_3$ 润滑膜的形成；而在 1000℃以上合金表层将会形成致密的硼硅玻璃膜层，该膜层一方面可以阻止合金内部发生严重氧化，另一方面可以起到润滑作用。优异的高温抗氧化性能和高温润滑性能使得 Mo-Si-B 合金在高温环境中具有潜在的应用前景。

参 考 文 献

[1] 杨军, 程军, 刘维民, 等. 一种铜基受电弓滑板材料及其制备方法: 中国, CN105543534A[P]. 2016-05-04.

[2] 张晓娟, 孙乐民, 李鹏, 等. 铜基粉末冶金材料载流摩擦学特性研究[J]. 热加工工艺, 2007, 36(14): 1-3.

[3] 岳洋, 孙逸翔, 孙毓明, 等. 载荷和电压对纯铜滚动载流摩擦学性能的影响[J]. 摩擦学学报, 2018, 38(1): 67-74.

[4] Song C, Liu Z, Hou X, et al. Capacity evaluation on Cu rolling tribological/electric contact pairs under various contact load and applied voltage[J]. Proceedings of the Institution of Mechanical Engineers, Part J: Journal of Engineering Tribology, 2019, 233(10): 1407-1414.

[5] Sun Y, Song C, Liu Z, et al. Effect of relative humidity on the tribological/conductive properties of Cu/Cu rolling contact pairs[J]. Wear, 2019, 436-437: 203023.

[6] Sun Y, Song C, Liu Z, et al. Tribological and conductive behavior of Cu/Cu rolling current-carrying pairs in a water environment[J]. Tribology International, 2020, 143: 106055.

[7] Sharma A S, Biswas K, Basu B. Microstructure-wear resistance correlation and wear mechanisms of spark plasma sintered Cu-Pb nanocomposites[J]. Metallurgical and Materials Transactions A, 2014, 45: 482.

[8] Küçükömeroğlu T, Kara L. The friction and wear properties of $CuZn_{39}Pb_3$ alloys under atmospheric and vacuum conditions[J]. Wear, 2014, 309(1-2): 21-28.

[9] 丁莉. 无铅自润滑双金属材料的研制及其性能研究[D]. 长沙: 中南大学, 2011.

[10] 邢继权. 高性能无铅铜基轴承合金的制备及其性能研究[D]. 广州: 华南理工大学, 2016.

[11] Shen L, Li Z, Dong Q, et al. Dry wear behavior of ultra-high strength Cu-10Ni-3Al-0.8Si alloy[J]. Tribology International, 2015, 92: 544-552.

[12] Kong X L, Liu Y B, Qiao L J. Dry sliding tribological behaviors of nanocrystalline Cu-Zn surface layer after annealing in air[J]. Wear, 2004, 256(7): 747-753.

[13] Amanov A, Sasaki S, Cho I S, et al. An investigation of the tribological and nano-scratch behaviors of Fe-Ni-Cr alloy sintered by direct metal laser sintering[J]. Materials and Design, 2013, 47: 386-394.

[14] 马文林, 陆龙, 郭鸿儒, 等. Fe-Mo-石墨和 Fe-Mo-Ni-石墨的高温摩擦磨损行为[J]. 摩擦学学报, 2013, 3(5): 475-480.

[15] 郭俊德, 何世权, 马文林, 等. Fe-Mo-Ni-Cu-石墨高温自润滑复合材料的摩擦学性能研究[J]. 摩擦学学报, 2014, 34(6): 617-622.

[16] Bodkin R, Herrmann M, Coville N J, et al. A study of the Al-Mg-B ternary phase diagram[J]. International Journal of Materials Research, 2009, 100(5): 663-666.

[17] 熊党生, 李诗卓. Fe-Re高温自润滑合金的研究[A]//第三届全国青年摩擦学学术会议论文集[C]. 中国工程机械学会摩擦学分会, 1995: 123-127.

[18] 熊党生, 李溪滨, 李诗卓, 等. Fe-Re 合金高温润滑行为和配副关系[J]. 中南工业大学学报, 1995, 26(1): 61-65.

[19] 熊党生, 李诗卓, 姜晓霞. Fe-Re 合金高温摩擦特性研究[J]. 自然科学进展, 1997, 7(1): 83-89.

[20] Korashy A, Attia H, Thomson V, et al. Characterization of fretting wear of cobalt-based superalloys at high temperature for aero-engine combustor components[J]. Wear, 2015, 330-331: 327-337.

[21] 马廷灿, 冯瑞华, 姜山, 等. 美国能源部未来工业材料研究进展[J]. 新材料产业, 2007, 10: 44-50.

[22] Cui G, Han J, Wu G. High-temperature wear behavior of self-lubricating Co matrix alloys prepared by P/M[J]. Wear, 2016, 346-347: 116-123.

[23] 姜晓霞, 李诗卓, Peterson M B, 等. Co-Cu-Re 高温自润滑合金的研究[J]. 材料科学进展, 1989, 3(6): 487-493.

[24] Peterson M B, Murray S F, Florek J J. Consideration of lubricants for temperatures above 1000℉ [J]. ASLE Transactions, 1959, 2(2): 225-234.

[25] 李诗卓, 姜晓霞, Peterson M B, 等. Ni-Cu-Re 合金自生氧化膜的减摩机理[J]. 材料科学进展, 1990, 4(1): 1-7.

[26] 李诗卓, 姜晓霞, 尹付成, 等. Ni-Cu-Re 高温自润滑合金的研究[J]. 材料科学进展, 1989, 3(6): 481-486.

[27] 刘如铁, 李溪滨, 苏春明, 等. 镍基高温自润滑材料[J]. 湖南有色金属, 1998, 14(3): 25-29.

[28] 孟军虎, 吕晋军, 王静波, 等. 两种镍基合金的高温摩擦学性能研究[J]. 摩擦学学报, 2002, 22(3): 184-188.

[29] 刘如铁, 李溪滨, 程时和. Ni-Cr-Mo-S 合金的自润滑机理[J]. 中国有色金属学报, 2003, 13(2): 469-474.

[30] 阚存一, 刘近朱, 张国威, 等. 稀土氧化物或合金化元素对 Ni-Cr-5S 合金物理机械性能和摩擦学性能的影响[J]. 摩擦学学报, 1994, 14(4): 289-297.

[31] 王莹, 王静波, 王均安, 等. 含硫镍合金的研制及其高温摩擦学特性[J]. 摩擦学学报, 1996, 16(4): 2-10.

[32] Zhu S, Bi Q, Yang J, et al. Tribological property of Ni3Al matrix composites with addition of BaMoO4[J]. Tribology Letters, 2011, 43(1): 55-63.

[33] Zhu S, Bi Q, Yang J, et al. Effect of particle size on tribological behavior of Ni3Al matrix high temperature self-lubricating composites[J]. Tribology International, 2011, 44(12): 1800-1809.

[34] Zhu S, Bi Q, Yang J, et al. Ni3Al matrix high temperature self-lubricating composites[J]. Tribology International, 2011, 44(4): 445-453.

[35] Niu M, Bi Q, Yang J, et al. Tribological performance of a Ni3Al matrix self-lubricating composite coating tested from 25 to 1000℃[J]. Surface and Coatings Technology, 2012, 206(19-20): 3938-3943.

[36] La P, Xue Q, Liu W, et al. Tribological properties of Ni3Al-Cr7C3 composite coatings under liquid paraffin lubrication[J]. Wear, 2000, 240(1-2): 1-8.

[37] La P, Xue Q, Liu W. Tribological properties of Ni3Al-Cr7C3 composite coating under water lubrication[J]. Tribology International, 2000, 33(7): 469-475.

[38] Zhu S, Bi Q, Niu M, et al. Tribological behavior of NiAl matrix composites with addition of oxides at high temperatures[J]. Wear, 2012, 274-275: 423-434.

[39] Huai K W, Guo J T, Gao Q, et al. Microstructure and mechanical behavior of NiAl-based alloy prepared by powder metallurgical route[J]. Intermetallics, 2007, 15(5-6): 749-752.

[40] Johnson D R, Chen X F, Oliver B F, et al. Processing and mechanical properties of in-situ composites from the NiAlCr and the NiAl(Cr,Mo) eutectic systems[J]. Intermetallics, 1995, 3(2):

99-113.

[41] 王振生, 郭建亭, 周兰章, 等. NiAl-Cr(Mo)-Ho-Hf 共晶合金的高温磨损特性[J]. 金属学报, 2009, 45(3): 297-301.

[42] Wang J, Zhang B, Yu Y, et al. Study of high temperature friction and wear performance of (CoCrFeMnNi)85Ti15 high-entropy alloy coating prepared by plasma cladding[J]. Surface and Coatings Technology, 2020, 384: 125337.

[43] Geng Y, Tan H, Cheng J, et al. Microstructure, mechanical and vacuum high temperature tribological properties of AlCoCrFeNi high entropy alloy based solid-lubricating composites[J]. Tribology International, 2020, 151: 106444.

[44] Tan H, Sun Q, Zhu S, et al. High temperature tribological behavior of Mo-12Si-8.5B alloy reinforced with MoAlB ceramic[J]. Tribology International, 2020, 150: 106344.

[45] Hu H, Guo Y, Yan J, et al. Dry sliding wear behavior of MoSi2-Mo5Si3-Mo5SiB2 composite at different temperatures and loads[J]. Wear, 2019, 428-429: 237-245.

第6章 高温自润滑复合材料

高温自润滑复合材料是指由高温基体相、固体润滑相与一些辅助强化相经过一定工艺加工制备而成的整体材料，在高温下具有良好的自润滑和耐磨损性能，主要用于高温大气、高温真空、高温腐蚀、高速、重载等极端工况下服役的运动部件。从服役工况角度讲，机械设备在启动和停止阶段必然要经历低温阶段，因此高温润滑所指的高温并非单一的高温段，而是从起始环境温度到高温运行阶段的宽温域范围。从工程技术角度来说，有应用价值的高温自润滑材料是在低温至高温的宽温域范围内具有连续润滑功能的材料。高温自润滑材料和技术的合理应用能够简化机械系统的设计，提高性能和效率，进而提升高端装备制造业的水平。

航空、航天、核能等高新技术的快速发展迫切需要解决机械系统面临的高温润滑和耐磨的关键技术难题，如高性能发动机、热端运动部件、重金属颗粒流靶等。然而，高温下的摩擦磨损与润滑过程非常复杂，解决高温下的润滑问题难度极大。在 300℃以上，常规的润滑油、润滑脂已经不能满足使用要求，而固体润滑材料和技术是解决高温润滑问题的最佳选择。因此，高温自润滑复合材料和技术的研究应运而生。近年来，高温自润滑复合材料的研究不断深入，一些新颖的高温自润滑复合材料不断涌现。本章主要介绍高温自润滑复合材料的研究现状，包括金属基、金属间化合物基和陶瓷基高温自润滑复合材料。

6.1 金属基高温自润滑复合材料

金属基高温自润滑复合材料具有优异的塑形和韧性以及良好的加工性能，其强度和硬度可以满足一定条件下承载性和耐磨性的要求。鉴于其综合性能优异，金属基高温自润滑复合材料适宜在不同的大气环境、化学环境、电气环境、高温、低温、高真空、辐射等特殊工况下工作。金属基高温自润滑复合材料按基体材料的种类可以分为镍基、铁基、铜基和钴基等高温自润滑复合材料。当前金属基自润滑复合材料的制备方法主要采用粉末冶金的方法：首先利用机械球磨法将金属基体相、固体润滑相和辅助强化相等粉末混合均匀，然后利用热压成型的方法将混合好的粉末压制成块体。其中，金属基体相在高温自润滑复合材料中起承载和黏结的作用，固体润滑剂为高温自润滑复合材料提供润滑作用，辅助强化相进一步改善高温自润滑复合材料的摩擦学性能和机械性能。

金属基高温自润滑复合材料的润滑机理如图 6.1 所示。在摩擦过程中，金属基高温自润滑复合材料和对偶材料之间发生直接接触，摩擦表面开始挤压变形，并产生摩擦热。此时，在摩擦应力作用下固体润滑剂被挤压到磨损表面，在摩擦热作用下固体润滑剂扩散到摩擦表面，导致固体润滑剂在摩擦表面逐渐富集。最终，在剪切力作用下，摩擦表面形成润滑膜。固体润滑剂通常具有较低的剪切强度或者在摩擦应力和摩擦热作用下生成剪切强度较小的物质，使得金属基高温自润滑复合材料从而具有低的摩擦系数和磨损率。

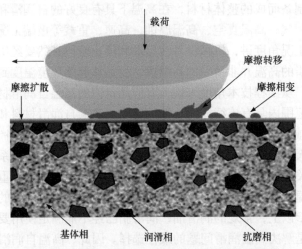

图 6.1　金属基高温自润滑复合材料的润滑机理

目前，金属基高温自润滑复合材料的应用最为广泛。铜基高温自润滑复合材料具有良好的耐腐蚀及磨合性等优点，是解决 500℃以下工业摩擦学问题的首选材料，其在纺织机械、办公机械以及轨道交通领域得到了广泛应用。铁基高温自润滑复合材料具有优异的中温(500~700℃)力学性能，并且价格低廉，在机械制造、冶金设备等领域具有较大的应用前景。镍基高温自润滑复合材料具有良好的组织稳定性以及耐高温氧化和抗腐蚀气氛等优点，是目前研究及应用较广泛的金属基高温自润滑复合材料，其使用温度可达 900℃，主要应用于航空、航天、核能以及机械制造等领域。由于钴的价格比较昂贵，钴基高温自润滑复合材料通常只用于国防装备领域。

6.1.1　镍基高温自润滑复合材料

镍基高温合金具有工作温度高、组织稳定、有害相少、抗氧化腐蚀能力强等特点，广泛应用于航空航天等领域。将固体润滑剂与镍基合金结合起来，可制备镍基高温自润滑复合材料，能够满足机械设备在高达 900℃左右环境中的使用要求。目前，国外已将镍基高温自润滑复合材料应用于高温轴承轴套、密封材料等零部件。国内关于镍基高温自润滑复合材料的研制较晚，但目前也取得了较多的研究成果，并且已开发出应用于热机械动力密封的摩擦件。

镍基高温自润滑复合材料的摩擦学性能和使用温度主要受镍基高温合金基体相、固体润滑相和辅助强化相等因素的影响。结合国内外镍基高温自润滑复合材料的发展概况，本节对其三个影响因素以及最新的研究进展分别予以介绍。

1. 镍基高温合金基体相

镍基高温合金在现代航空航天以及核工业中使用最广、牌号最多、地位最为重要，如现代燃气涡轮发动机有超过 50% 的材料使用高温合金，其中镍基高温合金占了 40%[1]。

镍基高温合金以镍为基体(质量分数一般大于 50%)，在 650~1000℃ 具有较高的强度和良好的抗氧化、抗燃气腐蚀能力。镍基高温合金以 Ni80Cr20 合金为基础逐步发展起来，为了满足 1000℃ 左右高温性能(高温强度、蠕变抗力、高温疲劳强度)和气体介质中的抗氧化、抗腐蚀的要求，可以加入大量的强化元素(如 W、Mo、Ti、Al、Nb、Co 等)来保证其优越的高温性能。

目前，镍基高温自润滑复合材料主要采用 Ni-Cr、Ni-Co、Ni-Mo-Al、Ni-Cr-Mo-Al 和 Ni-Cr-W-Al-Ti 等镍基高温合金体系来提高其强韧性和高温抗氧化性能，以改善其高温润滑和耐磨性能。

对 NiCrMoTiAl-Ag-BaF$_2$/CaF$_2$ 高温自润滑复合材料的研究发现[2,3]，在镍基合金基体中添加少量 Ti 元素可提高复合材料在高温时的摩擦学性能(800℃时磨损率由 $13.1 \times 10^{-5} \text{mm}^3/(\text{N} \cdot \text{m})$ 降至 $3.7 \times 10^{-5} \text{mm}^3/(\text{N} \cdot \text{m})$)；加入到合金中的 Ti 元素与 Ni 等基体元素反应生成了 γ′相(Ni$_3$(Al,Ti))，弥散分布于 γ 基体中，阻止了位错运动，提高了复合材料的强度，进而降低了材料高温时的磨损率。此外，采用热压烧结方法制备的 Ni-Cr-W-Al-Ti-MoS$_2$ 复合材料[4]，通过添加 W、Cr 等强化元素可以改善基体的强度，提高复合材料的耐磨损性能。

2. 镍基高温自润滑复合材料常用的固体润滑相

对于高温自润滑复合材料来说，选择合适的固体润滑剂至关重要，必须同时考虑润滑剂与基体材料的匹配性以及润滑剂的适用温度范围等因素。在第 4 章已经介绍了高温固体润滑剂及其作用机理，在此不再赘述。已有研究报道，没有任何一种固体润滑剂可以实现复合材料从低温至高温范围内的连续润滑，目前实现复合材料在宽温域润滑的唯一有效方法是复合润滑剂，即使用两种或多种低、高温固体润滑剂。

1) 二硫化物作为固体润滑剂

在镍基高温自润滑复合材料的热压烧结过程中，镍基高温合金基体中的合金元素易与 MoS_2 发生高温固相反应，难以保持初始 MoS_2 的润滑特性。如 Cr 会与 S 反应生成 Cr_xS_y，而 Cr_xS_y 在高温时易于变形，并能在对偶件的摩擦表面形成均匀而致密的转移膜，使得复合材料在高温时具有较好的润滑作用，但润滑效果不如 MoS_2[5,6]。为了进一步改善复合材料的摩擦学性能，开展了防止 MoS_2 在烧结过程中与基体发生固相反应的研究。利用化学包覆的方法制备了 Ni 包 MoS_2 粉末，将其添加到 Ni 基体中来制备复合材料[7]。复合材料的 XRD 结果表明，添加 Ni 包 MoS_2 的复合材料经热压烧结后，除了生成 Cr_xS_y 外，仍有 MoS_2 相剩余，这说明在 Ni 包 MoS_2 粉末中外层的 Ni 可以部分阻止 MoS_2 与合金中 Cr 发生固相反应。对比摩擦试验发现，在室温至 400℃ 内，含有 Ni 包 MoS_2 粉末的复合材料的摩擦系数(<0.2)明显低于直接添加 MoS_2 粉末的复合材料，在 500~600℃ 温度区间内摩擦系数稍有升高。这是因为低温时剩余的 MoS_2 起到润滑作用，而在高温时由于 Cr_xS_y 含量相对较少，所以摩擦系数稍有升高。

2) 氟化物作为固体润滑剂

常用的氟化物高温固体润滑剂有 BaF_2、CaF_2、LaF_3 和 CeF_3。利用热压烧结的方法制备的镍基合金-CaF_2-BaF_2 复合材料的宽温域摩擦学性能研究表明[8]，与 W6Mo5Cr4V2 合金配副时，在室温至 600℃，优化润滑剂含量的复合材料的摩擦系数为 0.12~0.26，低摩擦系数表明氟化物固体润滑剂在磨斑表面形成了具有低剪切强度的润滑膜。另外，将镍基合金-CaF_2-BaF_2 复合材料涂覆在滚动轴承上的摩擦学性能测试表明，轴承的寿命大于 10^5 次循环，极大地改善了轴承的使用寿命又降低了更换成本。

3) 氧化物作为固体润滑剂

钼酸盐、硫酸盐以及铬酸盐等在高温时能够有效降低复合材料的摩擦系数，可以用作高温固体润滑剂。基于此，含有无机酸盐的镍基高温自润滑复合材料的摩擦学性能被广泛研究[9,10]。NiCr-$BaMoO_4$ 复合材料的摩擦学性能研究表明，在 600℃ 时其自润滑性能良好，摩擦系数小于 0.3，磨损率在 $10^{-5}mm^3/(N \cdot m)$ 量级。摩擦磨损机理研究表明，高温时复合材料在磨斑表面形成了致密的氧化物釉质层，并且有部分氧化物转移到对偶表面；磨斑表面的微区拉曼分析表明，600℃ 时磨斑表面的主要成分为 $BaMoO_4$、$NiCr_2O_4$、NiO 和 Cr_2O_3，它们在高温时可以作为有效的固体润滑剂，因此，复合材料表现出良好的自润滑性能。

NiCr-Al_2O_3-$SrSO_4$ 复合材料的研究结果表明[11]，在热压烧结过程中，复合材料形成了 $SrAl_4O_7$、$Sr_4Al_2O_7$、$SrAl_2O_4$ 和 $NiCr_2O_4$；宽温域摩擦学性能的研究结果发现，在 200~600℃，$SrSO_4$ 的加入有效地改善了 NiCr-Al_2O_3 金属陶瓷的摩擦系数和磨损率(摩擦系数和磨损率分别低至 0.35 和 $10^{-5}mm^3/(N \cdot m)$ 量级)，这主要与摩擦过程中摩擦表面形成由 $SrAl_4O_7$、$Sr_4Al_2O_7$、$SrAl_2O_4$ 和 $NiCr_2O_4$ 组成的复合润滑膜有关。在宽的温度范围内($200\sim800℃$)，由于 $SrAl_2O_4$ 和 $NiCr_2O_4$ 的协同润滑作用，$NiCr-Al_2O_3-10\%SrSO_4$ 复合材料具有优异的摩擦学性能，而在 $400℃$ 时，$NiCr-Al_2O_3-30\%SrSO_4$ 复合材料摩擦表面形成由 $Sr_4Al_2O_7$、$SrAl_2O_4$ 和 $NiCr_2O_4$ 组成的协同润滑膜，起到降低复合材料摩擦系数和磨损率的作用。

4) 复合固体润滑剂

传统固体润滑剂在高温时会发生氧化而失去润滑作用，而氧化物和氟化物在低温时不具有润滑功能。正是由于单一固体润滑剂的局限性，复合固体润滑剂的研究受到广泛关注，润滑剂之间的协同润滑效应，使金属基高温自润滑复合材料在较宽的温度范围内表现出良好的摩擦学性能。

$SrSO_4$、石墨、MoS_2 与 Ag 等在适当温度环境下具有优异的润滑性能，而 NiCr 合金具有强度高和抗高温氧化性能好等优点[12,13]。采用热压烧结方法制备的 $NiCr-Al_2O_3-SrSO_4-$(石墨、MoS_2、Ag)复合材料的研究显示，在室温至 $800℃$，单独加入 $SrSO_4$ 后，$NiCr-Al_2O_3$ 复合材料的摩擦系数和磨损率显著下降(分别低至 0.35 和 $10^{-5}mm^3/(N·m)$ 量级)，这是反应生成的 $SrAl_4O_7$ 与 $NiCr_2O_4$ 在高温环境下协同润滑作用的结果；在 $NiCr-Al_2O_3-SrSO_4$ 复合材料的基础上加入石墨，在 $200℃$ 和 $400℃$ 时复合材料的摩擦系数和磨损率增大(分别增大至 0.5 和 $10^{-4}mm^3/(N·m)$ 量级)，这是由于石墨的氧化导致其失去润滑功能；当继续加入 MoS_2 润滑剂时，复合材料在低于 $600℃$ 时摩擦系数和磨损率均变差，这是由于复合材料在烧结过程中生成了 $NiMoO_4$、$Cr_2(MoO_4)_3$ 以及 $Al_2(MoO_4)_3$ 而降低了材料的自润滑性能；而当加入软金属 Ag 后，可有效改善复合材料在室温至 $800℃$ 的摩擦学性能，摩擦系数在 $0.32\sim0.5$ 之间，磨损率为 $10^{-5}mm^3/(N·m)$ 量级。

3. 辅助相

辅助相在高温自润滑复合材料设计制备过程中也不可或缺，它具有调节材料的摩擦学性能、力学性能和理化性能的作用。辅助相在高温自润滑复合材料中往往以耐磨相的形式存在，如硬质陶瓷相。另外，自润滑材料设计普遍存在润滑性能与机械性能的平衡性问题：固体润滑剂的添加量越多，润滑性能越好，但机械强度越低；反之，固体润滑剂的添加量越少，润滑性能越差，机械强度越高。而添加有效的辅助相是解决这一矛盾的有效措施。此外，辅助相还具有调节摩擦副匹配性的作用，如摩擦副的热膨胀系数匹配、涂层材料中缓解应力。

陶瓷相 Cr_2O_3 具有高硬度，可以作为辅助相改善复合材料的耐磨损性能，并且高温时也具有润滑性能。通过热压烧结方法制备了含辅助相 Cr_2O_3 的 $NiMoAl-Ag-MoS_2-Cr_2O_3$ 复合材料[14]，其室温至 $700℃$ 的摩擦学性能研究发现：当温度升高到 $700℃$ 时，复合材料依然具有相对低的摩擦系数和磨损率；当复合材料中 Ag 与

MoS_2 的质量分数分别为 20% 及 8.5% 时，复合材料具有最佳的摩擦学性能，摩擦系数和磨损率分别低至 0.29 和 $10^{-5}mm^3/(N \cdot m)$ 量级；磨斑表面的拉曼光谱分析显示，Ag 与 Mo 的氧化物在摩擦过程中发生固相反应生成了钼酸银润滑膜，与基体中的 Cr_2O_3 硬质相共同作用提高了复合材料的高温润滑性能。

4. 高性能高温自润滑复合材料

1) PM 系列高温自润滑复合材料

软金属 Ag 与 Au 等具有较低的剪切强度，在摩擦过程中易发生塑性变形，因此中低温时表现出较低的摩擦系数[15]。另外，Ag 与 Au 等受环境温度以及气氛的影响较小，具有稳定的化学性质，在加入到复合材料中时，与其他元素不易发生反应，以单质相形式存在，在摩擦过程中由于热膨胀系数的差异，很容易扩散到磨斑表面形成润滑膜，有效地提高复合材料的润滑性能。而氟化物(CaF_2、BaF_2 及其共晶等)在中高温会发生脆韧转变，从而具有低剪切强度，在剪切力作用下氟化物在磨斑表面能够形成光滑的润滑膜，因而可以作为中高温固体润滑剂。低中温润滑剂 Ag 和中高温润滑剂氟化物的组合可以有效拓宽其使用温度范围，这种设计思想被 NASA 提出并且实现了材料的宽温域润滑性能。NASA 研制了 PM 系列高温自润滑复合材料，典型材料为 PM212 和 PM304 高温自润滑复合材料[16-18]。

PM212 高温自润滑复合材料的主要组成为质量分数 70% 金属键合的 Cr_3C_2 基体相(Ni-Co 黏结相、Cr_3C_2 陶瓷相)和质量分数均为 15% 的 Ag 和 CaF_2/BaF_2 共晶体固体润滑剂。在室温至 850℃，栓盘式(栓：PM212，盘：Inconel X-750)摩擦试验中，PM212 的摩擦系数为 0.29~0.38，磨损率为 10^{-5}~$10^{-6} mm^3/(N \cdot m)$。在 900℃，其压缩强度约为 40MPa，达到其使用温度上限，此时，PM212 材料的力学性能已严重下降，摩擦磨损性能随之恶化。

PM304 高温自润滑复合材料的组成与 PS304 涂层材料相同：60%Ni80Cr20-20%Cr_2O_3-10%Ag-10%CaF_2/BaF_2(质量分数)。在室温到 450℃，主要由 Ag 承担润滑作用，在 400℃ 以上，CaF_2/BaF_2 共晶开始发挥作用，Cr_2O_3 在 500℃ 以上作为硬质相和高温润滑剂起作用。这种复合固体润滑剂的使用，扩大了材料的温度使用范围，满足了宽温域下材料的使用要求。

鉴于 PS304 涂层优异的宽温域润滑性能，西安交通大学通过改变制备技术和优化工艺参数制备了高温自润滑复合材料[19,20]。首先采用高能球磨方法对材料进行合金化和纳米化处理，然后利用热挤压方法制得高温自润滑复合材料。与 PS304 涂层相比，高温自润滑复合材料的致密度和强度都有较大改善，但其摩擦系数相对较高，在室温至 800℃，摩擦系数为 0.32~0.41，磨损率为 0.7×10^{-4}~4.3×$10^{-4} mm^3/(N \cdot m)$。

2) 润滑/强度一体化的高温自润滑复合材料

在高温、高速、重载等苛刻条件下，高性能高温自润滑材料成为影响航空、航天和能源等高技术领域运动部件运转精度、稳定性和使用寿命的关键材料。当在高温自润滑材料基体相中添加少量固体润滑剂时，可保证复合材料具有高的机械强度，但是润滑性能较差，而加入过多固体润滑剂时，复合材料的机械强度会显著降低。因此，发展兼具高强度和优异润滑性能的高温自润滑复合材料一直是材料学界和摩擦学界的不懈追求。

通过粉末冶金技术制备的 NiCrMoAl-Ag-BaF$_2$/CaF$_2$ 高温自润滑复合材料(简写为 NCMA)，其润滑性能和机械强度优于目前公开报道的其他自润滑材料(图 6.2 和图 6.3)[21]。力学和摩擦学性能测试表明，高温自润滑复合材料的室温拉伸强度达到 450MPa，压缩强度超过 1500MPa；与 Inconel 718 合金配副时，在室温至 800℃，高温自润滑复合材料的摩擦系数低于 0.25，磨损率在 10^{-5}mm^3/(N·m)量级，其自润滑性能测试结果优于 NASA 报道的 PS304 涂层。表 6.1 为 NCMA 复合材料与 PS304、PS400 涂层的摩擦系数和磨损率对比。摩擦磨损机理研究表明，高温自润滑复合材料的高强度与其高致密度有关，其低磨损行为依赖于高强度，而其低摩擦系数则是软金属 Ag、BaF$_2$/CaF$_2$ 共晶与钼酸盐协同作用的结果。

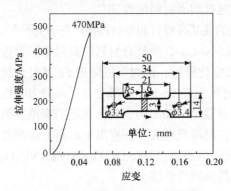 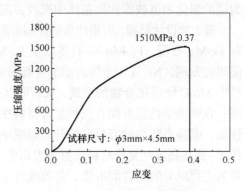

图 6.2　NCMA 复合材料的拉伸强度曲线[21]　图 6.3　NCMA 复合材料的压缩强度曲线[21]

表 6.1　NCMA 复合材料与 PS304、PS400 涂层的摩擦系数和磨损率[21]

复合材料	摩擦系数							磨损率/(10^{-5}mm^3/(N·m))						
	25℃	200℃	400℃	500℃	600℃	650℃	800℃	25℃	200℃	400℃	500℃	600℃	650℃	800℃
NCMA	0.24	0.23	0.22		0.22		0.25	1.9	3.6	7.7		8.9		13.1
PS304	0.31			0.25		0.23		48			28		10	
PS400	0.8			0.16		0.21		11.8			0.63		0.76	

6.1.2　铁基高温自润滑复合材料

铁基合金具有独特的热处理性能、高性价比等优点。铁基高温自润滑复合材料在轧钢设备、连铸设备中具有广泛的应用前景。铁基高温自润滑复合材料可以作为中温润滑材料应用于军用、民用等领域的无油润滑部件，低廉的成本使其具有实际的生产意义和市场潜力。

铁基高温自润滑复合材料的使用温度受铁基合金相、固体润滑相以及辅助强化相的影响。目前，铁基高温自润滑复合材料的研究主要集中于固体润滑剂的研究方面，包括石墨、CaF_2、PbO 以及 MoS_2 等。本节将结合几种铁基高温自润滑复合材料来讨论固体润滑剂对其摩擦、磨损和润滑性能的影响规律。

1. Fe-Mo-(Ni, Cu)-石墨自润滑复合材料

石墨在低温时润滑性能非常优异，在铁基自润滑材料中作为固体润滑剂被广泛使用。另外，碳元素还可溶于奥氏体中提高奥氏体的稳定性，其扩散使得珠光体的孕育期缩短，促进了奥氏体的转变。难熔金属钼常作为金属-石墨自润滑材料的强化相，在烧结过程中易与石墨形成稳定的具有较高硬度的碳化物，从而增强基体的抗变形能力，提高材料的耐磨损性能。一些其他合金元素，如 Ni、Cu 等作为辅助强化相也被添加到基体中来改善高温自润滑材料的性能。

基于此设计原理，石墨作为固体润滑剂的铁基高温自润滑材料被广泛研究[22,23]。对 Fe-Mo-石墨、Fe-Mo-Ni-石墨以及 Fe-Mo-Ni-Cu-石墨复合材料的高温摩擦学性能研究发现，Ni、Cu 金属的添加具有固溶强化作用，同时可以促进 Fe 基复合材料中 Mo-C 硬质化合物的生成，从而可以有效提高 Fe-Mo-石墨复合材料的力学性能；在摩擦学性能方面，三种复合材料在室温至 450℃均表现出良好的摩擦磨损性能，摩擦系数均随着温度的升高而减小；润滑机理为：在室温下石墨发挥润滑作用，而在高温时复合材料的磨斑表面生成了以石墨、$CuFe_5O_8$、Fe_3O_4、$Fe_{2.6}Ni_{0.4}O_4$ 等为主要成分的复合润滑膜，有效改善了高温润滑性能。

2. Fe-Mo-CaF_2 自润滑复合材料

CaF_2作为高温润滑剂,具有非常优异的润滑性能,这是因为CaF_2在大约500℃时发生脆韧转变后，能够提供低剪切强度的润滑膜。利用中频感应热压工艺制备的 Fe-Mo-CaF_2高温自润滑材料的摩擦磨损试验结果表明，Fe-10%Mo-8%CaF_2(质量分数)高温自润滑复合材料耐磨损性能最为优异，在 600℃时摩擦系数低至 0.25，磨损率为 $10^{-6}mm^3/(N \cdot m)$量级[24,25]。高温润滑性能归因于在高温摩擦过程中，磨损表面形成了一层釉质润滑膜。在 600℃时磨斑表面形成的这一具有润滑性能的釉质层，其主要成分为 CaF_2、MoO_2、$CaMoO_4$、Fe_2O_3，其中 CaF_2 和 $CaMoO_4$ 具

有良好的高温润滑性能。由于固体润滑膜主要由无机盐和氧化物等组成,在500℃以上该润滑膜处于塑性或软化状态,在摩擦过程中的剪切强度较低,从而表现出减摩性能。

3. Fe-(MoS$_2$,WS$_2$)-PbO 自润滑复合材料

单一润滑剂的适用温度较窄,复合润滑剂可以拓宽工作温度。过渡金属二硫族化合物虽具有优异的润滑性能,但适用温度不超过480℃,而PbO在中温段具有低摩擦系数,两者的复合使用可以实现复合材料在中低温时的连续润滑性能。例如,利用中频感应烧结方法制备的 Fe-Ni-(PbO/WS$_2$)和 Fe-Mo-(PbO/MoS$_2$)复合材料[26,27]。

Fe-Ni-(PbO/WS$_2$)复合材料的在 25~600℃摩擦学性能研究发现,同时加入WS$_2$与PbO可显著提高复合材料在高温时的摩擦磨损性能,当WS$_2$和PbO质量分数分别为4%和3%时,复合材料在高温下具有最低的摩擦系数(约0.3)和磨损率(10^{-6}mm^3/(N·m)量级)。这是因为在 500~600℃,PbWO$_4$ 和 Cr$_x$S$_{x+1}$ 等在磨斑表面形成了较完整的润滑膜,改善了复合材料在高温时的润滑性能。

Fe-Mo-(PbO/WS$_2$)复合材料室温和 600℃摩擦学性能研究表明,在 600℃条件下润滑性能优异,摩擦系数低至0.22,其原因主要是在摩擦过程中,复合材料的磨斑表面形成了主要成分为 Fe$_2$O$_3$、Fe$_3$O$_4$、PbMoO$_4$ 和少量 Pb 组成的复合润滑膜,其中 PbMoO$_4$ 对提高复合材料在 600℃时的润滑性能起着重要的作用。

6.1.3　铜基高温自润滑复合材料

铜合金及其自润滑复合材料是金属基高温自润滑材料的重要组成部分,其中锡青铜基自润滑材料是研究最为广泛的铜基自润滑材料,已成功应用于纺织机械、食品工程以及汽车工业中。锡青铜基自润滑材料的优点是:具有优异的抗氧化、耐腐蚀及磨合性好等特性,特别是以粉末冶金方法制备的含油锡青铜-石墨自润滑复合材料,所制作的轴承和轴瓦在室温贫油或无油润滑条件下与对偶件磨合性好、摩擦系数低、无污染。以铜基自润滑材料制备的轴承极大地提高了机械设备的服役寿命和使用稳定性。

当铜基自润滑复合材料的使用温度高于 300℃后,材料的强度明显降低,耐磨性变差,因此通过改性提高铜基自润滑复合材料的使用温度显得尤为重要。目前,改性的方法主要是通过颗粒增强来提高铜基复合材料的高温强度,而提高铜基复合材料润滑性能的方法主要是添加固体润滑剂。

采用石墨润滑的铜基自润滑复合材料研究较多。通过选用不同粒度的石墨颗粒作为润滑剂,对铜合金基体进行合金优化设计,利用粉末冶金的方法制备铜基石墨固体润滑复合材料[28],在室温至 500℃,当石墨颗粒的粒径为 0.3~0.5mm 时,

Cu-石墨复合材料具有最优的减摩耐磨性能,摩擦系数为0.19。摩擦磨损机理研究表明,当石墨颗粒粒度较小时,由于颗粒的阻碍作用,铜合金基体不易形成连续的网络骨架,从而降低了复合材料整体的强度和韧性,因而耐磨损性能较差;而当石墨颗粒的粒度较大时,石墨颗粒与基体之间的结合强度减弱,在高温时易发生剥落磨损,从而导致磨损体积增大;只有合适粒径大小的石墨颗粒才可以增强复合材料的自润滑性能。

石墨含量对铜基复合材料力学及摩擦学性能的影响至关重要。在通过合金化处理的铜合金基体中添加不同含量的石墨,采用感应加热烧结的方法制备了铜铁-石墨自润滑复合材料[29]。在室温至500℃复合材料的力学和摩擦学性能的研究结果表明,石墨质量分数为6%时,复合材料具有最低的摩擦系数(0.32)。润滑机理研究发现,当复合材料中石墨质量分数低于6%时,磨斑表面不能形成完整覆盖的润滑膜;而当石墨质量分数超过6%时,材料的强度下降进而导致磨损率增大;采用合金化增强机制可有效提高铜基自润滑复合材料的高温摩擦磨损性能。

另外,通过粉末冶金方法制备的石墨、SiC 和 PbO 粉末增强的铜基自润滑复合材料也受到关注[30,31]。实验研究表明,固体润滑剂石墨、PbO、增强相 SiC 与铜基体结合性能良好,有效降低了铜基复合材料从室温至 450℃的摩擦系数(0.14~0.2)和磨损率($10^{-4}mm^3/(N \cdot m)$量级),这源于室温时磨斑表面形成了含石墨、Pb 及 SnO_2 的复合润滑膜,而在高温时磨损表面形成了含有石墨、Pb_2O_3 及 CuO 的复合润滑膜,这些复合润滑膜有效改善了复合材料的自润滑性能[31]。

6.1.4　钴基高温自润滑复合材料

钴基高温合金具有高熔点、优异的抗氧化、抗腐蚀和抗热疲劳等优点,是高温自润滑材料的优良候选基体材料。钴基高温合金中Co的质量分数一般在35%~70%,并加入质量分数为 5%~25%的 Ni 稳定 γ 奥氏体(Co 在高温时会发生 hcp→fcc 结构的转变)以及质量分数为 20%~25%的 Cr 改善合金的抗氧化和腐蚀性能。强化方式一般以固溶强化和碳化物强化为主。钴基高温合金在高温时具有较高的抗蠕变性能,但高温时其摩擦学性能较差。目前,对钴基高温合金的摩擦学研究主要集中于高温氧化磨损和腐蚀磨损,而对高温润滑性能的研究报道较少。

为提高钴基高温合金的摩擦学性能,需要在制备过程中加入润滑相、黏结相及强化相等来分别改善材料的高温易剪切、抗形变以及相与相之间的结合性能。如 Co-WC-Cu-BaF_2/CaF_2 及 CoCr-Mo-Ag 复合材料在高温下的摩擦磨损性能表明,添加 BaF_2/CaF_2 共晶、Mo 和 Ag 后,复合材料的高温耐磨损性能及抗变形性能等都有明显改善[32,33]。这主要是因为加入的 BaF_2/CaF_2 共晶、Mo 和 Ag 等在高温时通过氧化生成了具有润滑作用的钼酸盐和金属氧化物等,并且这些物质在磨斑表面形成了光滑的釉质层,而加入的 WC 与 Cr 等则提高了复合材料的高温抗形变和抗氧化性能。

6.2 金属间化合物基自润滑复合材料

在高温自润滑材料基体的选择上，高温合金和陶瓷是目前主要的选择。高温合金主要包括铁基、镍基和钴基合金等，其使用温度在 1000℃以下。陶瓷材料的使用温度更高，但其本征脆性和加工性能差制约了其作为高温自润滑基体材料的应用。与高温合金和陶瓷相比，一种新兴的金属间化合物材料显示出更为优异的综合性能[34,35]。

金属间化合物是指以金属元素为主要组成的二元系或多元系中出现的中间相。金属间化合物具有特定的化学组成，即分子式中各原子比值通常为整数比；但有时该比值可以在一定的范围内变化，形成以化合物为基的固溶体。金属间化合物具有长程有序排列的晶体结构，且具有金属键及共价键的原子结合，这一特性使金属间化合物可能兼有金属的塑性和陶瓷的高温强度。金属间化合物是有重要应用前景的新一代高温结构材料。在众多的金属间化合物中，取得显著进展并最有可能在未来获得应用的高温结构材料主要是 Ni-Al 系、Ti-Al 系、Fe-Al 系金属间化合物[36,37]。这些金属间化合物具有一系列特殊的优点：

(1) 屈服强度的反温度效应。对于传统的金属材料及合金，材料的强度一般随温度的升高逐渐降低。但对于以上几种金属间化合物，其屈服强度随温的升高而不断增加，并在某一温度达到峰值。

(2) 从分子和原子尺度来看，金属间化合物在原子排列上表现为长程有序结构，这种结构在性能上表现为有较高的应变硬化速率，从而采用冷加工或热机械处理等工序可达到较高的强度，高的应变硬化速率还可以提高材料的耐磨性。

(3) 具有较好的高温组织稳定性。在熔点以下，一直保持单相或不变的复相结构。

(4) 密度小，比耐热钢或高温合金至少轻 10%。

(5) 由于它们都是铝化物，能在材料的表面生成致密的氧化铝保护膜而具有极好的抗氧化性能。

6.2.1 镍铝基高温自润滑复合材料

在 Ni-Al 系金属间化合物中，Ni_3Al 和 NiAl 相被广泛地研究，结果表明，Ni_3Al 和 NiAl 作为结构材料具有广泛的应用前景[35,38,39]。Ni_3Al 有序相作为镍基高温合金的主要强化相已被深入认识，它在熔点以下呈面心立方长程有序结构，单晶 Ni_3Al 具有良好的塑性，但多晶 Ni_3Al 由于脆性影响其发展和应用。少量硼加入到富 Ni 的 Ni_3Al 中可明显改善合金的室温塑性，因此，通过合金化进一步提高材料的室温屈服强度和高温强度成为合金发展的重要途径。鉴于 Ni_3Al 具有一些良好的特殊性能，如高温(1000~1250℃)抗氧化性和抗烧蚀性，在某些特定领域有良好的应用前景。NiAl 合金由于它具有熔点高、密度低、抗氧化性好、热导率大等一系列特点，在宇航工业中用作高温结构材料有着广泛的应用前景。但是其室温塑性差、高温强度低，阻碍了它的实用化。颗粒增强的 NiAl 基复合材料和定向凝固 NiAl 共晶合金具有良好的高温强度，有希望克服 NiAl 单晶合金存在的主要问题。

Ni_3Al 和 NiAl 基金属间化合物材料具有良好的高温抗氧化性、高温组织稳定性和高温强度等特点，是高温自润滑材料优良的基体材料。近年来，Ni-Al 基高温自润滑材料的研究受到广泛关注。

1. Ni_3Al 基高温自润滑复合材料

Ni_3Al 基高温自润滑复合材料的研究主要集中于通过调控组织结构、协调组元匹配、优化工艺参数来实现力学和摩擦学性能的平衡，采用粉末冶金技术制备结构功能一体化的 Ni_3Al 基宽温域自润滑复合材料，以及阐明宽温域润滑机理和磨损失效机制的研究。

1) 润滑相的复配性

不同低温润滑相(石墨、二硫化钼和银)对 Ni_3Al 基复合材料的匹配相容性研究表明，石墨在低温段对 Ni_3Al 基复合材料具有较好的润滑性能；MoS_2 在制备过程中发生分解，润滑性能失效；Ag 对 Ni_3Al 基复合材料具有良好的减摩性能，并且所制备材料的力学性能明显高于添加石墨和 MoS_2 的 Ni_3Al 基复合材料。

不同高温润滑相(氟化物、钼酸钡和铬酸钡)对 Ni_3Al 基复合材料的匹配相容性研究表明[40-42]，氟化物在制备过程中与其他组分并未发生化学反应，这表明该材料能够满足实际工况中热稳定性的要求，适宜于 Ni_3Al 基复合材料的高温润滑；而 Ni_3Al 与钼酸钡和铬酸钡在制备过程中发生高温固相反应生成了 $BaAl_2O_4$，缺失 $BaMoO_4$ 和 $BaCrO_4$，添加钼酸钡和铬酸钡的复合材料在低温时具有较差的摩擦学性能，但在高温时表现出较好的润滑性能，这归功于在磨损表面上重新生成 $BaMoO_4$ 和 $BaCrO_4$ 润滑相。

2) 辅助相的相容性

选取陶瓷相和合金相为辅助强化相，不同的强化相对 Ni_3Al 基宽温域自润滑材料力学和摩擦学性能的影响规律及机理研究发现，陶瓷相碳化钛的引入虽然提高了材料的力学性能，但材料的高温摩擦学性能并没有得到改善，这主要与高温时生成的碳酸盐有关，它损失了部分氟化物，降低了材料表面的强度；合金相铬添加到 Ni_3Al 基自润滑材料既有利于提高自润滑材料的力学性能，又有助于改善摩擦学性能。这一结果表现出"减摩补强效应"，有效解决了基体组元与润滑组元之间的协调性问题，探索了一种新的思路。含合金相铬的 Ni$_3$Al 基自润滑材料的宽温域润滑性能主要归因于银、氟化物和铬酸盐的协同效应[40]。

3) 微观结构的影响

通过调控微观结构，研究了 Ni$_3$Al 基高温自润滑复合材料的微观结构对摩擦学行为影响[43]。研究结果表明，多元多尺度的结构设计更有利于改善高温自润滑复合材料的摩擦学性能。

采用高能球磨方法制备了三种粒径大小和形态不同的粉末(分别记作 AC、BM、CF)，如图 6.4 所示，AC 中绝大多数的颗粒粒径分布在 20μm 左右，有少部分的细小颗粒粒径在 10μm 以下；颗粒 BM 的平均粒径约为 10μm；CF 中大多数

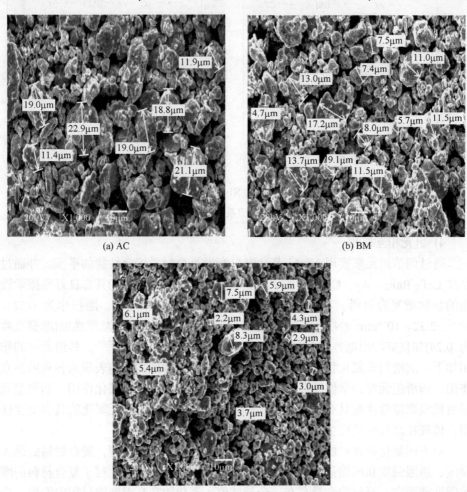

(a) AC　　　　　　　　　　　　　　　　(b) BM

(c) CF

图 6.4　Ni$_3$Al 基高温自润滑复合材料球磨料的 SEM 形貌照片(AC，BM 和 CF)[43]

的颗粒粒径分布在 5μm 左右。此外，AC 的颗粒呈片状，具有不规则的形状，而 BM 和 CF 中的颗粒棱角少，变得更接近圆球状。

从室温到 1000℃的宽温域范围，具有不同微观组织的高温自润滑复合材料都具有较好的润滑性能，其摩擦系数在 0.3～0.4，这主要归因于 Ag、氟化物和钼酸盐的协同作用；但是粗大组织的高温自润滑复合材料具有更优异的摩擦性能，这主要是粗大的连续相比细化的组织能够提供更好的抗变形性和更高的承载能力(图 6.5)。

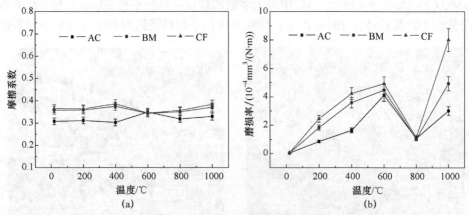

图 6.5　三种不同组织结构的 Ni₃Al 基高温自润滑复合材料在
不同温度下的摩擦系数和磨损率图[43]

4) 组元相互作用

通过调节组元来实现 Ni₃Al 基高温自润滑复合材料综合性能的平衡，并通过添加 CaF₂/BaF₂、Ag、Cr 等制备了在宽温域(从室温到 1000℃)具有良好摩擦学性能的自润滑复合材料，在试验条件下摩擦系数为 0.24～0.37，磨损率为 $0.52 \times 10^{-4} \sim 2.32 \times 10^{-4} \text{mm}^3/(\text{N} \cdot \text{m})$，特别是在 800℃时，具有优异的减摩性能(摩擦系数为 0.24)和良好的耐磨性能(磨损率为 $0.71 \times 10^{-4} \text{mm}^3/(\text{N} \cdot \text{m})$)[44,45]。各组元间的作用如下：润滑组元氟化物、银与合金组元铬对力学性能的影响表现为各自的独立作用，润滑组元对力学性能具有弱化作用，而合金组元具有强化作用；润滑组元银对低温摩擦学性能具有独立作用，而合金组元铬与润滑组元氟化物具有交互作用，体现在高温时反应生成了具有润滑功能的铬酸盐。

对不同氟化物含量的 Ni₃Al 基高温自润滑材料的研究发现，复合材料的维氏硬度、屈服强度和压缩强度均随氟化物含量的增加而减小；而对于复合材料的摩擦学性能而言，氟化物含量存在一个最佳值。氟化物在高温摩擦过程中发生了两种化学反应：一是氟化钡发生氧化反应，与空气中的二氧化碳作用生成碳酸钡，它不利于润滑；二是氟化钡与合金相铬、空气中的氧气反应生成铬酸钡，此生成物有助于摩擦学性能的改善。

对不同银含量的 Ni_3Al 基高温自润滑材料的研究发现：①复合材料的维氏硬度随银含量的增加而减小。②软金属银在低温时由于具有低剪切力，易于发生塑性变形，提供良好的润滑作用；在 600℃时，材料的摩擦系数有所增加；高温 800℃时，银被氧化，材料的润滑性能取决于铬酸盐和材料的强度，银含量适中的材料具有最低的摩擦系数。

对不同铬含量的 Ni_3Al 基高温自润滑材料的研究发现，合金相铬的添加能显著提高 Ni_3Al 基复合材料的力学性能，其显微硬度和压缩强度随铬含量呈峰型变化，而屈服强度持续升高。不同铬含量的 Ni_3Al 基材料从室温到 600℃具有相近的摩擦系数，而高温时高铬含量的材料比低铬含量的具有更低的摩擦系数。铬含量高的材料具有最好的高温润滑性能，归因于强度和润滑性之间的平衡。复合材料的磨损率在 400℃内相当，但在 600℃以上受铬含量影响显著。600℃时，低铬含量的材料比高铬含量的具有更低的磨损率，这与强度的下降有关。800℃时，主要由铬酸盐组成的釉质层改善了材料的耐磨性能。然而在 1000℃时，高温氧化加剧了磨损。

5) 其他 Ni_3Al 基高温自润滑复合材料

在 Ni_3Al 基高温自润滑复合材料的研究中，其他固体润滑体系也得到探索，如 Ni_3Al-WS_2/Ag/hBN[46]、Ni_3Al-纳米层状石墨烯[47]、Ni_3Al-WS_2/Ti_3SiC_2[48, 49]等复合材料体系。

在 Ni_3Al-WS_2/Ag/hBN 复合材料中，当润滑剂的质量分数为 15%时，复合材料在室温至 800℃表现出最佳润滑性能，摩擦系数为 0.25~0.5，但磨损率较高，为 $10^{-4}mm^3/(N\cdot m)$ 量级。为此，在复合材料中添加了 TiC 强化相，磨损率大幅降低，而摩擦系数却有所增加。这是因为添加的 TiC 陶瓷作为第二相分布于复合材料中，增强了复合材料的强度。

Ni_3Al-纳米层状石墨烯复合材料的摩擦试验结果表明，当添加质量分数为 1%石墨烯纳米片(GNP)时，复合材料在室温至 400℃的摩擦系数就明显降低(0.29~0.33)，归因于 GNP 层与层之间具有非常低的剪切力，而且在室温至 400℃区间内，GNP 可以在磨斑表面形成润滑层；但超过 400℃，GNP 发生氧化而失去润滑作用。

Ni_3Al-WS_2/Ti_3SiC_2 复合材料的摩擦学性能研究表明，WS_2 在低温时起润滑作用，而在高温时 Ti_3SiC_2 氧化生成的 TiO_2 与 SiO_2 等在磨斑表面形成了均匀覆盖的润滑膜，降低了复合材料的摩擦系数(0.17~0.58)和磨损率(0.31×10^{-5}~$4.2\times10^{-5}mm^3/(N\cdot m)$)。

2. NiAl 基高温自润滑复合材料

NiAl 作为高温材料已在很多领域中得到应用，如高温模具、切割工具、抗氧化涂层、气体涡轮发动机中的活塞和阀门等各种部件。有些部件涉及在高温下的摩擦、磨损和润滑问题。目前，国内外对 NiAl 金属间化合物材料的摩擦学行为研究并不系统，主要集中于固体润滑剂的复配性研究，如氧化物、氟化物等。

1) NiAl-CuO 高温自润滑复合材料

氧化铜因其高熔点和良好的高温耐磨性能，被认为是一种潜在的高温润滑剂。氧化铜对 NiAl 的高温润滑效果和耐磨性能的影响以及相应的磨损机制和润滑机理得到研究。添加 CuO 的 NiAl 基高温自润滑复合材料研究表明[50,51]，在烧结制备过程中，NiAl 与 CuO 反应生成 $Cu_{0.81}Ni_{0.19}$ 和 Al_2O_3 相，CuO 在烧结材料中损失；优化的 NiAl 基复合材料在高温段(800℃和 1000℃)具有良好的润滑性能和优异的耐磨性能，其摩擦系数约为 0.2，磨损率约为 $10^{-6}mm^3/(N \cdot m)$。

一个值得注意的问题，初始粉末 CuO 与 NiAl 在烧结制备过程中发生高温固相反应，致使作为润滑剂的 CuO 在所制备材料中缺失，但是在 800℃以上的高温摩擦过程中重新生成的 CuO 能够起到良好的润滑作用。基于以上的摩擦学性能评价、机理研究可以确定，CuO 作为 NiAl 基复合材料的高温润滑剂是有效的。此外，在高温大气环境条件下，通过反应形成氧化物来实现自润滑的途径是可行的。

2) NiAl-Cr-Mo-CaF$_2$ 高温自润滑复合材料

氟化物具有较高的熔点和化学稳定性，不易发生氧化和分解，其优良的高温润滑性能已经获得了广泛的认可和实际应用。以氟化钙作为高温润滑剂的 NiAl 基高温自润滑复合材料得到研究[52]。

NiAl-Cr-Mo-CaF$_2$ 高温自润滑复合材料的摩擦学性能测试表明，NiAl 基复合材料在室温到 400℃具有较高的摩擦系数，这是因为氟化钙在 500℃以上才能成为有效的润滑剂；当温度升至 600℃时，摩擦系数降至 0.35 左右，氟化钙的韧脆转变起到决定作用，生成的少量 $CaCrO_4$ 和 $CaMoO_4$ 也起到辅助作用；然而，在 800℃以上，NiAl 基复合材料展现出优良的润滑性能，800℃时在稳定阶段获得了一条低缓平稳的摩擦曲线，其值约为 0.2；温度继续升高至 1000℃，摩擦系数仍然保持在 0.2 左右(图 6.6)。室温时，NiAl 基复合材料的耐磨损性能良好，磨损率约为 $7 \times 10^{-5}mm^3/(N \cdot m)$；400℃ 和 600℃时，磨损率随温度增加，约为 $7 \times 10^{-4}mm^3/(N \cdot m)$)；然而，在 800℃时，磨损率急剧下降至 $8 \times 10^{-6}mm^3/(N \cdot m)$；在 1000℃时，磨损率略有增加，约为 $1 \times 10^{-5}mm^3/(N \cdot m)$。

NiAl-Cr-Mo-CaF$_2$ 高温自润滑复合材料的润滑机理研究表明，高温时磨损表面的釉质层主要由 $CaCrO_4$ 和 $CaMoO_4$ 组成，在磨损表面原位形成的氧化物釉层将相互接触的摩擦面分离，阻止摩擦副间的直接接触。这两种钙盐形成的直接原因是在高温摩擦过程中发生了摩擦化学反应。NiAl 基复合材料优异的润滑性能与摩擦表面生成的 $CaCrO_4$ 和 $CaMoO_4$ 紧密相关，这些铬酸盐和钼酸盐的高温润滑性能已经被确定，其润滑机理为高温时它们具有低剪切力和高延展性。

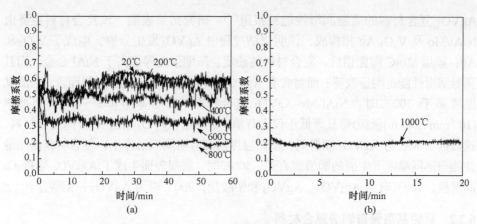

图 6.6　不同温度下 NiAl 基复合材料的摩擦系数曲线[52]

高温自润滑复合材料 NiAl-Cr-Mo-CaF$_2$ 的设计思想为，NiAl 作为高温抗氧化、高强度基体相，CaF$_2$ 作为高温润滑相，Cr 和 Mo 作为强化相。此外，高温时，摩擦表面上 CaF$_2$ 与 Cr 和 Mo 在高温氧化反应和摩擦化学反应的作用下形成固体润滑剂 CaCrO$_4$ 和 CaMoO$_4$，原位生成的釉质层明显改善了摩擦特性，对摩擦和磨损都是有利的。此设计理念在制备高温自润滑材料时可予以考虑。

3) NiAl 基宽温域自润滑复合材料

从低温到高温的广域温度范围内，仅使用单一的固体润滑剂很难实现宽温域范围的润滑。鉴于 NiAl-Cr-Mo-CaF$_2$ 复合材料具有优异的高温润滑性能，针对该材料在低温时耐磨减摩性能差的问题开展了添加低温固体润滑剂改进其宽温域摩擦学性能的研究。就低温润滑剂而言，软金属银是较为合理的选择。通过粉末冶金技术制备的 NiAl-Cr-Mo-CaF$_2$-Ag 基复合材料在室温到 800℃ 表现出较好的润滑性能，摩擦系数为 0.2～0.4，特别是在 800℃，它具有优异的润滑性能，摩擦系数低至 0.2[53]。一般来说，银在低于 450℃ 时具有良好的润滑性能，而在 600～1000℃ 时，它并不具有润滑作用。相反，它却恶化了高温段的润滑性能，这一现象也已在文献中报道[31]。另外，银的添加也改变了磨损行为。从磨损形貌可知，室温至400℃ 时，含银的 NiAl 基复合材料为轻微的剥落，无银的 NiAl 基复合材料为严重的剥落和塑性变形。银的润滑性有效增强了耐磨性能。但在高温段，由于银的急剧软化导致材料的强度降低，从而耐磨性能变差。

基于以上的实验结果可知，软金属银的添加显著改善了其低温摩擦学性能，有效降低了摩擦系数和增强了耐磨性能。这说明软金属银对 NiAl 具有良好的低温润滑作用，然而，对高温段的摩擦和磨损是不利的。

4) NiAl-Mo$_2$C-AgVO$_3$ 高温自润滑复合材料

近来，钒酸银作为高温润滑剂的研究得到关注。鉴于此，一种 NiAl-Mo$_2$C-

AgVO₃ 复合材料的高温润滑性能被报道[54]。研究结果表明，该复合材料主要由 NiAl/Mo 及 V₂O₅/Ag 相构成，说明烧结过程中 AgVO₃ 发生分解，生成了 V₂O₅ 和 Ag；添加 Mo₂C 陶瓷相后，复合材料的硬度、压缩强度等都高于 NiAl 合金，而且高温润滑性能也明显改善；而对含有 AgVO₃ 纳米线的 NiAl 复合材料而言，当测试温度高于 300℃时，NiAl-Mo-AgVO₃ 复合材料的摩擦系数(0.2～0.4)和磨损率(10⁻⁶mm³/(N·m)量级)要显著低于仅含有单一 Mo 或 AgVO₃ 相的 NiAl 基复合材料，这归因于 Mo 与 AgVO₃ 润滑剂在测试温度内具有协同润滑作用。复合材料的润滑性能与不同温度下生成的润滑膜有关，500℃时，磨损表面生成了 Ag₃VO₄ 与 Fe₃O₄ 润滑膜，700℃时为 Ag₃VO₄、AgVO₃ 和钼酸盐，900℃时为 AgVO₃ 和钼酸盐。

6.2.2　钛铝基高温自润滑复合材料

　　TiAl 基合金具有轻质、高比强度、高比刚度、耐腐蚀特性，以及优异的高温抗氧化和高温力学等性能，能够有效提高结构部件的工作效率和使役温度。TiAl 基合金被认为是一种新型的轻质耐高温结构材料，是航空用发动机及汽车中理想的轻质结构件材料。因而，TiAl 基材料成为近年来科学家研究和开发的热点。以 TiAl 合金为基体开发的高温润滑材料，可解决航空发动机等面临的高温磨损问题，具有非常重要的实用价值。目前，解决 TiAl 合金高温润滑问题的方法主要包括表面改性以及复合化的方式，本节主要介绍 TiAl 合金基复合材料。

　　TiAl 基自润滑复合材料的制备方法主要是将 TiAl 合金粉末与固体润滑剂复合烧结。其优势在于：制备过程简单，组分可调，润滑效果较好。但是，目前 TiAl 基润滑复合材料制备仍然面临着诸多问题：需要解决高温润滑剂与 TiAl 合金之间易发生反应和烧结困难的问题，以及 TiAl 基复合材料力学性能和润滑性能的统一性问题等。

　　21 世纪以来，固体润滑剂与 TiAl 合金的复配性能得到研究[55-58]，这些研究涉及的固体润滑剂主要包括 Ag、BaF₂/CaF₂ 共晶、MoS₂、hBN 及其复合润滑剂。TiAl 基复合材料的摩擦学性能如表 6.2 所示，材料的制备方法采用放电等离子体烧结(SPS)。尽管通过一种或多种固体润滑剂的复合化显著提升了 TiAl 基合金的摩擦学性能，但是其磨损率和摩擦系数仍然较高，也未见较详细的力学性能报道。因此，开发高性能 TiAl 基自润滑复合材料仍然需要做大量的研究和探索。

表 6.2　**TiAl 基复合材料的摩擦学性能**[55-58]

材料	温度/℃	摩擦系数	磨损率/(10⁻⁴mm³/(N·m))
TiAl-Ag	25～800	0.26～0.43	1.56～3.26
TiAl-Ti₃SiC₂	25～800	0.33～0.47	0.89～5.46
TiAl-Ag-Ti₃SiC₂	25～800	0.32～0.43	1.23～4.13

续表

材料	温度/℃	摩擦系数	磨损率/(10^{-4}mm³/(N·m))
TiAl-Ag-BaF$_2$/CaF$_2$-Ti$_3$SiC$_2$	25~800	0.33~0.45	3.25~4.07
TiAl-MoS$_2$-hBN-Ti$_3$SiC$_2$	25~800	0.30~0.40	3.09~3.57
TiAl- BaF$_2$/CaF$_2$	600	0.40	

1. TiAl-BaF$_2$/CaF$_2$ 高温自润滑复合材料

通过在 TiAl 合金中添加 BaF$_2$/CaF$_2$ 共晶，可以改善材料的高温润滑性能[55]。以 Ti48Al2Cr2Nb 作为基体相(Cr 可改善室温塑性，Nb 可提高高温强度)，MoS$_2$、CaF$_2$ 以及 BaF$_2$/CaF$_2$ 共晶等作为固体润滑相，研究了其结构特征、物理性能和摩擦学性能的关系。

TiAl- BaF$_2$/CaF$_2$ 高温自润滑复合材料的力学性能研究表明，在复合材料中添加 BaF$_2$/CaF$_2$ 共晶时，复合材料具有良好的结构和低的孔隙率；BaF$_2$/CaF$_2$ 共晶质量分数为 5%时，复合材料的断裂韧性最高，其强化机制主要是 Orowan 位错移动机制，即当界面粒子成为位错移动的阻碍时，位错线会绕过固体润滑剂粒子形成位错环，使复合材料的断裂韧性和强度提高。

TiAl-BaF$_2$/CaF$_2$ 高温自润滑复合材料的摩擦学性能研究表明，复合材料中加入 BaF$_2$/CaF$_2$ 共晶可以明显改善材料的润滑性能，当 BaF$_2$/CaF$_2$ 共晶质量分数为 10%时，复合材料具有最低的摩擦系数和磨损率。这是由于在摩擦过程中，复合材料表面能够形成较为连续的润滑膜，而当固体润滑剂质量分数低于 10%时，复合材料表面的润滑膜不足，润滑剂质量分数高于 10%时，虽然摩擦系数有所降低，但材料的力学性能下降，使其磨损增大。

2. TiAl-Ag-Ti$_3$SiC$_2$ 复合材料

以 TiAl 合金为基体，添加不同含量的 Ag 及 Ti$_3$SiC$_2$，利用 SPS 方法制备了 TiAl 基自润滑复合材料，研究了室温至 800℃时 Ag 及 Ti$_3$SiC$_2$ 添加量对 TiAl 基复合材料摩擦学性能的影响规律[56]。

摩擦磨损试验结果表明，Ag 的添加能够改善复合材料在室温到 400℃的润滑性能；当 Ag 添加质量分数为 10%、Ti$_3$SiC$_2$ 添加的质量分数为 15%时，复合材料具有最低的摩擦系数和磨损率，结果如表 6.2 所示。其摩擦磨损机理主要为：低温时，固体润滑剂 Ag 在摩擦应力作用下被挤压、迁移到磨斑表面，并且在磨斑表面形成了润滑膜，起到了良好的减摩耐磨作用；在高温下，Ti$_3$SiC$_2$ 在磨斑表面氧化分解，形成较疏松的 SiO$_2$ 和 TiO$_2$ 氧化物，随后在压力和剪切力的作用下，形成了结构致密并且具有良好耐磨性的氧化物层。

3. TiAl-Ag-BaF$_2$/CaF$_2$-Ti$_3$SiC$_2$复合材料

四种 TiAl 基复合材的组成分别为 TiAl、TiAl-3Ag-3Ti$_3$SiC$_2$-3BaF$_2$/CaF$_2$、TiAl-5Ag-5Ti$_3$SiC$_2$-5BaF$_2$/CaF$_2$ 和 TiAl-7Ag-7Ti$_3$SiC$_2$-7BaF$_2$/CaF$_2$[57]。其摩擦磨损试验结果表明，当复合材料中润滑剂总质量分数为 9%时，复合材料在 25～600℃具有最佳的宽温域润滑性能；在 25～400℃时，主要是 Ag 起到润滑作用，在 400～600℃时，BaF$_2$/CaF$_2$ 共晶提供减摩性能。这说明 Ag、BaF$_2$/CaF$_2$ 共晶和 Ti$_3$SiC$_2$ 在宽温度范围内具有较好的复配效果。

4. 其他 TiAl 基复合材料

石墨烯具有非常优异的力学和摩擦学性能，多层石墨烯质量分数为 3.5%的 TiAl 基复合材料的研究结果表明，石墨烯可以显著降低 TiAl 基合金室温到 550℃的润滑性能，在该温度范围内石墨烯具有低的剪切强度，而当温度继续升高时，石墨烯发生氧化而失去润滑作用[58]。

MoS$_2$、hBN 和 Ti$_3$SiC$_2$、TiB$_2$ 与 Ag 等对 TiAl 基复合材料润滑性能也有报道[59,60]。研究结果表明，对于 TiAl-MoS$_2$-hBN-Ti$_3$SiC$_2$复合材料，当润滑剂质量分数为 5%时，复合材料具有最佳的润滑性能，室温至 800℃温度范围内摩擦系数在 0.3～0.4范围；对于 TiAl-TiB$_2$-Ag 复合材料，TiB$_2$ 有效改善了 TiAl 合金的耐磨损性能，而 Ag 提供了润滑作用，其摩擦系数随温度升高逐渐增大。

6.2.3 铁铝基高温自润滑复合材料

Fe-Al 金属间化合物的研究始于 20 世纪 30 年代，至今已对 Fe-Al 合金的反常屈服行为、室温韧性、合金成分的设计理论、微合金化对 Fe$_3$Al 性能的影响以及 Fe$_3$Al 合金的制备工艺等进行了较为系统的研究。美国橡树岭国家实验室研究人员开发的 Fe$_3$Al 合金材料不仅具有良好的耐热、耐磨和耐腐蚀性能，而且在真空下室温延伸率可达 12.8%。在我国，从 20 世纪 80 年代末至 90 年代中期，铁铝金属间化合物的研究先后列入 863 计划和一系列的研究基金计划，并取得了丰硕的研究成果。

在 Fe-Al 系金属间化合物中，主要集中于 Fe$_3$Al 和 FeAl 合金。大量的研究表明，Fe$_3$Al 和 FeAl 基金属间化合物作为一类新型的结构材料具有广阔的应用前景。它与 Fe-Ni 合金相比，具有低成本、低密度、良好的耐磨性，以及优异的抗硫化、抗碳化和抗氧化性能，同时具有易加工等优点。因此，它们是中温或高温腐蚀环境下潜在的新型结构材料，适用于加热元件、热交换管、过滤器、航空器部件、汽车部件、发动机叶片、催化裂化载体、有色冶炼后处理系统部件等。

最初对于 Fe-Al 系金属间化合物摩擦学性能的报道主要集中于室温干摩擦条

件及少量潮湿环境下的研究，而近来关于 Fe-Al 系金属间化合物在腐蚀环境和高
温条件下的摩擦学研究，特别是高温润滑性能的研究更被广泛关注[61-65]。

　　通过粉末冶金技术制备的 $Fe_3Al-Ba_{0.25}Sr_{0.75}SO_4$ 高温自润滑复合材料被报
道[65]。研究表明，当 $Ba_{0.25}Sr_{0.75}SO_4$ 质量分数为 30%时，复合材料在 600～800℃
的摩擦系数小于 0.3，磨损率在 $10^{-5}mm^3/(N \cdot m)$ 量级，比 Fe_3Al 合金的磨损率减小
1 个数量级，摩擦系数也降低至 1/3 左右，特别是在 600℃时，复合材料具有最低
的摩擦系数，如图 6.7 所示。Fe_3Al 基体相在 600℃时具有最佳的韧性和强度，同
时磨斑表面形成了氧化铁和硫酸锶钡的摩擦层，两者共同改善了复合材料在
600℃时的自润滑性能。其磨损机理研究表明，由于 $Ba_{0.25}Sr_{0.75}SO_4$ 在磨斑表面形
成了润滑膜，Fe_3Al 复合材料由脆性断裂转变为磨粒磨损。加入 $Ba_{0.25}Sr_{0.75}SO_4$ 固
体润滑剂后，复合材料室温至 800℃的摩擦系数均有所下降，这说明 $Ba_{0.25}Sr_{0.75}SO_4$
可以很好地改善 Fe_3Al 复合材料的润滑性能。

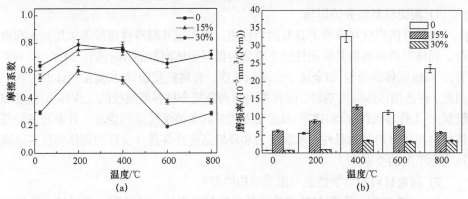

图 6.7　不同 $Ba_{0.25}Sr_{0.75}SO_4$ 含量的 Fe_3Al 基复合材料的摩擦系数和磨损率曲线[65]

6.3　陶瓷基高温自润滑复合材料

　　高性能结构陶瓷由于其强度高、硬度大、耐高温、耐腐蚀、抗氧化以及高温
蠕变小等优异的性能，可服役于金属材料和高分子材料等难以胜任的极端苛刻工
况，在航空航天、能源、机械、化工等领域具有广泛的应用前景。然而，陶瓷材
料较差的摩擦学性能，降低了陶瓷材料使用的可靠性与稳定性，严重地限制了其
作为结构材料的广泛应用。

　　陶瓷作为摩擦学材料，突出的问题是在高温条件下的摩擦系数和磨损率都比
较高。因此，要保证其成功使用就必须研究陶瓷材料的摩擦磨损行为及机制，并
且对陶瓷材料实施有效的润滑。在高温苛刻条件下，常规的液体润滑技术很难实
施，而表面固体润滑技术又存在寿命问题或需不断地补充。因此，为满足极端苛

刻条件下的使用要求，发展自润滑复合陶瓷材料具有重要的意义。目前，关于陶瓷基高温自润滑复合材料的摩擦、磨损与润滑的研究，已成为材料学和摩擦学交叉领域研究的前沿课题。本节主要介绍陶瓷基自润滑复合材料摩擦磨损机理、氧化锆基高温自润滑复合材料、氮化硅基高温自润滑复合材料、碳化硅基高温自润滑复合材料和其他陶瓷基高温自润滑复合材料。

6.3.1　陶瓷基自润滑复合材料摩擦磨损机理

1. 影响陶瓷材料摩擦学性能的因素

陶瓷材料主要由离子键和共价键构成，使其具有高强度、高弹性模量以及高硬度等优点。然而，与陶瓷材料诸多优点相辅相成的是其严重的脆性和裂纹敏感性等突出的缺点，使得陶瓷材料在摩擦磨损过程中多由晶粒间的微脆性断裂引起严重的磨损。研究表明，影响陶瓷材料摩擦学性能的因素主要有以下三个方面。

1) 陶瓷材料组分的影响

大部分陶瓷材料自身不具有润滑性能，要实现其润滑性能就需添加固体润滑剂。固体润滑剂根据其使用性能主要分为低温固体润滑剂(如石墨、MoS_2 和 WS_2 等)、高温固体润滑剂(如金属、金属氧化物、金属氟化物等)和复配固体润滑剂。因此，在选用固体润滑剂时，应首先明确陶瓷复合材料所服役的工作环境(温度和气氛)、工作参数(载荷和速率)和运动方式对其摩擦学性能的要求，并参照各种基体材料和润滑剂的耐温性、承载能力和环境适应性等选择合理的固体润滑剂以满足实际工况的要求。

2) 陶瓷材料的力学性能与微观结构的影响

Evans[66]指出，陶瓷材料的脆性是导致其磨损的主要原因。通过建立数学模型，结合陶瓷材料的硬度、断裂韧性和弹性模量等力学特性与其磨损特性关联起来，推导出

$$V \propto \frac{E}{HK_{IC}}$$

式中，V 为陶瓷材料总的磨损体积；H 为陶瓷材料的硬度；K_{IC} 为陶瓷材料的断裂韧度。由上式可以看出，提高陶瓷材料的断裂韧性和硬度有助于改善陶瓷材料的耐磨性能。此外，He 等[67]发现陶瓷材料的耐磨性与晶粒尺寸之间存在 Hall-Petch 关系，即晶粒尺寸越小，耐磨性越好。

3) 陶瓷材料使役工况的影响

陶瓷材料的摩擦磨损特性并不是材料本身所特有的性质，而与其配副的材料种类、服役的环境温度、气氛、摩擦速度和载荷等因素密切相关。一种材料与不同材料配副时会表现出不同的摩擦学性能，Suh 等[68]研究了 ZrO_2 陶瓷分别与

ZrO_2、Al_2O_3、SiC 陶瓷球配副时的摩擦学性能。实验结果表明，与 SiC 陶瓷球配副时摩擦系数和磨损率均较小，而与 ZrO_2 陶瓷球配副时磨损率最大。在不同温度下，固体润滑剂表现出不同的润滑性能，进而影响陶瓷基润滑材料的摩擦学性能。在不同气氛下，陶瓷材料的摩擦表面可能会受到表面化学反应的影响，使得材料的摩擦学性能表现出很大的差异。当测试温度高于 600℃时，相较于氮气气氛，Al_2O_3/TiB_2 陶瓷材料在空气气氛中具有较小的摩擦系数和磨损率[69]。摩擦速率和载荷则主要通过影响材料表面的接触状态、表面特性和摩擦稳定性来影响摩擦学性能。

2. 陶瓷复合材料的自润滑机理

陶瓷材料在干摩擦条件下摩擦系数和磨损率都比较高，无法满足服役工况的使用要求，从而限制了其在润滑领域的广泛应用。为此，研究人员通常在陶瓷基体中引入第二相组元作为固体润滑剂，形成自润滑复合陶瓷，来改善陶瓷材料的润滑性能。其中，自润滑复合陶瓷的润滑机理主要有以下两方面：

(1) 陶瓷基体中添加润滑相，实现自润滑性能。这主要是基于在滑动摩擦过程中，固体润滑剂易于被拖敷至摩擦表面生成一层较为稳定且剪切应力较小的润滑膜，改善摩擦界面的接触状态，达到持续润滑和减摩作用，从而赋予陶瓷材料自润滑特性。

(2) 高温条件下发生摩擦化学反应，生成具有润滑性能的润滑相。这一类润滑添加的组元，其本身不具有润滑性能，但在一定服役条件下可与复合材料中的其他添加物或空气中的 O_2 发生化学反应，生成具有润滑性能的物质，在摩擦表面形成润滑膜，从而达到润滑目的。如金属 Mo，在 800℃以上条件下，可与空气中的 O_2 反应生成具有低剪切强度 MoO_3 或钼酸盐，可有效改善陶瓷材料的高温润滑性[70]。

6.3.2　氧化锆基高温自润滑复合材料

ZrO_2 陶瓷具有韧性高、强度高、耐磨性高、高温蠕变小、热导率低和热稳定性好等优异的性能，是理想的高温隔热材料和结构材料。已有研究表明，ZrO_2 陶瓷与氧化铝球对磨时，其摩擦学性能随温度的升高而急剧恶化，从室温到 800℃，摩擦系数和磨损率分别从 0.38 和 10^{-5}mm³/(N·m)量级升高到 0.82 和 10^{-4}mm³/(N·m)量级[71]。由此可见，温度对 ZrO_2 陶瓷摩擦学性能具有重要影响。因此，设计制备具有优异摩擦学性能的 ZrO_2 基陶瓷复合材料以满足其高温下的使用要求具有重要的意义。

1. 氧化锆陶瓷与固体润滑剂的复配相容性研究

研究润滑剂与 ZrO_2 陶瓷基体的复配相容性,有助于明确 ZrO_2 基高温自润滑材料的润滑机理,并为发展其高温自润滑材料提供理论指导。单一 CaF_2 作为 ZrO_2 陶瓷的润滑相时,所制备的复合材料在 600℃的摩擦条件下可有效改善其摩擦学性能[72]。为实现其宽温域的连续润滑,采用高温固体润滑剂和低温固体润滑剂相复合的方法。研究复配 CaF_2 与石墨来改善 ZrO_2 陶瓷的摩擦学性能时发现,石墨适宜作为低温润滑剂,能够有效地改善其低温摩擦学性能,但当温度高于 200℃时,石墨的氧化反而使复合材料的摩擦系数较大[73]。而 $ZrO_2(Y_2O_3)$-30%CaF_2-30%Au(质量分数)复合材料在室温到 800℃,与氧化铝对磨时摩擦学性能较好,其摩擦系数为 0.36~0.50,磨损率为 $1.67×10^{-6}$~$3.55×10^{-6}$ $mm^3/(N·m)$。这主要是由于 CaF_2 与 Au 的塑性变形和流动对润滑膜的形成具有重要作用,低温时 Au 从基体中被挤压出形成不连续的润滑膜,而在 400℃和更高温度时生成 Au 和 CaF_2 润滑膜[74]。研究 $ZrO_2(Y_2O_3)$-CaF_2-Ag-Mo 复合材料的摩擦学性能时发现[75],在室温到 600℃时,复合材料摩擦系数均较高,这说明软金属银虽然是一种非常良好的低温润滑剂,但 ZrO_2 材料中添加质量分数 10%的银在室温至 600℃并不能表现出良好的润滑效果;当温度升高到 800℃时,Mo 的添加使得复合材料的摩擦系数迅速降低到 0.30 左右,远低于未加 Mo 的复合材料;1000℃时的结果与 800℃时基本相同,这主要归因于 Mo 的添加使得材料表面在高温摩擦过程中生成了具有润滑作用的 $CaMoO_4$ 润滑膜。此外,选取 $SrSO_4$ 作为润滑相,可有效改善 ZrO_2 基复合材料在低速低载时的摩擦学性能[71]:室温至 800℃时其摩擦系数在 0.11~0.19 之间,磨损率均在 10^{-6} $mm^3/(N·m)$ 数量级。这主要是由于在摩擦过程中,$SrSO_4$ 易发生塑性变形,在摩擦表面形成低剪切强度的摩擦层,从而实现宽温域的自润滑性能。

固体润滑剂的复配相容性研究已经有效改善了 ZrO_2 陶瓷的摩擦学性能。CaF_2 与 Ag 或 Au 的复配时可以为 ZrO_2 陶瓷在宽温域提供连续润滑,但是贵重软金属 Ag 和 Au 的添加不仅严重影响 ZrO_2 陶瓷的力学性能,而且增加了复合材料的制造成本,尽管 $SrSO_4$ 作为润滑相可以显著降低 ZrO_2 陶瓷的摩擦系数,但受限于低载低速条件。因此,关于 ZrO_2 基自润滑复合材料仍需进一步研究。

2. $ZrO_2(Y_2O_3)$-Mo-CuO 高温自润滑复合材料

为了研发 $ZrO_2(Y_2O_3)$ 基高温自润滑复合材料,改善 ZrO_2 陶瓷的高温摩擦学性能,选取 Mo 和 CuO 作为添加相,研究了 $ZrO_2(Y_2O_3)$-Mo-CuO 复合材料的高温摩擦学性能[76]。研究发现,$ZrO_2(Y_2O_3)$-Mo 和 $ZrO_2(Y_2O_3)$-CuO 两种复合材料在 700~1000℃的摩擦系数较高,在 0.50~0.80 之间;然而,当复合材料中同时添加 Mo 和 CuO 时,摩擦系数就会显著降低。如 $ZrO_2(Y_2O_3)$-5%Mo-5%CuO(质量分数)

在整个测试温度范围 (700~1000℃)内摩擦系数为 0.18~0.30；与此同时，$ZrO_2(Y_2O_3)$-Mo-CuO 复合材料的耐磨损性能明显提升，在 700~800℃温度范围内，其磨损率相较于 $ZrO_2(Y_2O_3)$-Mo 和 $ZrO_2(Y_2O_3)$-CuO 降低了两个数量级。$ZrO_2(Y_2O_3)$-Mo-CuO 复合材料的高温摩擦学性能的改善主要归因于所添加的 CuO 和 Mo 在高温摩擦过程中能够起到耐磨减磨的作用，生成了具有润滑作用的摩擦膜。

3. $ZrO_2(Y_2O_3)$-MoS_2-CaF_2 宽温域自润滑复合材料

为满足 ZrO_2 基陶瓷材料的工程应用，就需制备宽温域具有连续润滑性能的复合材料。复配润滑剂 CaF_2-MoS_2 时，所制备的复合材料在室温至 1000℃具有良好的摩擦学性能[77]。在室温至 600℃，$ZrO_2(Y_2O_3)$-MoS_2-CaF_2 复合材料与 $ZrO_2(Y_2O_3)$-MoS_2 复合材料的摩擦系数比较接近。但在 800~1000℃，$ZrO_2(Y_2O_3)$-MoS_2-CaF_2复合材料的摩擦系数比 $ZrO_2(Y_2O_3)$-MoS_2 复合材料的摩擦系数低得多。室温至 400℃时，$ZrO_2(Y_2O_3)$-MoS_2-CaF_2 复合材料的摩擦系数在 0.15~0.40；在 600℃时最大摩擦系数在 0.75~0.88；而在 800~1000℃时摩擦系数在 0.20~0.35。$ZrO_2(Y_2O_3)$-MoS_2-CaF_2 复合材料在 1000℃时摩擦系数随时间的变化曲线如图 6.8 所示，经跑合阶段后其摩擦系数较小且很平稳。同时，$ZrO_2(Y_2O_3)$-MoS_2-CaF_2 复合材料在室温至 1000℃的测试温度区间内耐磨损性能最好，在室温和 1000℃时磨损率分别为 $3.19×10^{-6}mm^3/(N·m)$ 和 $1.54×10^{-5}mm^3/(N·m)$。

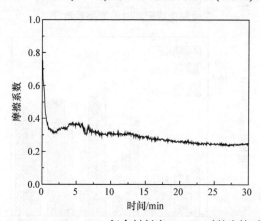

图 6.8　$ZrO_2(Y_2O_3)$-MoS_2-CaF_2复合材料在 1000℃时的摩擦系数曲线[77]

材料的摩擦学性能并不是其本身固有的性质，而摩擦副对其有重要影响。Al_2O_3、Si_3N_4 和 SiC 等通常应用于高温运动部件，因此研究其与 $ZrO_2(Y_2O_3)$-MoS_2-CaF_2复合材料的摩擦学性能具有重要的应用价值[78]。实验结果表明，复合材料与 Al_2O_3、Si_3N_4 和 SiC 三种陶瓷球配副时在室温至 400℃和 800~1000℃的摩擦系数差别不大(图 6.9)，但在 600℃与 Si_3N_4 和 SiC 配副时其摩擦系数较高(0.80~0.90)，而与 Al_2O_3 配副时摩擦系数在所测试温度范围内低于 0.40。复合材料与三种陶瓷配副时的磨损性能研究表明(图 6.10)，与 Al_2O_3 配副，$ZrO_2(Y_2O_3)$-MoS_2-CaF_2 复合材料在室温至 600℃的磨损率处于同一数量级($10^{-6}mm^3/(N \cdot m)$)；而与 Si_3N_4 和 SiC 配副，其磨损率增大了 20 多倍，其中与 SiC 配副时在 600℃的磨损率最高，然后磨损率随温度的升高而降低；1000℃时，与 SiC 配副的磨损率最低，为 $1.54 \times 10^{-5}mm^3/(N \cdot m)$。总体来看，室温至 600℃，复合材料与 Al_2O_3 配副时的磨损率最低；800~1000℃，与 SiC 配副的磨损率最低。

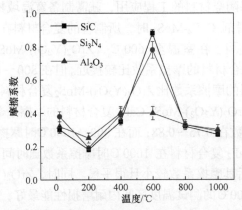

图 6.9 $ZrO_2(Y_2O_3)$ 基高温自润滑复合材料与 Al_2O_3、Si_3N_4 和 SiC 三种陶瓷球配副时的摩擦系数[78]

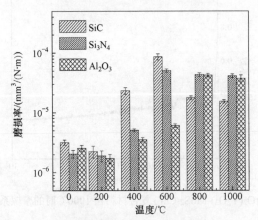

图 6.10 $ZrO_2(Y_2O_3)$-MoS_2-CaF_2 复合材料与 Al_2O_3、Si_3N_4 和 SiC 三种陶瓷配副时不同温度下的磨损率[78]

采用粉末冶金方法制备的 $ZrO_2(Y_2O_3)$-MoS_2-CaF_2 复合材料摩擦学性能研究表明[78]，与 Al_2O_3 陶瓷球配副时在室温至 1000℃表现出较低的摩擦系数和磨损率，

这主要是由于 MoS_2 可以在室温至 400℃ 为 ZrO_2 陶瓷提供润滑；在 800℃ 和 1000℃ 时优异的摩擦学性能得益于磨损表面生成 $CaMoO_4$ 和 CaF_2 的润滑作用；而与含 Si 元素材料配副时，600℃ 时其高的摩擦系数和磨损是由于磨损表面形成了 SiO_x，SiO_x 作为硬质磨屑对摩擦过程中生成的润滑膜具有破坏作用，其摩擦磨损性能恶化。

6.3.3　氮化硅基高温自润滑复合材料

Si_3N_4 陶瓷以其良好的力学性能、热稳定性以及低的热膨胀系数和高的导热系数，被认为是最具有发展前景的结构陶瓷之一。Sialon 陶瓷先后在日本的 Oyama[79] 和英国的 Jack 和 Wilson[80] 研究 Al_2O_3 对 Si_3N_4 的热震性能和烧结性能的影响规律时发现。其后经过众多研究人员的努力，Sialon 陶瓷得到了极大的丰富和完善。

尽管氮化硅基陶瓷(Si_3N_4 陶瓷及 Sialon 陶瓷)具有诸多优异的性能，被广泛应用于密封部件、发动机部件和高速切割刀具，但是在实际工况中应用时面临着严重的高温摩擦磨损问题[81,82]，因此有必要研发氮化硅基高温自润滑复合材料以满足其应用要求。

1. Si_3N_4-Ag 高温自润滑复合材料

氮化硅陶瓷在 600℃ 时其摩擦学系数为 $0.9 \sim 1.0$，磨损率高达到 $10^{-3}mm^3/(N \cdot m)$ 量级[83]。因此，改善 Si_3N_4 的高温摩擦学性能就显得非常重要。由于 Ag 的熔点较低，很难以直接添加的方式来制备 Si_3N_4-Ag 复合材料。选取 $AgNO_3$ 为其前驱体，通过放电等离子烧结，制备了 Si_3N_4-Ag 复合材料[83]。

摩擦试验表明，Ag 的添加可以显著改善 Si_3N_4 基复合材料的摩擦学性能。随着 Ag 含量的增加，摩擦系数显著降低。试样含质量分数为 15.2% 的 Ag 时，其在 25℃ 时摩擦系数比纯 Si_3N_4 降低了 14%；随着温度升高到 600℃，其摩擦系数为 0.59，降低了 37%。同时，对于所有试样，其摩擦系数均随温度的增加先降低后升高，在 200℃ 时，均表现出最低的摩擦系数。另一方面，当温度为 25℃ 时，含质量分数为 15.2% 的 Ag 的磨损率相较于纯的试样下降了一个数量级，从 $2.79 \times 10^{-5}mm^3/(N \cdot m)$ 降低到了 $1.79 \times 10^{-6}mm^3/(N \cdot m)$。随着温度的升高，陶瓷的力学性能不断恶化，磨损率也不断增加。值得注意的是，含 Ag 的 Si_3N_4 基复合材料的磨损率总是低于纯 Si_3N_4，这表明 Ag 的加入能够有效地改善复合材料的耐磨损性能。其良好的耐磨性能主要归因于 Ag 的润滑以及增韧作用。

2. Si_3N_4-$TiC_{0.3}N_{0.7}$ 高温复合材料

尽管在陶瓷基体中引入了具有润滑作用的 Ag 可有效地改善 Si_3N_4 陶瓷的高温摩擦学性能，但是极大地牺牲了基体的硬度。因此，制备具有良好综合性能的 Si_3N_4 基复合材料显得尤为重要。选用 Ti_3SiC_2 作为 $TiC_{0.3}N_{0.7}$ 的前驱体，来制备

Si_3N_4-$TiC_{0.3}N_{0.7}$ 复合材料。图 6.11(a)表明，Si_3N_4 在烧结过程中从 α 相转变为 β 相。同时，与纯 Si_3N_4 相比，其余样品中可以检测到 $TiC_{0.3}N_{0.7}$ 和 SiC 的衍射峰，并且它们的峰强随 Ti_3SiC_2 含量的增加而逐渐增强，表明 Ti_3SiC_2 在高温烧结过程中发生了高温分解，其分解产物与 Si_3N_4 发生反应生成 $TiC_{0.3}N_{0.7}$。此外，通过对局部衍射峰的放大，在复合材料中检测到另一种反应产物 SiC，如图 6.11(b)所示。为了探究可能的反应途径，图 6.11(c)所示为相关的反应机理示意图，整个的过程可以分为三个阶段：Ti_3SiC_2 的分解、$TiC_{0.3}N_{0.7}$ 的形成和 SiC 的形成。首先，随着烧结温度的升高，Ti_3SiC_2 逐渐分解，Si 原子从原有的层状结构中迁移出来，留下含有碳空位的 TiC_x 结构。随着温度的进一步升高，TiC_x 开始与 Si_3N_4 反应，N 原子迁入了 TiC_x 的晶格，并替换出少量的 C 原子，生成 $TiC_{0.3}N_{0.7}$。最后，这些替换出来的 C 原子与 Si 原子二次结晶，从而生成 SiC[84]。

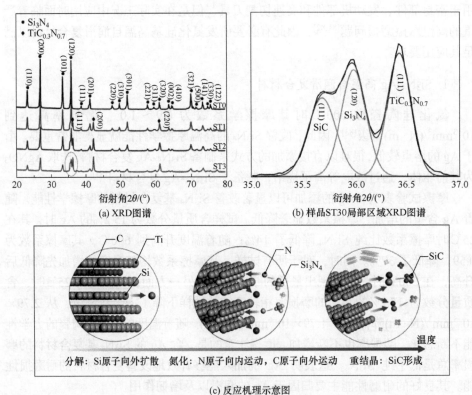

(a) XRD图谱 (b) 样品ST30局部区域XRD图谱

(c) 反应机理示意图

图 6.11 Si_3N_4-$TiC_{0.3}N_{0.7}$ 复合材料的 XRD 图谱、样品 ST30 局部区域的 XRD 图谱、反应机理示意图[84]

摩擦试验结果表明[84]，随着温度从 25℃上升到 900℃，纯 Si_3N_4 试样的摩擦系数从 0.44 增加到了 0.99，其摩擦学性能急剧恶化。但是，对于添加质量分数为

30%的 Ti_3SiC_2 的样品，其摩擦系数的变化与纯的试样呈相反趋势，从 0.57 下降到了 0.43。这一结果表明，$TiC_{0.3}N_{0.7}$ 的引入可以起到一定的减摩作用。随着温度的升高，试样的高温机械性能恶化，使得纯样品的磨损率上升了两个数量级，从 25℃时的 $1.17×10^{-5}mm^3/(N·m)$ 增加到 900℃时的 $1.15×10^{-3}mm^3/(N·m)$。但是，随着 $TiC_{0.3}N_{0.7}$ 的加入，这种情况发生了明显的改变。特别是添加质量分数为 30%的 Ti_3SiC_2 的试样在 900℃时，相较于纯样品，其磨损率甚至降低了三个数量级，低至 $6.46×10^{-6}mm^3/(N·m)$。Si_3N_4-$TiC_{0.3}N_{0.7}$ 复合材料摩擦学性能的改善主要得益于力学性能的改善和高温摩擦过程中生成了具有减摩耐磨作用的摩擦膜。

3. Sialon-Cu 高温润滑复合材料

Sialon 陶瓷优异的力学性能，良好的化学稳定性、耐高温性能和低密度等性能，使其具有广泛的应用前景。然而，Sialon 陶瓷较差的韧性和高温摩擦学性能，限制了其广泛应用。宽温域 Sialon 陶瓷摩擦学行为研究结果表明，Sialon 陶瓷具有较差的高温摩擦学性能，其摩擦系数和磨损率分别为 0.7~0.95 和 $10^{-4}mm^3/(N·m)$[85,86]。这主要是由于 Sialon 陶瓷在高温下不具有自润滑性能。因此，设计和制备在高温下具有润滑性能的 Sialon 陶瓷复合材料具有重要的意义。

通过研究 Sialon-Cu 复合材料，发现掺杂铜可以有效地改善其高温下的摩擦学性能。实验结果表明[87]，当温度为 600℃时，铜质量分数为 10%的试样的摩擦系数最大为 0.95，而其他试样的摩擦系数没有明显的差别为 0.8 左右。然而，随着测试温度升高至 800℃和 900℃时，铜质量分数为 20%和 30%时的摩擦系数显著低于纯的 Sialon 试样；并且摩擦系数在滑动过程中较为平稳，表现出优异的自润滑性能；特别是当温度为 900℃、铜质量分数为 30%时，摩擦系数低至 0.56，比纯试样降低了 27.3%。摩擦系数的差别主要归因于以下两个方面：一方面，尽管复合材料含有较高的铜，但是在较低温度下仍然不能实现有效的润滑；另一方面，铜含量较低时，复合材料在所测试温度下其摩擦系数均较高。因此，铜掺杂 β-Sialon 陶瓷复合材料的润滑性能归因于铜含量与温度的协同效应。

当铜质量分数低于 10%时，试样的磨损率随着温度的升高而增大，这主要是在高温摩擦过程中所产生的热应力和材料软化导致的[88]。然而，铜质量分数高于 20%时，试样的磨损率随温度的升高而降低。因此，掺杂铜粉能够有效地改善 β-Sialon 陶瓷复合材料的耐磨损性能。尤其是当铜质量分数高于 10%、测试温度为 900℃时，β-Sialon 陶瓷复合材料的磨损率相较于基体降低了两个数量级。这种低的摩擦磨损与铜掺杂 β-Sialon 陶瓷复合材料在高温摩擦过程中发生了摩擦化学反应，生成具有润滑作用的 CuO 摩擦膜有相关。

4. Sialon-Cu(C)宽温域自润滑复合材料

通过调控掺杂的铜含量,成功制备了在高温下具有自润滑性能的 β-Sialon 陶瓷复合材料。然而,在 600℃以下时复合材料不具有润滑性能,摩擦系数仍然相对较高。因此,设计并制备在宽温域具有润滑性能的 β-Sialon 陶瓷复合材料有非常重要的意义。众所周知,石墨可以有效地改善材料在较低温度下的摩擦学性能,然而石墨与基体之间较差的界面结合严重地降低了材料的力学性能;同时石墨在高温下易于氧化而使其丧失润滑作用。因此,基于前面的实验结果,通过调控铜包石墨的含量,期望设计制备出一种与基体界面结合良好的在宽温域下具有自润滑性能的β-Sialon 陶瓷复合材料。

实验结果表明[89],通过添加铜包石墨可以有效改善 Sialon 陶瓷复合材料的摩擦学性能。当铜包石墨的质量分数增加至 30%和 40%时,试样在室温至 600℃展现出良好的润滑性能。特别是铜包石墨的质量分数为 40%时,在 600℃下其摩擦系数低至 0.5,相较于纯 Sialon 陶瓷试样降低了 37.5%。当实验温度升高至 800℃时,掺杂了铜包石墨试样的摩擦系数均高于纯 Sialon 陶瓷试样。这主要是由于800℃下石墨的严重氧化使其具有较高的摩擦系数[90,91]。与此同时,通过掺杂铜包石墨可以有效地改善 β-Sialon 陶瓷复合材料的高温耐磨损性能,特别是当温度为200~600℃时,相较于纯试样,β-Sialon 陶瓷复合材料的磨损率下降了 5~10 倍。这主要归因于铜包石墨的润滑作用以及 Cu-Si 合金的耐磨作用。通过以上的研究可以发现,调控铜包石墨的含量可以实现 β-Sialon 陶瓷复合材料在室温至 600℃的宽温域范围内的连续润滑。

5. Sialon-TiN 复合材料

通过前面的研究发现,掺杂铜和铜包石墨均可以改善 β-Sialon 陶瓷特定温度下的摩擦学性能,但是会降低复合材料的硬度。因此,制备在宽温域综合性能良好的 Sialon 复合材料就显得尤为重要。

通过调控 TiN 含量,制备的 Sialon-TiN 复合材料的摩擦试验结果表明[92],纯Sialon 试样的平均摩擦系数在室温至 200℃时从 0.45 升高到 0.82,然后在 400℃时升至 0.85,随后随着温度的进一步升高逐渐下降。然而,掺杂 TiN 试样的摩擦系数随温度的变化趋势与纯试样的完全不同,其摩擦系数在室温至 800℃的宽温域内明显低于纯试样。其中,TiN 添加质量分数为 10%的试样在 200~400℃时的摩擦系数最小(0.3~0.4),在 400℃时其摩擦系数比纯试样低 58.6%。而当测试温度为 600~800℃时,TiN 添加质量分数为 30%的试样的摩擦系数最小。与此同时,所有试样在室温时的摩擦系数都没有明显的区别,平均摩擦系数在 0.45~0.55之间。

TiN 含量和测试温度对复合材料的磨损率也有重要的影响。β-Sialon 陶瓷复合材料在室温时具有良好的耐磨损性能。然而，随着温度的升高，纯试样的耐磨损性能明显下降，磨损率逐渐升高，而 TiN 的掺杂可以有效地改善复合材料的耐磨损性能。当温度为 200～400℃时，掺杂 TiN 的复合材料的磨损率相较于纯试样降低了一个数量级。当测试温度为 400～800℃时，添加 TiN 试样的磨损率随着温度的升高先增大后降低，并且在 600℃时磨损率最大。这主要与摩擦过程中发生了摩擦化学反应有关。此外，相较于其他试样，TiN 添加质量分数为 30%的试样在室温至 800℃宽温域内具有最优的耐磨损性能。Sialon-TiN 复合材料在宽温域良好的耐磨损性能是优异的力学性能与高温下发生的摩擦化学反应的协同作用所致。

6.3.4 碳化硅基高温自润滑复合材料

在众多的陶瓷材料中，碳化硅陶瓷材料具有强度高、硬度高、抗氧化、耐腐蚀、热导率大、热膨胀系数小、抗辐射、抗热震等优异的性能，在精密轴承、机械密封、切削工具、热交换器等零部件具有广泛的应用前景，并且已被国际上确定为自金属、氧化铝、硬质合金以来的第四代基本材料。虽然碳化硅陶瓷具有诸多优异的性能，但是其摩擦学性能仍然难以满足宽温域自润滑性能的要求。目前对碳化硅的高温摩擦学研究主要集中在碳化硅及其复相陶瓷的摩擦磨损性能方面，缺乏在类似极端工况条件下碳化硅与润滑相复配的摩擦学行为研究。

1. 高温润滑相和辅助相与碳化硅陶瓷的摩擦学相容性研究

关于碳化硅基高温固体润滑材料方面的研究尚处于初级阶段，仅有少数几篇报道。添加 TiC 和 TiB$_2$ 的碳化硅基复合材料的摩擦学性能研究表明[93]，在室温时，SiC-TiC 复合材料自配副的摩擦系数比 SiC 自配副的摩擦系数低一半，为 0.2～0.3，且磨损率低于 10^{-6}mm^3/(N·m)，但在 400℃时其摩擦系数为 0.8 左右，磨损率达到 10^{-5}mm^3/(N·m)量级；对于 SiC-TiB$_2$ 复合材料，在 400℃时，TiB$_2$ 的添加未能有效改善 SiC 的摩擦系数。关于碳化硅基高温自润滑复合材料的研究还较少，BN、TiC 以及 TiB$_2$ 的添加可以在特定温度对碳化硅陶瓷的摩擦学性能有一定的改善，但尚未达到自润滑材料的要求[93,94]。因此，高温润滑相和辅助相对碳化硅陶瓷摩擦学性能的影响尚需进一步研究。

采用热压烧结的方法制备的 SiC-Mo-CaF$_2$ 固体润滑复合材料在室温、800℃和1000℃具有较低的摩擦系数，通过调控 CaF$_2$ 和 Mo 的含量，能够有效地改善其摩擦学性能。特别是 SiC-40%CaF$_2$-20%Mo(质量分数)复合材料在 1000℃时其摩擦系数低至 0.17，磨损率可以降低一个数量级。但是在 400℃时，复合材料的摩擦系数仍然较高(高达 1.0 左右)，且磨损严重。这主要是由于在高温摩擦过程中，在摩擦表面，Mo 与 CaF$_2$ 发生摩擦化学反应生成的具有润滑作用的 CaMoO$_4$，以及与材料中原有的 CaF$_2$ 起到协同润滑作用，使得在摩擦表面形成了连续的润滑膜而起到减摩和耐磨作用；而在较低温度时不能实现有效的润滑。

2. 低温和高温润滑相的协同润滑作用研究

单一的固体润滑剂很难实现复合材料从室温到 1000℃具有良好的润滑性能，而多种固体润滑剂的复配则有可能达到这一目标。为此，研究中低温润滑剂 MoS$_2$ 与高温润滑剂 CaF$_2$ 的复合润滑方式对 SiC 陶瓷在宽温域摩擦摩擦学性能就显得非常重要[95]。研究发现，通过添加 MoS$_2$，可以有效地改善 SiC 基复合材料自配副时在大气环境和真空环境下中低温范围内的摩擦学性能，特别是在 400℃时，40%SiC-10%Mo-30%MoS$_2$-20%CaF$_2$(质量分数)复合材料的摩擦系数在 0.1 左右，磨损率为 10^{-5}mm^3/(N·m)量级。其优异的摩擦学性能主要归因于在高温摩擦过程中生成了具有优异的润滑性能的钼酸盐。然而，在更高温度时其摩擦学性能较差，摩擦系数在 0.55～0.8，磨损率在 10^{-5}mm^3/(N·m)量级，主要是由于 SiO$_2$ 的生成恶化了材料的摩擦性能。然而，40%SiC-10%Mo-30%MoS$_2$-20%CaF$_2$ 复合材料与 Al$_2$O$_3$ 配副时，在室温至 1000℃表现出优异的润滑性能，摩擦系数为 0.1～0.4，磨损率为 $0.24×10^{-5}$～$2.52×10^{-5}$mm^3/(N·m)。

6.3.5 其他陶瓷基高温自润滑复合材料

1. 氧化铝基高温自润滑复合材料

氧化铝陶瓷因密度低、抗氧化性强且高温强度好等优点在高温摩擦领域具有很大的应用潜力。研究氧化铝基高温自润滑材料以满足其在高温下作为机械运动部件的应用要求具有重要的意义。

已有研究表明，通过添加固体润滑剂可以有效地改善 Al$_2$O$_3$ 基复合材料的摩擦学性能，如表 6.3 所示。通过热压烧结制备的三种 Al$_2$O$_3$ 基复合材料 Al$_2$O$_3$-50%CaF$_2$、Al$_2$O$_3$-20%Ag-20%CaF$_2$ 和 Al$_2$O$_3$-10%Ag-20CaF$_2$(质量分数)[96,97]，与氧化铝对偶的栓盘式实验表明，在 200～650℃，固体润滑剂 Ag 和 CaF$_2$ 的加入能够有效地降低氧化铝的摩擦磨损。这主要是在摩擦过程中 Ag 和 CaF$_2$ 易于发生塑性变形，在摩擦表面形成润滑膜所致。然而，在室温和高温 800℃时，栓和盘的磨损率却没有得到改善，特别是在 800℃时，润滑膜的破裂使其摩擦磨损性能严重恶化，磨损机理由氧化铝陶瓷的塑性变形转变为脆性断裂。与此同时，添加适量的助烧剂能够提高复合材料的烧结致密度，并以此来改善其摩擦学性能。通过对助烧剂含量以及润滑组元含量的优化，在 650℃时，所制备的 Al$_2$O$_3$-20%Ag-20%CaF$_2$-10%助烧剂(质量分数)复合材料具有最好的摩擦磨损性能：摩擦系数为

0.3，磨损率为 $4 \times 10^{-6} \text{mm}^3/(\text{N} \cdot \text{m})$。

其他固体润滑剂复配的 Al_2O_3 基自润滑复合材料也得到研究，如表 6.3 所示[98,99]。通过添加 BaF_2 和 CaF_2 所制备的 Al_2O_3-31%BaF_2-19%CaF_2(质量分数)可实现 25～800℃的自润滑，其摩擦系数为 0.3～0.4，并且磨损率在 600℃最低[98]。通过添加 $BaSO_4$、Ag、$SrSO_4$、$PbSO_4$ 和 $BaCrO_4$ 等研究发现[99]，Al_2O_3-50%$BaSO_4$-20%Ag(质量分数)在 200～800℃的摩擦系数最低，这主要是由于高于 200℃时磨损表面生成含 Ag 的润滑膜。Al_2O_3 基体中添加 $SrSO_4$、$PbSO_4$ 和 $BaSO_4$ 时在 800℃的摩擦系数差别不大（约 0.3），而添加 $BaCrO_4$ 的摩擦系数最大为 0.4 左右。与此同时，添加 SiO_2 没有明显提高 Al_2O_3-50%$BaSO_4$(质量分数)复合材料的致密度和硬度。

表 6.3　Al_2O_3 基复合材料在不同实验条件下的摩擦系数和磨损率

摩擦副	温度/℃	载荷/N	速度/(m/s)	摩擦系数	磨损率/(mm³/(N·m))
Al_2O_3-Al_2O_3[96]	25～800	10	0.168	0.6～1.1	10^{-3}～10^{-6}
Al_2O_3/CaF_2-Al_2O_3[96]	25～800	10	0.168	0.4～0.8	10^{-4}～10^{-6}
Al_2O_3/Ag/CaF_2-Al_2O_3[96]	25～800	10	0.168	0.4～0.6	10^{-5}～10^{-6}
Al_2O_3/Ag/CaF_2/助烧剂-Al_2O_3[97]	650	10	0.168	0.3	4×10^{-6}
Al_2O_3/CaF_2-Al_2O_3[98]	25～800	4.9	1	0.3～0.5	10^{-5}(600℃)
Al_2O_3/SrF_2-Al_2O_3[98]	25～800	4.9	1	0.3～0.6	10^{-5}(600℃)
Al_2O_3/BaF_2/CaF_2-Al_2O_3[98]	25～800	4.9	1	0.3～0.4	10^{-5}(600℃)
Al_2O_3/$BaSO_4$/Ag-Al_2O_3[99]	25～800	4.9	1	0.2～0.4	10^{-3}～10^{-5}
Al_2O_3/$SrSO_4$-Al_2O_3[99]	25～800	4.9	1	0.3～0.5	10^{-3}～10^{-4}
Al_2O_3/$PbSO_4$/SiO_2-Al_2O_3[99]	25～800	4.9	1	0.3～0.4	10^{-4}
Al_2O_3/$BaSO_4$-Al_2O_3[99]	25～800	4.9	1	0.3～0.4	10^{-2}～10^{-4}
Al_2O_3/$BaCrO_4$-Al_2O_3[99]	25～800	4.9	1	0.3～0.45	10^{-3}～10^{-5}
Al_2O_3-Al_2O_3[102]	800	70	0.4	1.0	
Al_2O_3/Mo-Al_2O_3[102]	800	70	0.4	0.4	
Al_2O_3/MoS_2/$BaSO_4$-Al_2O_3[103]	25～800	70	1.4	0.2～0.48	

为兼顾 Al_2O_3 陶瓷材料的自润滑性能和力学性能，通过引入多次级层状结构，结合仿生结构和自润滑复合陶瓷制备具有仿生多层陶瓷自润滑复合材料，可以实现陶瓷的结构/功能一体化[100-102]。通过铺层法所制备的 Al_2O_3/Mo 复合材料，相较于单相的块体材料，其断裂韧性高达 $9.14\text{MPa} \cdot \text{m}^{1/2}$，提高了 60%；摩擦系数在 800℃低至 0.4 左右[102]。通过优化层状结构所制备的 Al_2O_3/MoS_2-$BaSO_4$ 复合材料在 25～800℃展现出优异的摩擦学性能，其摩擦系数在 0.2～0.48，相较于单相块体材料降低了 0.24～0.44 倍[103]。

2. MAX 相基高温自润滑复合材料

近年来，一种新型的 $M_{n+1}AX_n$ 相陶瓷引起了学者的广泛关注。$M_{n+1}AX_n$ 相陶瓷(简称 MAX 相)是一类三元层状化合物，其中 M 代表一类前期过渡金属，A 代表第Ⅲ或Ⅳ主族元素，X 代表碳或氮元素。根据 n 值的不同，可以将 $M_{n+1}AX_n$ 相陶瓷分为 211、312、413 相等。MAX 相陶瓷兼具金属和陶瓷的优异性能，既具备类似金属的良好的导电导热性、抗热震和可机械加工等特点，同时还具备类似陶瓷的耐高温、抗氧化、耐腐蚀和高模量等特点。

由于具有较好的综合性能和特殊的层状结构，MAX 相陶瓷被认为有可能作为固体润滑材料或润滑添加剂而存在广泛的应用。早在 1996 年，Barsoum 等首次报道了 Ti_3SiC_2 陶瓷可能具有自润滑性[104]；随后，Myhra 和 Crossley 等利用侧向力显微镜对 Ti_3SiC_2 陶瓷的摩擦学性能进行了研究，发现其基平面有着非常低的摩擦系数 $(\mu \leqslant 5\times10^{-3})$ [105,106]。不同 MAX 相陶瓷在不同实验条件下的高温摩擦学性能如表 6.4 所示。在 550℃，MAX 相陶瓷与镍基超合金配副在摩擦表面有氧化转移膜生成，转移膜由 Ni 基超合金的氧化物组成，能够起到润滑作用[107,108]。高温条件下，Ta_2AlC、Ti_2AlC、Cr_2AlC 和 Ti_3SiC_2 陶瓷与 Al_2O_3 配副时，能够在 MAX 相陶瓷摩擦表面形成由 M 和 A 元素氧化物组成的非晶摩擦氧化膜，Ti、Cr 和 Al 的氧化物在高温下是良好的润滑剂，能够起到有效的耐磨减摩作用[109]。当 Ti_2SC 陶瓷与 Al_2O_3 配副时，能够在室温到 550℃实现连续润滑，这是由于摩擦过程中在 Ti_2SC-Al_2O_3 摩擦副表面能够形成非晶润滑氧化膜，起到宽温域连续润滑作用[110]。

表 6.4 不同 MAX 相陶瓷在不同实验条件下的摩擦系数和磨损率

摩擦副	温度/℃	载荷/N	速度/(m/s)	摩擦系数	磨损率/(mm³/(N·m))
Ti_2AlC-Inc718[107]	25~550	3	1	0.4~0.5	10^{-6}~10^{-4}
Ti_2AlN-Inc718[107]	25~550	3	1	0.4~0.8	10^{-5}~10^{-2}
Ti_4AlN_3-Inc718[107]	25~550	3	1	0.6~0.8	10^{-5}~10^{-2}
Cr_2AlC-Inc718[107]	25~550	3	1	0.3~0.6	10^{-6}~10^{-3}
Ta_2AlC-Inc718[107]	25~550	3	1	0.4~0.5	10^{-6}~10^{-2}
Cr_2GeC-Inc600 [107]	25~550	3	1	0.5	10^{-6}~10^{-3}
Cr_2GaC-Inc600[107]	25~550	3	1	0.35~0.4	10^{-6}~10^{-2}
Ti_2SnC-Inc600[107]	25	3	1	0.63	8×10^{-3}
Nb_2SnC-Inc600[107]	25	3	1	0.63	1.5×10^{-2}
Ti_3SiC_2-Inc718[107,108]	25~800	3	1	0.37~0.71	10^{-6}~10^{-2}
Ta_2AlC-Al_2O_3[109]	550	3	1	0.92	$\leqslant 10^{-6}$
Ti_2AlC-Al_2O_3[109]	550	3	1	0.62	$\leqslant 1\times10^{-6}$
Cr_2AlC-Al_2O_3[109]	550	3	1	0.44	6×10^{-5}

续表

摩擦副	温度/℃	载荷/N	速度/(m/s)	摩擦系数	磨损率/(mm³/(N·m))
Ti₃SiC₂-Al₂O₃[109]	550	3	1	0.36	2.5×10^{-4}
Ti₂SC-Inc718[110]	26～550	3	1	0.3～0.6	$10^{-5} \sim 10^{-4}$
Ti₂SC-Al₂O₃[110]	26～550	3	1	0.3～0.5	$5 \times 10^{-5} \sim 7 \times 10^{-5}$
Ta₂AlC/Ag-Inc718[111-113]	26～550	3～18	1	0.29～0.6	$<5 \times 10^{-5}$
Ta₂AlC/Ag-Al₂O₃[111-113]	26～50	3～18	1	0.39～0.45	$3 \sim 60 \times 10^{-5}$
Cr₂AlC/Ag-Inc718[111-113]	26～550	3～18	1	0.41～0.8	$7 \times 10^{-5} \sim 10 \times 10^{-5}$

　　此外，通过将 Ta₂AlC 和 Cr₂AlC 与 Ag 复合，可以制备高性能的 MAX-Ag 耐磨复合材料[111-113]。当 Ag 的体积分数为 20%时，Ta₂AlC-Ag 和 Cr₂AlC-Ag 复合材料表现出优异的综合性能。室温下，两种复合材料的拉伸强度均大于 150MPa，压缩强度均大于 1.5GPa；550℃时拉伸强度大于 100MPa。在热循环试验条件下，MAX/Ag-Inc718 摩擦副的摩擦学性能随着滑行距离的增加而趋于稳定，当与 Al₂O₃ 对磨时，MAX-Ag 复合材料的磨损率随温度升高而增加。通过能谱分析 (EDS)可知，在高温等热和热循环条件下，由于反复摩擦氧化等因素造成的摩擦化学和摩擦物理作用，在摩擦表面形成了较厚且压实的釉质润滑摩擦膜，对基体具有良好的黏附和润滑特性。对于 Ta₂AlC-Ag 复合材料，其磨损率随着载荷的增加而增加，Cr₂AlC-Ag 复合材料的磨损率随载荷变化不大，表面预处理是提高 MAX/Ag-镍基超合金摩擦副摩擦学性能的有效手段。

参 考 文 献

[1] 郭建亭. 高温合金材料学[M]. 北京: 科学出版社, 2008.

[2] Zhen J M, Li F, Zhu S Y, et al. Friction and wear behavior of nickel-alloy-based high temperature self-lubricating composites against Si₃N₄ and Inconel 718[J]. Tribology International, 2014, 75: 1-9.

[3] 甄金明, 李斐, 朱圣宇, 等. Ti 对镍基高温自润滑复合材料力学和摩擦学性能的影响[J]. 摩擦学学报, 2014, 34: 1-7.

[4] 熊党生, 葛世荣, 李丽娅, 等. Ni-Cr-Mo-Al-Ti-B-MoS₂ 系合金高温摩擦学特性的研究[J]. 摩擦学学报, 1999, 19: 316-321.

[5] 刘如铁. 镍基高温及耐海水腐蚀固体自润滑减摩材料的研究[D]. 长沙: 中南大学, 2006.

[6] 刘如铁, 李溪滨, 熊党生, 等. 一种镍基高温自润滑材料摩擦学特性的研究[J]. 中南工业大学学报, 2000, 31: 260-263.

[7] 刘如铁, 李溪滨, 熊拥军, 等. 二硫化钼添加方式对 Ni-Cr 基高温自润滑材料性能的影响[J]. 材料工程, 2005, 7: 7-10.

[8] Liu Z M, Zhou Y, Zhang Y B, et al. The study of self-lubricating sintered nickel matrix material

and its applications[J]. Tribology Series, 2003, 41: 217-223.

[9] Ouyang J H, Shi C C, Liu Z G, et al. Fabrication and high-temperature tribological properties of self-lubricating NiCr-BaMoO4 composites[J]. Wear, 2015, 330-331: 272-279.

[10] Liang X S, Ouyang J H, Liu Z G, et al. Friction and wear characteristics of BaCr2O4 ceramics at elevated temperatures in sliding against sintered alumina ball[J]. Tribology Letters, 2012, 47: 203-209.

[11] Liu F, Yi G W, Wang W Z, et al. The influence of SrSO4 on the tribological properties of NiCr-Al2O3 cermet at elevated temperatures[J]. Ceramics International, 2014, 40: 2799-2807.

[12] Liu F, Yi G W, Wang W Z, et al. Tribological properties of NiCr-Al2O3 cermet-based composites with addition of multiple-lubricants at elevated temperatures[J]. Tribology International, 2013, 67: 164-173.

[13] Liu F, Jia J H. Tribological properties and wear mechanisms of NiCr-Al2O3-SrSO4-Ag self-lubricating composites at elevated temperatures[J]. Tribology Letters, 2012, 49: 281-290.

[14] Liu E Y, Wang W Z, Gao Y M, et al. Tribological properties of Ni-based self-lubricating composites with addition of silver and molybdenum disulfide[J]. Tribology International, 2013, 57: 235-241.

[15] Mulligan C P, Blanchet T A, Gall D. CrN-Ag nanocomposite coatings: High-temperature tribological response[J]. Wear, 2010, 269: 125-131.

[16] Dellacorte C, Sliney H E. Tribological properties of PM212-A high-temperature, self-lubricating, powder-metallurgy composite[J]. Lubrication Engineering, 1991, 47: 298-303.

[17] Dellacorte C, Sliney H E. Tribological and mechanical comparison of sintered and HIPped PM212: high temperature self-lubricating composites[J]. Lubrication Engineering, 1992, 48: 877-885.

[18] Striebing D R, Stanford M K, DellaCorte C, et al. Tribological Performance of PM300 Solid Lubricant Bushings for High Temperature Applications[R]. NASA/TM-214819, 2007.

[19] Ding C H, Li L, Ran G, et al. Tribological property of self-lubricating PM304 composite[J]. Wear, 2007, 262: 575-581.

[20] Ding C H, Yang Z M, Zhang H T, et al. Microstructure and tensile strength of PM304 composite[J]. Composites: Part A, 2007, 38: 348-352.

[21] Li F, Cheng J, Qiao Z H, et al. A nickel-alloy-based high-temperature self-Lubricating composite with simultaneously superior lubricity and high strength[J]. Tribology Letters, 2013, 49: 573-577.

[22] 郭俊德, 何世权, 马文林, 等. Fe-Mo-Ni-Cu-石墨高温自润滑复合材料的摩擦学性能研究[J]. 摩擦学学报, 2014, 34: 617-622.

[23] 马文林, 陆龙, 郭鸿儒, 等. Fe-Mo-石墨和 Fe-Mo-Ni-石墨的高温摩擦磨损行为[J]. 摩擦学学报, 2013, 33: 475-480.

[24] 韩杰胜, 王静波, 张树伟, 等. Fe-Mo-CaF2高温自润滑材料的摩擦学特性研究[J]. 摩擦学学报, 2003, 23: 306-310.

[25] Han J S, Jia J H, Lu J J, et al. High temperature tribological characteristics of Fe-Mo-based self-lubricating composites[J]. Tribology Letters, 2009, 34: 193-200.

[26] 郭志成, 李长生, 唐华, 等. Fe-Ni 基高温自润滑复合材料摩擦磨损特性研究[J]. 摩擦学学

报, 2013, 33: 253-261.

[27] 韩杰胜, 刘维民, 吕晋军, 等. Fe-Mo-(MoS₂/PbO)高温自润滑材料的摩擦学特性[J]. 材料科学与工程学报, 2008, 26: 118-120.

[28] 尹延国, 刘君武, 郑治祥, 等. 石墨对铜基自润滑材料高温摩擦磨损性能的影响[J]. 摩擦学学报, 2005, 25: 216-220.

[29] 付传起, 孙俊才, 王宙, 等. 感应烧结石墨/铜铁基高温自润滑复合材料摩擦学性能研究[J]. 功能材料, 2010, 10: 1757-1761.

[30] 王静波, 吕晋军, 宁莉萍, 等. 锡青铜基自润滑材料的摩擦学特性研究[J]. 摩擦学学报, 2001, 21: 111-114.

[31] Zhan Y, Zhang G. The role of graphite particles in the high-temperature wear of copper hybrid composites against steel[J]. Materials and Design, 2006, 27: 79-84.

[32] Cui G J, Han J R, Wu G X. High-temperature wear behavior of self-lubricating Co matrix alloys prepared by P/M[J]. Wear, 2016, 346-347: 116-123.

[33] Yuan J, Zhu Y, Ji H, et al. Microstructures and tribological properties of plasma sprayed WC-Co-Cu-BaF₂/CaF₂ self-lubricating wear resistant coatings[J]. Applied Surface Science, 2010, 256: 4938-4944.

[34] 曹晓明, 武建军, 温鸣. 先进结构材料[M]. 北京: 化学工业出版社, 2005.

[35] 张永刚, 韩雅芳, 陈国良, 等. 金属间化合物结构材料[M]. 北京: 国防工业出版社, 2001.

[36] Deevi S C, Sikkat V K, Liu C T. Processing, properties, and applications of nickel and iron aluminides[J]. Progress in Materials Science, 1991, 42: 177-192.

[37] Yamaguchi M, Inui H, Ito K. High temperature structural intermetallics[J]. Acta Materialia, 2000, 48: 307-322.

[38] Czeppe T, Wierzbinski S. Structure and mechanical properties of NiAl and Ni₃Al-based alloys[J]. International Journal of Mechanical Sciences, 2000, 42: 1499-1518.

[39] Sikka V K, Deevi S C, Viswanathan S, et al. Advances in processing of Ni₃Al-based intermetallics and applications[J]. Intermetallics, 2000, 8: 1329-1337.

[40] Zhu S Y, Bi Q L, Yang J, et al. Ni₃Al matrix high temperature self-lubricating composites[J]. Tribology International, 2011, 44: 445-453.

[41] Zhu S Y, Bi Q L, Yang J, et al. Tribological property of Ni₃Al matrix composites with addition of BaMoO₄[J]. Tribology Letters, 2011, 43: 55-63.

[42] Zhu S Y, Bi Q L, Kong L Q, et al. Barium chromate as a solid lubricant for nickel aluminum[J]. Tribology Transactions, 2012, 55: 218-223.

[43] Zhu S Y, Bi Q L, Yang J, et al. Effect of particle size on tribological behavior of Ni₃Al matrix high temperature self-lubricating composites[J]. Tribology International, 2011, 44: 1800-1809.

[44] Zhu S Y, Bi Q L, Yang J, et al. Effect of fluoride content on friction and wear performance of Ni₃Al matrix high temperature self-lubricating composites[J]. Tribology Letters, 2011, 43: 341-349.

[45] Zhu S Y, Bi Q L, Yang J, et al. Influence of Cr content on tribological properties of Ni₃Al matrix high temperature self-lubricating composites[J]. Tribology International, 2011, 44: 1182-1187.

[46] Shi X L, Song S Y, Zhai W Z, et al. Tribological behavior of Ni₃Al matrix self-lubricating

composites containing WS₂, Ag and hBN tested from room temperature to 800℃[J]. Materials and Design, 2014, 55: 75-84.

[47] Xiao Y C, Shi X L, Zhai W Z, et al. Effect of temperature on tribological properties and wear mechanisms of NiAl matrix self-lubricating composites containing graphene nanoplatelets[J]. Tribology Transactions, 2015, 58: 729-735.

[48] Zhai W Z, Shi X L, Xu Z S, et al. Effect of Ti₃SiC₂ content on tribological behavior of Ni₃Al matrix self-lubricating composites from 25 to 800℃[J]. Journal of Materials Engineering and Performance, 2014, 23: 1374-1385.

[49] Zhai W Z, Shi X L, Yao J, et al. Synergetic lubricating effect of WS₂ and Ti₃SiC₂ on tribological properties of Ni₃Al matrix composites at elevated temperatures[J]. Tribology Transactions, 2015, 58: 454-466.

[50] Zhu S Y, Bi Q L, Niu M Y, et al. Tribological behavior of NiAl matrix composites with addition of oxides at high temperatures[J]. Wear, 2012, 274-275: 423-434.

[51] Zhu S Y, Cheng J, Qiao Z H, et al. High temperature lubricating behavior of NiAl matrix composites with addition of CuO[J]. Journal of Tribology, 2016, 138: 031607.

[52] Zhu S Y, Bi Q L, Wu H R, et al. NiAl matrix high temperature self-lubricating composite[J]. Tribology Letters, 2011, 41: 535-540.

[53] Zhu S Y, Kong L Q, Li F, et al. NiAl matrix self-lubricating composite at a wide temperature range[J]. Journal of Tribology, 2015, 137: 021301.

[54] Liu E Y, Gao Y M, Bai Y P, et al. Tribological properties of self-lubricating NiAl/Mo-based composites containing AgVO₃ nanowires[J]. Materials Characterization, 2014, 97: 116-124.

[55] 杨丽颖. 高温自润滑 TiAl 基合金的制备及其性能研究[D]. 武汉: 武汉理工大学, 2008.

[56] Shi X L, Xu Z S, Wang M, et al. Tribological behavior of TiAl matrix self-lubricating composites containing silver from 25 to 800℃[J]. Wear, 2013, 303: 486-494.

[57] Shi X L, Yao J, Xu Z S, et al. Tribological performance of TiAl matrix self-lubricating composites containing Ag, Ti₃SiC₂ and BaF₂/CaF₂ tested from room temperature to 600℃[J]. Materials and Design, 2014, 53: 620-633.

[58] Xu Z S, Zhang Q X, Jing P X, et al. High-temperature tribological performance of TiAl matrix composites reinforced by multilayer graphene[J]. Tribology Letters, 2015, 58: 1-9.

[59] Xu Z, Shi X, Zhang Q, et al. Wear and Friction of TiAl Matrix Self-Lubricating Composites against Si₃N₄ in Air at Room and Elevated Temperatures[J]. Tribology Transactions, 2014, 57: 1017-1027.

[60] Yao J, Shi X, Zhai W, et al. Effect of TiB₂ on tribological properties of TiAl self-lubricating composites containing Ag at elevated temperature[J]. Journal of Materials Engineering and Performance, 2015, 24: 307-318.

[61] Sharma G, Limaye P K, Ramanujan R V, et al. Dry-sliding wear studies of Fe₃Al-ordered intermetallic alloy[J]. Materials Science and Engineering: A, 2004, 386: 408-414.

[62] Sharma G, Limaye P K, Sundararaman M, et al. Wear resistance of Fe-28Al-3Cr intermetallic alloy under wet conditions[J]. Materials Letters, 2007, 61: 3345-3348.

[63] Kim Y S, Song J H, Chang Y W. Erosion behavior of Fe-Al intermetallic alloys[J]. Scripta

Materialia, 1997, 36: 829-834.

[64] Kim Y S, Kim Y H. Sliding wear behavior of Fe₃Al-based alloys[J]. Materials Science and Engineering: A, 1998, 258: 319-324.

[65] Zhang X H, Cheng J, Niu M Y, et al. Microstructure and high temperature tribological behavior of Fe₃Al-Ba₀.₂₅Sr₀.₇₅SO₄ self-lubricating composites[J]. Tribology International, 2016, 101: 81-87.

[66] Evans P B. Wear Mechanism in Ceramics[R]. American Society of Metallurgy, 1981.

[67] He Y J, Winnubst L, Burggraaf A J, et al. Grain-size dependence of sliding wear in tetragonal zirconia polycrystals[J]. Journal of the American Ceramic Society, 1996, 79: 3090-3096.

[68] Suh M S, Chae Y H, Kim S S. Friction and wear behavior of structural ceramics sliding against zirconia[J]. Wear, 2008, 264: 800-806.

[69] 邓建新, 艾兴. 氧化对 Al₂O₃/TiB₂ 陶瓷刀具材料磨损特性的影响[J]. 硅酸盐学报, 1996, 24: 160-165.

[70] Zhang Y S, Hu L T, Chen J M, et al. Lubrication behavior of Y-TZP/Al₂O₃/Mo nanocomposites at high temperature[J]. Wear, 2010, 268: 1091-1094.

[71] Ouyang J H, Li Y F, Wang Y M, et al. Microstructure and tribological properties of ZrO₂(Y₂O₃) matrix composites doped with different solid lubricants from room temperature to 800℃[J]. Wear, 2009, 267: 1353-1360.

[72] Ouyang J H, Sasaki S, Umeda K. Low-pressure plasma-sprayed ZrO₂-CaF₂ composite coating for high temperature tribological applications[J]. Surface and Coatings Technology, 2001, 137: 21-30.

[73] Kong L, Zhu S, Bi Q, et al. Friction and wear behavior of self-lubricating ZrO₂(Y₂O₃)-CaF₂-Mo-graphite composite from 20℃ to 1000℃[J]. Ceramics International, 2014, 40: 10787-10792.

[74] Ouyang J H, Sasaki S, Murakami T, et al. The synergistic effects of CaF₂ and Au lubricants on tribological properties of spark-plasma-sintered ZrO₂(Y₂O₃)matrix composites[J]. Materials Science and Engineering A-Structural Materials Properties Microstructure and Processing, 2004, 386: 234-243.

[75] Kong L, Zhu S, Qiao Z, et al. Effect of Mo and Ag on the friction and wear behavior of ZrO₂ (Y₂O₃)-Ag-CaF₂-Mo composites from 20℃ to 1000℃[J]. Tribology International, 2014, 78: 7-13.

[76] Kong L, Bi Q, Zhu S, et al. Effect of CuO on self-lubricating properties of ZrO₂(Y₂O₃)-Mo composites at high temperatures[J]. Journal of the European Ceramic Society, 2014, 34: 1289-1296.

[77] Kong L, Bi Q, Niu M, et al. High-temperature tribological behavior of ZrO₂-MoS₂-CaF₂ self-lubricating composites[J]. Journal of the European Ceramic Society, 2013, 33: 51-59.

[78] Kong L, Bi Q, Niu M, et al. ZrO₂ (Y₂O₃)-MoS₂-CaF₂ self-lubricating composite coupled with different ceramics from 20℃ to 1000℃[J]. Tribology International, 2013, 64: 53-62.

[79] Oyama Y. Solid-solution in ternary-system, Si₃N₄-AlN-Al₂O₃[J]. Japanese Journal of Applied Physics, 1972, 11: 760-761.

[80] Jack K H, Wilson W I. Ceramics based on Si-Al-O-N and related systems[J]. Nature-Physical

Science, 1972, 238: 28-29.

[81] Gomes J R, Oliveira F J, Silva R F, et al. Effect of α/β Si₃N₄-phase ratio and microstructure on the tribological behaviour up to 700℃[J]. Wear, 2000, 239: 59-68.

[82] Kim S S, Chae Y H, Kim D J. Tribological characteristics of silicon nitride at elevated temperatures[J]. Tribology Letters, 2000, 9: 227-232.

[83] Liu J, Yang J, Yu Y, et al. Self-Lubricating Si₃N₄-based composites toughened by in situ formation of silver[J]. Ceramics International, 2018, 44: 14327-14334.

[84] Liu J, Yang J, Zhu S, et al. Temperature-driven wear behavior of Si₃N₄-based ceramic reinforced by in situ formed TiC₀.₃N₀.₇ particles[J]. Journal of the American Ceramic Society, 2019, 102: 4333-4343.

[85] Sun Q, Yang J, Yin B, et al. Dry sliding wear behavior of β-Sialon ceramics at wide range temperature from 25 to 800℃[J]. Journal of the European Ceramic Society, 2017, 37: 4505-4513.

[86] Xie Z H, Hoffman A, Moon R J, et al. Sliding wear behaviour of Ca alpha-sialon ceramics at 600℃ in air[J]. Wear, 2006, 260: 1356-1360.

[87] Sun Q, Yang J, Yin B, et al. High toughness integrated with self-lubricity of Cu-doped Sialon ceramics at elevated temperature[J]. Journal of the European Ceramic Society, 2018, 38: 2708-2715.

[88] Xie Z H, Hoffman M, Moon R J, et al. Sliding wear of calcium α-Sialon ceramics[J]. Wear, 2006, 260: 387-400.

[89] Sun Q, Wang Z, Yin B, et al. The tribological properties and wear mechanism of copper coated graphite doped Sialon ceramic composites at wide range temperature from 25 to 800℃[J]. Tribology International, 2018, 123:10-16.

[90] Sliney H E. Solid lubricant materials for high-temperatures-A review[J]. Tribology International, 1982, 15: 303-315.

[91] Allam I M. Solid lubricants for applications at elevated-temperatures-A review[J]. Journal of Materials Science, 1991, 26: 3977-3984.

[92] Sun Q, Wang Z, Yang J, et al. High-performance TiN reinforced Sialon matrix composites: A good combination of excellent toughness and tribological properties at a wide temperature range[J]. Ceramics International, 2018, 44: 17258-17265.

[93] Skopp A, Woydt M. Ceramic and ceramic composite-materials with improved friction and wear properties[J]. Tribology Transactions, 1995, 38: 233-242.

[94] Chen Z, Li H, Fu Q, et al. Tribological behaviors of SiC/h-BN composite coating at elevated temperatures[J]. Tribology International, 2012, 56: 58-65.

[95] 李斐. 碳化硅基固体润滑复合材料的制备与摩擦学性能研究[D]. 北京: 中国科学院大学, 2017.

[96] Jin Y, Kato K, Umehara N. Tribological properties of self-lubricating CMC/Al₂O₃ pairs at high temperature in air[J]. Tribology Letters, 1998, 4: 243-250.

[97] Jin Y, Kato K, Umehara N. Effects of sintering aids and solid lubricants on tribological behaviours of CMC/Al₂O₃ pair at 650℃[J]. Tribology Letters, 1999, 6: 15-21.

[98] Murakami T, Ouyang J H, Sasaki S, et al. High-temperature tribological properties of Al₂O₃, Ni-

20 mass% Cr and NiAl spark-plasma-sintered composites containing BaF$_2$-CaF$_2$ phase[J]. Wear, 2005, 259: 626-633.

[99] Murakami T, Ouyang J H, Sasaki S, et al. High-temperature tribological properties of spark-plasma-sintered Al$_2$O$_3$ composites containing barite-type structure sulfates[J]. Tribology International, 2007, 40: 246-53.

[100] Su Y, Zhang Y, Song J, et al. High-temperature self-lubricated and fracture properties of alumina/molybdenum fibrous monolithic ceramic[J]. Tribology Letters, 2016, 61:9.

[101] Fang Y, Zhang Y S, Song J J, et al. Influence of structural parameters on the tribological properties of Al$_2$O$_3$/Mo laminated nanocomposites[J]. Wear, 2014, 320: 152-160.

[102] Qi Y E, Zhang Y S, Hu L T. High-temperature self-lubricated properties of Al$_2$O$_3$/Mo laminated composites [J]. Wear, 2012, 280: 1-4.

[103] Song J, Hu L, Qin B, et al. Fabrication and tribological behavior of Al$_2$O$_3$/MoS$_2$-BaSO$_4$ laminated composites doped with in situ formed BaMoO$_4$[J]. Tribology International, 2018, 118: 329-336.

[104] Barsoum M W, Elraghy T. Synthesis and characterization of a remarkable ceramic: Ti$_3$SiC$_2$[J]. Journal of the American Ceramic Society, 1996, 79: 1953-1956.

[105] Myhra S, Summers J W B, Kisi E H. Ti$_3$SiC$_2$-A layered ceramic exhibiting ultra-low friction[J]. Materials Letters, 1999, 39: 6-11.

[106] Crossley A, Kisi E H, Summers J W B, et al. Ultra-low friction for a layered carbide-derived ceramic, Ti$_3$SiC$_2$, investigated by lateral force microscopy(LFM)[J]. Journal of Physics D-Applied Physics, 1999, 32: 632-638.

[107] Gupta S, Filimonov D, Zaitsev V, et al. Ambient and 550℃ tribological behavior of select MAX phases against Ni-based superalloys[J]. Wear, 2008, 264: 270-278.

[108] 李慧, 任书芳, 商剑, 等. Ti$_3$SiC$_2$/Inconel 718 摩擦副的高温摩擦学性能[J]. 摩擦学学报, 2013, 33: 129-134.

[109] Gupta S, Filimonov D, Palanisamy T, et al. Tribological behavior of select MAX phases against Al$_2$O$_3$ at elevated temperatures[J]. Wear, 2008, 265: 560-565.

[110] Gupta S, Amini S, Filimonov D, et al. Tribological behavior of Ti$_2$SC at ambient and elevated temperatures[J]. Journal of the American Ceramic Society, 2007, 90: 3566-3571.

[111] Gupta S, Filimonov D, Palanisamy T, et al. Ta$_2$AlC and Cr$_2$AlCAg-based composites-New solid lubricant materials for use over a wide temperature range against Ni-based superalloys and alumina[J]. Wear, 2007, 262: 1479-1489.

[112] Gupta S, Filimonov D, Zaitsev V, et al. Study of tribofilms formed during dry sliding of Ta$_2$AlC/Ag or Cr$_2$AlC/Ag composites against Ni-based superalloys and Al$_2$O$_3$[J]. Wear, 2009, 267: 1490-1500.

[113] Filimonov D, Gupta S, Palanisamy T, et al. Effect of applied load and surface roughness on the tribological properties of Ni-based superalloys versus Ta$_2$AlC/Ag or Cr$_2$AlC/Ag composites[J]. Tribology Letters, 2009, 33: 9-20.

第7章　高温自润滑涂层

高温自润滑涂层是通过一定的物理或化学技术在基体材料表面制备的一层或多层具有耐高温和减摩耐磨性能的材料。与高温自润滑复合材料相比，通过涂层的方式可以保证零部件的力学性能要求、降低对涂层材料本身的力学性能要求、降低材料成本、可重复处理使用，但是需要着重考虑涂层与基体的结合强度和热膨胀匹配性。

高温自润滑涂层按照结构设计可分为单层单组分涂层、单层多组分复合结构涂层、多层结构涂层、梯度结构涂层等，如图 7.1 所示。按照涂层材料的化学成分可分为金属基高温自润滑涂层、陶瓷基高温自润滑涂层、金属间化合物基高温自润滑涂层以及无机酸盐类高温自润滑涂层等。

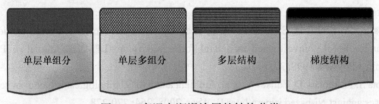

单层单组分　　　　单层多组分　　　　多层结构　　　　梯度结构

图 7.1　高温自润滑涂层的结构分类

目前，国内外学者通过基体相、增强相和润滑相的复合设计制备了在室温至1000℃具有良好减摩耐磨性能的固体润滑涂层。然而，我国高超声速飞行器、超燃冲压发动机、大推力火箭发动机和第四代核反应堆等尖端技术的快速发展，使得许多机械运动部件面临高温、高速和高载等苛刻服役环境，部分机械运动部件的服役温度超过1000℃。因此，迫切需要发展超高温(1000℃以上)、高/低温交变、高真空、真空/大气交替环境的固体润滑涂层及其制备技术。在高温自润滑涂层的研究方面，最具代表性的研究工作为美国国家航空航天局(NASA)发展的 PS 系列涂层以及美国空军研究实验室(AFRL)发展的自适应性高温自润滑涂层，对高温自润滑材料的研究具有引领性。随后，国内外学者围绕高温自润滑涂层基体相、润滑相和增强相的优化设计以及涂层的磨损机制、润滑机理和使役性能开展了深入研究。本章首先介绍 PS 系列涂层和自适应性高温自润滑涂层的设计理念和摩擦学性能；然后以陶瓷基(如 ZrO_2 基)高温自润滑涂层、金属基(如 NiCr 基)高温自润滑涂层、金属间化合物基(如 Ni_3Al 基、Ni_3Si 基)高温自润滑涂层和无机酸盐类(如双金属氧化物等)高温自润滑涂层为重点，系统论述了涂层的组成结构对材料摩擦磨损性能的影响，并阐述其润滑机制；最后介绍高温自润滑涂层的制备技术，以期为新型高温自润滑涂层的设计提供理论参考。

7.1　PS 系列高温自润滑涂层

　　PS 系列高温润滑涂层是指从 20 世纪 70 年代开始，NASA 采用等离子体喷涂技术(plasma spraying，PS)陆续开发的系列宽温域自润滑涂层。PS 系列高温自润滑涂层旨在解决航空航天等领域机械系统中涉及的高温摩擦学问题。针对宽温域润滑问题，NASA 倡导性地提出了复合润滑剂的概念，实现了 PS 系列高温自润滑涂层从室温至高温的连续润滑性能。到目前为止，针对不同的使役工况要求，NASA 共发展了四代 PS 系列高温自润滑涂层，其基本组成和特点见表 7.1，摩擦学性能见表 7.2。

表 7.1　PS 系列涂层的成分和性能(表格数据来源于文献)[1]

涂层	基体相	增强相	固体润滑剂	涂层特点
PS100	NiCr	玻璃	$Ag+BaF_2/CaF_2$ 共晶	摩擦系数低，硬度低，磨损大
PS200	NiCo	Cr_2C_3	$Ag+BaF_2/CaF_2$ 共晶	硬度高，磨损小(容易与基体发生黏着，尺寸稳定性较差)
PS300	NiCr	Cr_2O_3	$Ag+BaF_2/CaF_2$ 共晶	中等硬度，宽温域摩擦系数低，磨损相对较大，尺寸稳定性差，应用过程中需要热处理
PS400	NiMoAl	Cr_2O_3	$Ag+BaF_2/CaF_2$ 共晶	尺寸稳定性好，表面平整度高，中高温时摩擦系数和磨损低，室温时摩擦系数和磨损高

表 7.2　PS 系列高温自润滑涂层的摩擦学性能(表格数据来源于文献)[1]

摩擦学性能	涂层			
	PS101	PS212	PS304	PS400
摩擦系数	0.24(25℃) 0.19(540℃) 0.21(650℃) 0.23(870℃)	0.21(25℃) 0.20(350℃) 0.26(760℃)	0.31(25℃) 0.25(500℃) 0.23(650℃)	0.31(25℃) 0.16(500℃) 0.21(650℃)
磨损率/ $(mm^3/(N \cdot m))$	10^{-3}(25～870℃)	$0.08×10^{-6}$(25℃) $2.4×10^{-6}$(350℃) $5.0×10^{-6}$(760℃)	$480×10^{-6}$(25℃) $280×10^{-6}$(500℃) $100×10^{-6}$(650℃)	$1180×10^{-6}$(25℃) $6.3×10^{-6}$(500℃) $7.6×10^{-6}$(650℃)

7.1.1　PS100 系列高温自润滑涂层

PS100 系列涂层是为返回式航天飞机的轻载摆动轴承和衬套而设计的润滑涂层材料[2]。PS101 涂层的组成为 30NiCr-30Ag-25CaF$_2$-15 玻璃(质量分数，%)，其中 NiCr 合金为基体黏结相，玻璃为强化相，Ag+BaF$_2$/CaF$_2$ 共晶为复合润滑剂。摩擦学性能研究表明，PS101 涂层在大气、氮气以及真空环境下均具有极佳的宽温域润滑性能，如表 7.3 所示。PS100 涂层的润滑机理为：Ag 在中低温时起润滑作用，而在 500～900℃，NiCr 合金的氧化物以及脆韧转变的 BaF$_2$/CaF$_2$ 共晶在磨损表面形成了润滑层。然而，PS100 系列涂层存在表面硬度低、与 Inconel 750 合金配副磨损较高、使用寿命短等缺点，从而限制了其广泛应用。

表 7.3　PS101 涂层的摩擦学性能[2]

参数	测试温度/℃					
	25	−107	25	540	650	870
气氛	真空	氮气	大气	大气	大气	大气
摩擦系数	0.15	0.22	0.24	0.19	0.21	0.23

7.1.2　PS200 系列高温自润滑涂层

为解决斯特林发动机的活塞环与气缸壁的润滑问题，NASA 在 PS100 系列涂层基础上开发了第二代涂层，即 PS200 系列涂层[3,4]。与 PS100 系列涂层相比，PS200 系列涂层的硬度明显提高，耐磨性显著改善，但摩擦系数有所增加，典型涂层的摩擦学性能如表 7.4 所示。研究结果显示，随着固体润滑剂含量的减少，涂层的摩擦系数逐渐增大；PS212 涂层具有最佳的润滑性能，室温至 760℃的摩擦系数为 0.21～0.26。PS200 系列涂层的应用改善了大型斯特林发动机气缸套件的高温润滑问题，有效延长了发动机的使用寿命。但是，PS200 系列涂层的不足之处是高硬度导致涂层加工困难并且易对配副材料造成磨粒磨损，NiCo 合金的成本较高，以及 Cr$_2$C$_3$ 的高温氧化影响涂层的摩擦学性能。

表 7.4　PS200 系列涂层的组成和摩擦学性能[3,4]

材料	组成(质量分数，%)	气氛	温度	摩擦系数	磨损率/(mm³/(N·m))
PS200	NiCO-Cr$_2$C$_3$-Ag-BaF$_2$/CaF$_2$ (80-10-10)	He	25	0.38	1.7×10⁻⁵
			350	0.25	8.2×10⁻⁷
			760	0.35	9.2×10⁻⁶
PS203	NiCO-Cr$_2$C$_3$-Ag-BaF$_2$/CaF$_2$ (85-5-10)	He	25	0.47	1.3×10⁻⁵
			350	0.45	3.4×10⁻⁵
			760	0.50	

续表

材料	组成(质量分数，%)	气氛	温度	摩擦系数	磨损率/(mm³/(N·m))
PS204	NiCO-Cr₂C₃-Ag-BaF₂/CaF₂ (85-10-5)	He	25	0.47	$1.1×10^{-6}$
			350	0.50	$1.1×10^{-6}$
			760	0.50	$1.0×10^{-5}$
PS212	NiCO-Cr₂C₃-Ag-BaF₂/CaF₂ (70-15-15)	He	25	0.21	$8.0×10^{-8}$
			350	0.20	$2.4×10^{-6}$
			760	0.26	$5.0×10^{-6}$
PS213	NiCO-Cr₂C₃-Ag-BaF₂/CaF₂ (60-20-20)	He	25	0.21	$2.0×10^{-6}$
			350	0.20	$4.0×10^{-6}$
			760	0.28	$6.0×10^{-6}$
PS215	NiCO-Cr₂C₃-Ag-BaF₂/CaF₂ (70-0-30)	He	25	0.23	
			350	0.34	
			760	0.35	$1.0×10^{-4}$
PS218	NiCO-Cr₂C₃-Ag-BaF₂/CaF₂ (100-0-0)	He	25	0.55	$1.4×10^{-5}$
			350	0.50	$4.0×10^{-6}$
			760	0.60	$2.0×10^{-5}$
PS218	NiCO-Cr₂C₃-Ag-BaF₂/CaF₂ (100-0-0)	H₂	25	0.35	$1.7×10^{-5}$
			350	0.48	$1.2×10^{-6}$
			760	0.50	$1.7×10^{-5}$

7.1.3　PS300 系列高温自润滑涂层

NASA 开发的第三代涂层是 PS300 系列涂层，它是为解决空气箔片轴承的润滑问题而设计的涂层材料[5-7]。PS300 系列涂层选择 NiCr 合金为基体，以 Cr₂O₃ 取代 Cr₂C₃ 为增强相。与 PS200 系列涂层相比，PS300 系列涂层的硬度适中，可加工性更好，宽温域范围内具有相对低的摩擦系数。其中，PS304 涂层综合性能最优，能够满足空气箔片轴承的使用要求，如表 7.5、表 7.6 所示。PS304 涂层的不足之处在于，涂层初始加工表面光洁度不够高，并且涂层在使用后有 7%的膨胀，解决这两个问题均需要特殊处理，导致成本增加。

表 7.5　PS300 系列涂层的组成[5-7]　　　　　　　　　　(质量分数/%)

涂层	NiCr 黏结相	Cr₂O₃	Ag	CaF₂/BaF₂共晶
PS300	20	60	10	10
PS301	33	50	8.3	8.3
PS302	40.7	44.5	7.4	7.4
PS303	47	40	6.7	6.7

续表

涂层	NiCr 黏结相	Cr$_2$O$_3$	Ag	CaF$_2$/BaF$_2$ 共晶
PS304	60	20	10	10
PS305	60	25	7.5	7.5
PS321	60	20	10	10

表 7.6　PS300 与 PS304 涂层的摩擦学性能[5-7]

涂层	对偶栓	温度/℃	摩擦系数	对偶栓磨损率/(mm³/(N·m))	涂层磨损率/(mm³/(N·m))
PS300	INCX750	25	0.23±0.05	(3.9±0.5)×10⁻⁵	(6.6±2.5)×10⁻⁵
PS300	INCX750	500	0.29±0.04	(1.3±0.3)×10⁻⁵	(3.9±0.3)×10⁻⁴
PS300	INCX750	650	0.31±0.01	(3.1±0.8)×10⁻⁵	(7.1±1.6)×10⁻⁴
PS304	INCX750	25	0.31±0.01	(0.96±0.3)×10⁻⁵	(4.8±0.3)×10⁻⁴
PS304	INCX750	500	0.25±0.02	(0.32±0.5)×10⁻⁵	(2.8±0.3)×10⁻⁴
PS304	INCX750	650	0.23±0.02	(0.38±0.4)×10⁻⁵	(1.0±0.1)×10⁻⁴
PS304	INCX750	800	0.37±0.03	(6.9±2.0)×10⁻⁵	(2.6±0.2)×10⁻⁴

7.1.4　PS400 系列高温自润滑涂层

　　针对 PS304 涂层的不足，NASA 最近开发了第四代自润滑涂层 PS400 系列涂层，其组成如表 7.7 所示，摩擦系数和磨损率如表 7.8 所示[1,8]。与 PS304 涂层不同的是，PS400 系列涂层将 NiCr 基体更换为 NiMoAl，以解决涂层因为高温氧化而引起的尺寸不稳定的问题。研究结果证明，PS400 系列涂层在高温大气、惰性气体和真空环境下均具有优异的尺寸稳定性。此外，PS400 涂层将固体润滑剂的质量分数从 20%降为 10%，提高了涂层的韧性和可加工性能。在摩擦学性能方面，与 PS300 系列涂层相比，室温时 PS400 系列涂层的摩擦系数高，磨损率较大；在500℃和 650℃时，PS400 系列涂层的摩擦系数和磨损率均显著降低，这主要与PS400 系列涂层较高的致密度和强度有关。相比 PS304 涂层，PS400 系列涂层的加工性能和尺寸稳定性问题得到解决，但 PS400 系列涂层在取代 PS304 涂层时存在室温时摩擦系数和磨损率较高的问题。虽然通过高温跑合处理的方法可以降低室温时摩擦系数，但工艺较复杂。

表 7.7　PS400 系列涂层的组成[1,8]　　　　　　　　　　　　(质量分数/%)

涂层	黏结相	硬质相	润滑剂	外加润滑剂
PS304	60%NiCr	20%Cr$_2$O$_3$	10%Ag+10%BaF$_2$/CaF$_2$	—
PS400	70%NiMoAl	20%Cr$_2$O$_3$	5%Ag+5%BaF$_2$/CaF$_2$	—
PS304-NiMoAl	60%NiMoAl	20%Cr$_2$O$_3$	10%Ag+10%BaF$_2$/CaF$_2$	—

续表

涂层	黏结相	硬质相	润滑剂	外加润滑剂
PS400-NiCr	70%NiCr	20%Cr_2O_3	5%Ag+5%BaF_2/CaF_2	
PS400-A	68%NiCr	17%Cr_2O_3	5%Ag+10%BaF_2/CaF_2	
PS400-B	68%NiMoAl	17%Cr_2O_3	10%Ag+5%BaF_2/CaF_2	
PS400-C	68%NiCr	22%Cr_2O_3	10%BaF_2/CaF_2	
PS400-D	68%NiMoAl	22%Cr_2O_3	10%Ag	
PS400-BN	68.6%NiMoAl	19.6%Cr_2O_3	4.9%Ag+4.9%BaF_2/CaF_2	2%BN
PS400-G	67.9%NiMoAl	19.4%Cr_2O_3	4.85%Ag+4.85%BaF_2/CaF_2	3%C
PS400-M	68.95%NiMoAl	19.7%Cr_2O_3	4.93%Ag+4.93%BaF_2/CaF_2	1.5%MoS_2

表 7.8　PS400 系列涂层的摩擦系数和磨损率[1,8]

涂层		试验温度			
		25℃	500℃	650℃	25℃冷却后测试
PS400	摩擦系数	0.80	0.16	0.21	0.31
	对偶栓磨损率/(mm³/(N·m))		0.21×10^{-6}	0.89×10^{-6}	14.1×10^{-6}
	涂层磨损率/(mm³/(N·m))		6.3×10^{-6}	7.6×10^{-6}	118×10^{-6}
PS400-BN	摩擦系数	1.30	0.35	0.36	0.40
	对偶栓磨损率/(mm³/(N·m))	230×10^{-6}	7.8×10^{-6}	1.7×10^{-6}	135×10^{-6}
	涂层磨损率/(mm³/(N·m))	1500×10^{-6}	1220×10^{-6}	2510×10^{-6}	
PS400-G	摩擦系数	0.064	0.45	0.32	0.60
	对偶栓磨损率/(mm³/(N·m))	172×10^{-6}	40.8×10^{-6}	9.5×10^{-6}	9.9×10^{-6}
	涂层磨损率/(mm³/(N·m))	143×10^{-6}	3140×10^{-6}	4070×10^{-6}	
PS400-M	摩擦系数	0.76	0.40	0.22×10^{-6}	0.40
	对偶栓磨损率/(mm³/(N·m))	14.6×10^{-6}	0.92×10^{-6}	1.52×10^{-6}	2.5×10^{-6}
	涂层磨损率/(mm³/(N·m))	85×10^{-6}	1703×10^{-6}	2570×10^{-6}	

7.2 自适应性高温自润滑涂层

典型的自适应性高温自润滑涂层是美国空军研究实验室(AFRL)开发的自适应性纳米涂层,又称"变色龙涂层",本节以此展开讨论。自适应性纳米涂层是利用磁控溅射/脉冲激光沉积技术,将固体润滑剂与硬质相共沉积到纳米涂层中,在摩擦过程中通过调节自身的摩擦表面成分与结构来适应周围环境变化的润滑材料[9,10]。该研究的创新意义在于解决了多种环境下的润滑难题,为相关的材料设计制备提供了新思路。自 20 世纪末开始,该类涂层共发展了三代[12]:第一代涂层主要成分包括 WC 增强的 WS_2 以及类金刚石 (DLC) 薄膜,该类涂层在空间/陆地环境中表现出良好并且稳定的力学和润滑性能,但适用温度范围较窄;第二代涂层是在 Y_2O_3 稳定 ZrO_2(YSZ)及 Al_2O_3 基底上制备纳米 MoS_2/DLC、Au 或 Ag 涂层,该类涂层较单相陶瓷具有高韧性、低摩擦和耐磨损的特点;第三代涂层是高熔点涂层,该类涂层主要通过原位反应生成类层状结构的二元或三元含 Ag 氧化物相(如钒酸银、钽酸银和铌酸银等),由于钒酸银和钽酸银等使用温度可达 1000℃,以期解决高温段的润滑问题。典型涂层的摩擦学性能如表 7.9 所示。

表 7.9 自适应性涂层材料的摩擦学性能[11-24]

涂层	润滑剂	摩擦系数
WC/DLC	DLC	0.1~0.2(潮湿大气) 0.1~0.25(干燥氮气)
WC/DLC/WS_2	DLC/WS_2	0.02~0.05
Al_2O_3	Au+DLC+MoS_2	0.1(500℃)
$ZrO_2(Y_2O_3)$	Au	0.2(500℃)
	Ag+Mo	≤0.4(25~700℃)
	Ag+Mo+MoS_2	0.2(25~700℃)1
	Au+DLC+MoS_2	≤0.2(氮气) 0.1~0.2(大气)
	Ag+Mo	0.4(500℃)
	Ag+Mo+TiN	0.3(500℃)
Mo_2N	MoS_2+Ag	0.10~0.45(350~600℃)
VN	Ag	0.1~0.35(25~1000℃)
NbN	Ag+MoS_2	0.15~0.30(>700℃)
TaN	Ag	0.23(750℃)

7.2.1 第一代自适应性高温自润滑涂层

起初，研究人员将 TiC、WC 与 DLC 复合制备了 TiC/DLC 及 WC/DLC 复合涂层[13]，并研究了其力学和摩擦学性能。结果显示，复合涂层材料综合了碳化物及 DLC 的硬度和韧性的优势，并且在大气环境下表现出低摩擦和低磨损性能。但是，DLC 涂层在高真空下由于碳化而导致涂层摩擦系数增大，限制了其作为润滑材料在航空航天领域中的应用。虽然氢化方法可以缓解上述 DLC 涂层碳化的问题，但涂层的使用寿命仍然较短($<10^4$ 次循环)。为此，进一步发展了含有 MoS_2/WS_2 的碳化物/DLC 复合涂层[14-16]，即第一代自适应性纳米涂层。该涂层具有诸多优点，例如，与单相碳化物/DLC 涂层相比，掺杂 TiC、WC、WS_2 和 MoS_2 的 DLC 复合涂层硬度基本保持不变，但是其韧性提高一个数量级[13]。摩擦测试结果证明，复合涂层在不同的摩擦环境中(高真空、干燥氮气以及潮湿大气)均具有非常优异的润滑性能，摩擦系数为 0.02～0.05。通过分析摩擦表面的化学成分、结构和力学性能发现，涂层润滑性能的可重复性与载荷和环境有关。

第一代自适应性涂层的润滑机理主要包括以下几个方面：①在摩擦或制备过程中，纳米结构的 WS_2 晶粒发生重结晶或取向重构，获得随机取向的 WS_2 纳米颗粒；②在摩擦过程中，DLC 涂层发生石墨化转变，增大涂层的磨损；③外界环境转变过程中，WS_2 和石墨转移膜的组成具有可逆性和调控性；④在氧化环境中，DLC 与 WS_2 的协同作用减少了摩擦和磨损。

第一代自适应性涂层的不足之处在于：DLC 薄膜的温度适应性较差，使用温度一般不超过 350℃。这是由于 DLC 薄膜在摩擦过程中容易发生碳化，且添加的 WS_2 和 MoS_2 等固体润滑剂易氧化失效。因此，AFRL 进一步开发了一类适用于高温环境的涂层，即第二代自适应性涂层。

7.2.2 第二代自适应性高温自润滑涂层

第二代自适应性涂层的设计思想：通过功能纳米复合涂层的梯度设计增强基体与涂层的结合性能并减小内应力的存在；纳米颗粒填充到非晶基体中可以限制裂纹的扩展，使材料保持高硬度；晶界滑移和晶界扩散可以提高单相纳米陶瓷塑性和韧性。

为解决第一代涂层适应性温度较窄的问题，基于上述设计思想，研究人员开发了以 Y_2O_3 稳定 ZrO_2(YSZ)及 Al_2O_3 基的第二代涂层[17]。AFRL 首先制备了 YSZ/Au 的复合涂层[18]，这是由于 Au 在提高陶瓷韧性的同时可以作为固体润滑剂改善摩擦学性能。研究结果显示，添加 Au 的复合涂层在摩擦过程中产生的磨屑较少，涂层的韧性明显提高。当 Au 原子分数为 12%时，复合涂层压痕表面没有明显的裂纹，说明其韧性较高。此外，复合涂层在 500℃时的摩擦系数由 1.0 降到 0.2 左右，自润滑性能得到明显改善。

在此基础上，AFRL 制备并研究了 YSZ-Ag-Mo 型涂层的摩擦学性能[19]。研究发现，加热时，固体润滑剂 Ag 容易在涂层内扩散以及在表面聚集，并在剪切力作用下形成润滑膜，赋予涂层较低的摩擦系数。例如，单层的 YSZ-Ag-Mo 涂层在 25～700℃摩擦系数小于 0.4，但其缺点是涂层的使用寿命较短，小于 5000 次循环。

为提高上述涂层的使用寿命，进一步制备了多层及含有 TiN 阻隔层的 YSZ-Ag-Mo 涂层[20]。摩擦测试结果显示，多层 YSZ-Ag-Mo 涂层的使用寿命超过 25000 次循环，含有 TiN 阻隔层的涂层寿命超过 50000 次循环，而涂层的摩擦系数基本保持不变。在室温至 500℃的多次热循环试验显示，涂层的摩擦系数具有可重复性[21]。这说明多层及添加 TiN 层的复合涂层设计可以有效控制 Ag 的释放速率，提高涂层的耐磨损性能和使用寿命。其作用机理为涂层的多层化增强涂层的抗压缩变形能力，而添加 TiN 阻隔层限制固体润滑剂 Ag 从基体到摩擦表面的扩散速度。

为进一步提高 YSZ-Ag-Mo 涂层的润滑性能，研制了 YSZ-Ag-Mo-MoS$_2$ 型涂层[22]。其摩擦学性能研究表明，700℃时涂层的摩擦系数由 0.4 降为 0.2，而耐磨寿命没有降低。机理分析表明，高温下 Ag 与 MoS$_2$ 相互作用生成的钼酸银与氧化产物(MoO$_3$)共同起到润滑作用；而 YSZ-Ag-Mo 涂层在高温下的磨斑表面只有 MoO$_3$，没有钼酸银生成，说明硫元素对钼酸银的形成具有促进作用。

此外，涂层组成对 Al$_2$O$_3$-Au-DLC-MoS$_2$ 自适应性纳米复合涂层摩擦学性能的具有重要影响，摩擦结果如表 7.10 所示[23]。研究发现，(Al$_2$O$_3$)$_{0.47}$(Au)$_{0.15}$(MoS$_2$)$_{0.24}$(C)$_{0.12}$ 具有其低摩擦系数，这是软金属 Au、DLC 薄膜以及 MoS$_2$ 等协同作用的结果。

表 7.10　Al$_2$O$_3$-Au-DLC-MoS$_2$ 自适应性纳米复合涂层的摩擦学性能[23]

组成	厚度/μm	40%湿度大气环境摩擦系数	干燥 N$_2$ 环境摩擦系数	500℃大气环境摩擦系数	500℃失效圈数
(Al$_2$O$_3$)$_{0.30}$(Au)$_{0.17}$(MoS$_2$)$_{0.16}$(C)$_{0.35}$	1.75	0.17～0.24	0.07～0.1	0.07～0.2	9000
(Al$_2$O$_3$)$_{0.40}$(Au)$_{0.23}$(MoS$_2$)$_{0.15}$(C)$_{0.20}$	2.18	0.18～0.22	0.02～0.03	0.15～0.2	3500
(Al$_2$O$_3$)$_{0.40}$(Au)$_{0.18}$(MoS$_2$)$_{0.20}$(C)$_{0.19}$	1.55	0.1～0.15	0.02～0.03	0.1～0.2	4500
(Al$_2$O$_3$)$_{0.43}$(Au)$_{0.10}$(MoS$_2$)$_{0.30}$(C)$_{0.15}$	0.79	0.1～0.12	0.04～0.05	0.05～0.08	3000
(Al$_2$O$_3$)$_{0.44}$(Au)$_{0.24}$(MoS$_2$)$_{0.19}$(C)$_{0.12}$	1.70	0.14～0.2	0.02～0.03	0.1～0.14	2000
(Al$_2$O$_3$)$_{0.44}$(Au)$_{0.25}$(MoS$_2$)$_{0.15}$(C)$_{0.14}$	2.05	0.15～0.17	0.03～0.04	0.1～0.14	3000
(Al$_2$O$_3$)$_{0.45}$(Au)$_{0.13}$(MoS$_2$)$_{0.24}$(C)$_{0.16}$	1.19	0.14～0.16	0.02～0.03	0.06～0.1	4000
(Al$_2$O$_3$)$_{0.47}$(Au)$_{0.15}$(MoS$_2$)$_{0.24}$(C)$_{0.12}$	1.75	0.13～0.14	0.02～0.03	0.1	>10000
(Al$_2$O$_3$)$_{0.62}$(Au)$_{0.12}$(MoS$_2$)$_{0.11}$(C)$_{0.12}$	1.42	0.1	0.08～0.1	0.1～0.2	2500

第二代自适应性涂层的不足之处：服役温度较低，高温使用时寿命较短。因此，为了满足高温时涂层的使用要求，美国空军研究实验室开发了第三代自适应性涂层。

7.2.3 第三代自适应性高温自润滑涂层

通过第一代和第二代自适应性高温润滑涂层研究发现，三元氧化物(主要为 Ag 盐)在中高温时具有良好的润滑性能。三元氧化物(双金属氧化物)具有类层状结构，Ag—O 键键能低，在剪切力作用下极易断裂，因此涂层($Ag_2Mo_2O_7$)在中高温(500～700℃)时具有较低的摩擦系数(0.1～0.3)和磨损率，有望替代 Magnéli 相作为硬质涂层的润滑剂[24,25]。

早期研究发现，$PbO\text{-}MoS_2$ 温度适应性涂层在高温时依然具有良好的润滑性，主要归因于涂层在高温时形成了 $PbMoO_4$ 三元氧化物。进一步研究显示，$PbMoO_4$ 在 700℃大气环境中与 NiCr 合金配副时可以一直保持低的摩擦系数(0.3～0.4)。随后，相继开发了 $ZnO\text{-}MoS_2$ 和 $ZnO\text{-}WS_2$ 复合材料，发现烧结后的复合材料中有 $ZnMoO_4$ 和 $ZnWO_4$ 生成，而两者在高温时可以有效地减小摩擦系数。另外，$ZnO\text{-}WS_2$ 涂层的摩擦学性能研究表明，在高温 500℃的大气环境下，与不锈钢配副时，磨损表面形成的 $ZnWO_4$ 可以长时间保持低摩擦系数(约为 0.2)。基于在高温滑动过程中 Ag 可以形成三元氧化物的发现，AFRL 开发了含 Ag 的自适应性硬质涂层，包括 $Mo_2N\text{-}Ag$、$MoCN\text{-}Ag$、$VN\text{-}Ag$、$NbN\text{-}Ag$ 和 $TaN\text{-}Ag$ 涂层。其中，理解三元氧化物的润滑机理是研究第三代自适应性高温润滑涂层的重点研究方向。

1. 钼酸银相

在研究 $Mo_2N\text{-}MoS_2\text{-}Ag$ 自适应性涂层中发现，高温时形成的具有润滑作用的钼酸银相对摩擦学性能的改善至关重要[26]。因此，深入探究了三种钼酸银相(Ag_2MoO_4、$Ag_2Mo_2O_7$ 和 $Ag_6Mo_{10}O_{33}$)的润滑机理。摩擦试验结果显示，在 600℃左右时，三种钼酸银相的摩擦系数都在 0.1～0.2，且其熔点都高于 500℃。其中 Ag_2MoO_4 的结构是尖晶石类型，在 Ag_2O 和 MoO_3 层状结构之间夹杂着 Ag 层。在高温摩擦过程中，磨斑表面产生光滑的层状形貌结构，弱的 Ag—O(Ag—O 键键能 220kJ/mol，Mo—O 键键能 560kJ/mol)键更容易断裂，因而具有低的摩擦系数。与 Ag_2MoO_4 不同，$Ag_2Mo_2O_7$ 含有$[Mo_4O_{16}]^{8-}$链状结构，该链状结构通过 O—Ag—O 连接在一起，因此同样具有低的摩擦系数。另外，钼酸银相在磨斑表面发生迁移、聚合、重排等现象，导致其极低的磨损率。

2. 钒酸银相

钒酸银作为 $VN\text{-}Ag$ 自适应性高温润滑涂层的摩擦产物，其润滑机理被研究[27]。高温摩擦学行为研究发现，在 VN-Ag 自适应性涂层磨斑表面，除了氧化钒外，还生成了两种钒酸银相($AgVO_3$ 和 Ag_3VO_4)。与钼酸银不同的是，钒酸银的生成不需要硫元素的参与。采用原位拉曼和 XRD 测试钒酸银的热稳定性发现，当加热到450℃时，钒酸银分解为 Ag 和液相($Ag_3VO_4 \longleftrightarrow Ag+liquid$)。由于液相剪切力较小，钒酸银在500℃以上大气环境下，与 Si_3N_4 配副时，可以保持低摩擦系数(0.1～0.25)。

3. 铌酸银相和钽酸银相

除钒酸银之外，其他两种高熔点三元氧化物(铌酸银 $AgNbO_3$ 和钽酸银 $AgTaO_3$)的润滑机理被报道[28-30]。铌酸银和钽酸银是 NbN-Ag 和 TaN-Ag 两种自适应性涂层的高温摩擦产物，表现出优异的润滑性能。当 NbN-Ag 自适应性涂层与氮化硅陶瓷配副时当温度超过700℃时，在大气环境下的摩擦系数为0.15～0.3。TaN-Ag 涂层的摩擦学性能研究表明，$AgTaO_3$ 在高温时具有极佳的润滑性能，750℃时摩擦系数为0.06左右。

为了更好地理解高温时 $AgTaO_3$ 的润滑机理，对 $AgTaO_3$ 涂层磨痕亚表面的化学组成和结构进行了透射电镜明场像(BFTEM)分析。BFTEM 图像显示，Ag 被 Ta_2O_5 包裹，与 $AgTaO_3$ 不接触。与钼酸银和钒酸银不同，钽酸银中的 Ag—O 键比较强，断开 Ag—O 键需要更高的能量。但是，$AgTaO_3$ 涂层也存在不足之处，其摩擦系数与载荷有关。与 Si_3N_4 陶瓷球配副的实验结果显示，在750℃，当载荷由 1N 增加到 10N 时，涂层的摩擦系数由 0.04 增加到 0.15。分子动力学模拟显示，在较高的载荷条件下，Ag 被挤出到接触面上，覆盖了 $AgTaO_3$ 层，进而增大剪切力，导致摩擦系数增加；拉曼光谱研究证实随着压力的增大，$AgTaO_3$ 和 Ta_2O_5 逐渐减少。

最近，通过密度泛函理论、分子动力学模拟和实验数据对 $AgTaO_3$、$CuTaO_3$ 和 $CuTa_2O_6$ 三种涂层的摩擦学行为研究发现，摩擦系数存在如下关系：$AgTaO_3 < CuTaO_3 < CuTa_2O_6$，而磨损率的大小顺序则为 $AgTaO_3 > CuTaO_3 > CuTa_2O_6$[28]。分子动力学模拟显示，Cu 原子在 $CuTaO_3$ 中迁移所需的能量要远高于 Ag 原子在 $AgTaO_3$ 迁移所需的能量，证明 $AgTaO_3$ 的润滑机理同样适用于 $CuTaO_3$ 和 $CuTa_2O_6$，这为研制新型的高温固体润滑剂提供了思路。

7.3　陶瓷基高温自润滑涂层

陶瓷材料具有硬度高、熔点高、稳定性好、耐高温、抗氧化、耐磨损、耐腐蚀等优点，因此特别适合制备涂层材料以改善机械零部件的抗氧化、耐磨损和耐腐蚀性能。但是传统陶瓷材料一般不具有润滑性，需要进一步添加固体润滑剂制备陶瓷基高温润滑涂层以改善其摩擦磨损性能。关于陶瓷基自润滑复合涂层高温自润滑性能的研究报道比较多，目前主要集中在氧化物陶瓷和氮化物陶瓷等。本节将介绍几种典型陶瓷基自润滑涂层的高温摩擦学性能。

7.3.1　氧化锆基高温自润滑涂层

氧化锆陶瓷具有高硬度、高强度、高断裂韧性、高耐磨性和优异化学稳定性。与其他陶瓷相比，ZrO_2 陶瓷在应力作用下会发生四方相向单斜相的转变，因而具有相对较高的断裂韧性和机械强度，适合作为高温自润滑涂层的基体材料。高温摩擦磨损试验表明，随着温度的升高，ZrO_2 涂层由轻微磨损转变为严重磨损。通过分析其磨损机制发现，在室温主要为轻度擦伤和塑性变形，但是随着温度的升高逐渐转变为疲劳磨损、局部层裂以及 ZrO_2 颗粒的破碎和拔出，导致摩擦学性能显著恶化[31]。然而，相比金属基涂层，ZrO_2 涂层表现出更加优异的耐磨损性能，但其不具有自润滑性能。为了解决高温润滑问题以及改善 ZrO_2 涂层的高温摩擦学性能，研究人员利用等离子体喷涂方法制备了含 CaF_2、CaF_2+Ag_2O 和 $Cr_2O_3+CaF_2$ 的 ZrO_2 基涂层材料，并研究了其摩擦学性能[32-34]，如表 7.11 所示。

表 7.11　ZrO_2 基涂层材料的摩擦学性能

基体	润滑剂	摩擦系数
$ZrO_2(Y_2O_3)$	CaF_2	0.57～0.74(400～800℃)
$ZrO_2(Y_2O_3)$	CaF_2+Ag_2O	0.44～0.8(室温至 800℃)
$ZrO_2(Y_2O_3)$	$Cr_2O_3+CaF_2$	0.35～0.8(室温至 800℃)
$ZrO_2(Y_2O_3)$	$BaCrO_4$	0.50～0.68(300～800℃)

1. ZrO_2-CaF_2 复合涂层

利用大气等离子喷涂方法制备了 ZrO_2-CaF_2 复合涂层[32]，并对比研究了 ZrO_2-CaF_2 复合涂层和 ZrO_2 涂层在室温到 800℃的摩擦学性能。研究结果显示，与 ZrO_2 涂层相比，ZrO_2-CaF_2 复合涂层在高温时的摩擦学性能得到了显著改善。通过分析其磨损机制，在室温至 400℃时，脆性的 CaF_2 无法表现出润滑效果，使得复合涂层的失效机制为脆性断裂和剥落磨损。当温度超过 400℃时，CaF_2 发生脆韧转变并在摩擦表面形成的 CaF_2 膜可以表现出优异的润滑效果，此时的磨损机制主要为塑性变形和黏着磨损。但在 800℃时，黏着磨损导致材料的转移，使得摩擦系数和磨损率有所增加。

2. ZrO₂-CaF₂-Ag₂O 复合涂层

通过热喷涂方法制备了 ZrO_2-CaF_2-Ag_2O 复合涂层[33]，室温到 800℃的摩擦学性能研究发现，300～700℃时，复合涂层的摩擦系数较低，而在室温、200℃和800℃时，复合涂层的摩擦系数略有升高。相比 ZrO_2-CaF_2 复合涂层，Ag_2O 的添加降低了复合涂层在室温至 400℃的摩擦系数和磨损率。通过分析其磨损机制，在室温至 200℃时主要为脆性断裂和剥落磨损。在 300～700℃，复合涂层的磨损机制主要为塑性变形，添加的 Ag_2O 和 CaF_2 可作为有效的固体润滑剂，使得复合涂层具有较低的摩擦系数和磨损率。而随着温度继续升高，复合涂层出现了严重的黏着磨损，进而导致高的摩擦系数和磨损率。

3. ZrO₂-Cr₂O₃-CaF₂ 复合涂层

对 ZrO_2-Cr_2O_3-CaF_2 复合涂层室温至 800℃的摩擦学性能研究结果显示[34]，与 Al_2O_3 陶瓷配副时，复合材料的室温摩擦系数较高，随着载荷的增加，摩擦系数略有降低；当温度升高到 700℃时，复合涂层具有最低的摩擦系数。室温时，涂层主要为剥落磨损，高温时转变为犁沟磨损。摩擦磨损机理分析表明，添加的 CaF_2 在大约 500℃时发生脆韧转变并覆盖于涂层表面，从而减小了配副材料之间的摩擦剪切力，因而涂层在高温时(600～800℃)的摩擦系数较低。在 700℃，Cr_2O_3 颗粒的存在有助于减少裂纹的数量并阻止裂纹的萌生和偏折。此外，Cr_2O_3 的添加可以阻碍 ZrO_2-CaF_2 基体的摩擦擦伤和高温变形。因此，700℃时 Cr_2O_3 的脱黏和剥离程度决定了复合涂层的耐磨损性能。

4. ZrO₂-BaCrO₄ 复合涂层

通过等离子喷涂制备的 ZrO_2-$BaCrO_4$ 复合涂层室温到 800℃的摩擦学性能研究结果显示[35]，相比 ZrO_2 涂层，ZrO_2-$BaCrO_4$ 复合涂层在高温时表现出优异的耐磨减摩性能。当温度超过 300℃时，复合涂层表现出低摩擦低磨损性能，而 ZrO_2 涂层随着温度的升高摩擦磨损性能逐渐恶化。通过分析其磨损机制，复合涂层在低温时的磨损机制主要是脆性断裂和剥落磨损，导致涂层具有较差的摩擦学性能；在高温时，其磨损机制主要转变为塑性变形，$BaCrO_4$ 在 300℃以上具有良好的润滑效果，$BaCrO_4$ 润滑膜的存在使得复合材料表现出优异的自润滑性能，显著改善了复合涂层的耐磨损性能。

7.3.2 氧化铬基高温自润滑涂层

Cr_2O_3 陶瓷属于六方晶系，具有硬度高、耐高温、抗氧化、耐磨损、耐腐蚀等特性，尤其适合制备在中高温、磨损和腐蚀等特殊工作环境中的零部件的表面防护涂层。此外，氧化铬还具有很好的可喷涂性，并且发生局部过热时，涂层内部也不会轻易发生开裂。相比其他涂层，Cr_2O_3 涂层具有极好的磨削加工性能，可以通过磨削等加工手段降低表面粗糙度。

利用等离子喷涂的 Cr_2O_3-CaF_2-Ag_2O 自润滑涂层[36]在 500～800℃具有优异的减摩耐磨性能，在 800℃的摩擦系数低至 0.3，这主要是由于 Ag_2O 的添加有助于改善 CaF_2 转移膜的黏附能力和润湿性，并在高温时提供协同润滑作用。此外，通过等离子喷涂方法在 Cr_2O_3 涂层中添加 MoO_3 制备的 Cr_2O_3-MoO_3 自润滑涂层[37]在 450℃具有优异的自润滑性能。由于 MoO_3 提供的润滑作用，包含 5%～20%MoO_3 的涂层摩擦系数接近 0.25，磨损率相比 Cr_2O_3 涂层也得到了明显改善。

7.3.3　氧化铝基高温自润滑涂层

Al_2O_3 陶瓷具有以下优点：硬度高；耐磨损性能优异；密度小，仅为 3.5g/cm^3，可减轻设备重量；价格便宜，没有污染，是环境友好型陶瓷；抗高温氧化和腐蚀性能优异。基于上述优点，Al_2O_3 基高温自润滑涂层成为目前研究的热点。

利用激光熔覆方法制备的 Al_2O_3-CaF_2 自润滑耐磨损陶瓷基涂层[38]，在干摩擦环境下具有比 Al_2O_3 更高的韧性和耐磨损性能以及较低的摩擦系数，如表 7.12 所示。其摩擦磨损机理研究表明，所制备的 Al_2O_3-CaF_2 涂层具有特殊的结构，Al_2O_3 形成片层状结构，CaF_2 为球状结构，均匀填充在 Al_2O_3 框架中。因此，与纯 Al_2O_3 涂层相比，Al_2O_3-CaF_2 涂层具有较高的韧性和较好的润滑性能。

表 7.12　Al_2O_3-CaF_2 涂层与 Al_2O_3 涂层的摩擦系数和磨损失重 [38]

涂层	摩擦系数	磨损失重/g
Al_2O_3-CaF_2	0.48	0.0014
Al_2O_3	0.6	0.0410

7.3.4　氧化锌基高温自润滑涂层

ZnO 具有优异的电学、光学和声学等性质，在太阳能电池、液晶显示、发光器件、光催化剂等领域拥有广阔的应用前景，特别是在光电器件方面最具潜力。除此之外，ZnO 在摩擦学领域的研究也备受关注。ZnO 作为直接宽禁带半导体，其纳米结构在高强场下表现出强烈的能带弯曲性和较低的电子亲和势，而具有晶格缺陷的 ZnO 则表现出良好的润滑性能，摩擦系数在 0.1～0.2，磨损率在 10^{-7}mm^3/(N·m)量级。

1. ZnO-WS$_2$涂层

通过脉冲激光沉积技术制备的 ZnO-WS$_2$ 自适应性涂层，其室温至 600℃的摩擦学行为研究表明[39]，所制备的涂层具有非晶结构，但在摩擦过程中涂层表面发生晶化，形成的 WS_2 和 $ZnWO_4$ 晶相可以起到润滑作用。其中，WS_2 在温度低于 450℃时，可作为一种非常有效的固体润滑相提高涂层的低温自润滑性能，而当温度升高到 600℃时，在摩擦化学作用下涂层表面形成的 $ZnWO_4$ 则可起到润滑作用。因此，涂层在宽温度范围内表现出自润滑性能，该涂层在 500℃大气环境下的摩擦系数约为 0.2。

另外，ZnO 和 MoS_2 的协同润滑机制也受到关注。MoS_2 固体润滑剂在低温工况环境下表现出良好的润滑和耐磨特性，而 ZnO 固体润滑剂在较高温度下表现出优异的润滑特性，其作为高温高载复杂工况环境下的固体润滑剂具有良好的摩擦学性能。此外，ZnO 对 MoS_2 的过度氧化问题具有良好的抑制作用。

2. $ZnTiO_3$ 涂层

具有钛铁矿结构的 $ZnTiO_3$ 涂层的摩擦学性能受到关注。研究发现，该涂层在大气及干燥氮气环境下均具有低的摩擦系数和磨损率(摩擦系数约为 0.1~0.2，磨损率约为 $10^{-7}mm^3/(N \cdot m)$量级)[40]。$ZnTiO_3$ 涂层通过原子层状沉积技术在硅基体表面沉积制备，其摩擦磨损结果显示，在 550℃对涂层进行热处理时，涂层的自润滑性能得到很大改善(摩擦系数约为 0.12，磨损率为 $10^{-7}mm^3/(N \cdot m)$量级)；而在 650℃以及 750℃热处理时，摩擦系数都比较高，且不稳定，摩擦结果如表 7.13 所示。润滑机理分析表明，当涂层在 550℃热处理后，出现了(104)晶面的钛铁矿结构 $ZnTiO_3$，该结构可以有效提高涂层自润滑性能，而在其他温度热处理的效果并不理想。

表 7.13　ZnO 自润滑涂层材料的基本性质

涂层基体	固体润滑剂	温度/℃	摩擦系数
ZnO	WS_2[38]	500	0.22
$ZnTiO_3$	$ZnTiO_3$[40]	室温至 820	0.16~0.23

7.3.5　氮化物基高温自润滑涂层

研究发现，当 Cu 掺杂到 TiN、CrN 以及 MoN 等氮化物薄膜中时，Cu 只对 MoN 涂层的摩擦系数和磨损率有促进作用，而对其他两种涂层不具有润滑效果[41-43]。拉曼测试结果显示，Ti、Cr、Cu 等的氧化物彼此没有反应生成更加复杂的化合物，该类氧化物在摩擦过程中不具有润滑效果；而掺杂到 MoN 涂层中的 Cu 则与 Mo 的氧化物反应生成了具有润滑作用的 $CuMoO_4$，因此具有减摩耐磨作用。但是，铜盐的摩擦系数比银盐的摩擦系数高。在与氧化铝球配副时，当温度逐渐升高到 600℃，钒酸铜和钼酸铜的摩擦系数只能降低到 0.3 左右。此外，研究发现钒酸铜的热稳定性比钒酸银要差。

7.4　金属间化合物基高温自润滑涂层

金属间化合物比镍基合金具有更高的熔点和更优异的高温力学性能，同时比陶瓷材料具有更好的韧性，因此被认为是在高温结构材料领域具有重要应用价值的新型材料。目前，在众多金属间化合物中，Ni-Al 基体系的高温摩擦学性能研究及其相应高温自润滑涂层已经开展了较为深入的研究，Ni-Si 基体系的高温自润滑涂层也有报道，但 Ti-Al 基高温自润滑涂层研究仍处于初级阶段，亟待丰富。

7.4.1　镍铝基高温自润滑涂层

Ni_3Al 是 $L1_2$ 型金属间化合物，具有优异的高温力学性能、抗氧化性能、耐腐蚀性能和反常的温度强度效应等，是一种具有广泛应用前景的高温结构材料。鉴于此，研究人员开展了 Ni_3Al 基材料的摩擦学研究，特别是高温摩擦学的研究。

1. Ni_3Al-Mo-BaF_2/CaF_2-Ag 高温自润滑涂层

以 Ni_3Al 金属间化合物作为基体相，复配 Ag 和 BaF_2/CaF_2 润滑相，选择 Mo 作为强化相，采用热压烧结方法制备了 Ni_3Al-Mo-BaF_2/CaF_2-Ag 高温自润滑涂层[44,45]。Ni_3Al 基自润滑复合涂层在不同温度下的摩擦系数曲线和磨损率曲线如图 7.2 和图 7.3 所示。可以发现，复合涂层在室温到 1000℃具有较为稳定的摩擦系数和磨损率，其摩擦系数为 0.24~0.37。相比涂层材料，AISI321 不锈钢材料在测试温度范围内的摩擦系数要远高于涂层的摩擦系数，其数值均在 0.55 以上。1000℃超过其使用温度，因此最高测试温度为 800℃。结果表明，所制备的 Ni_3Al 基复合涂层在室温到 1000℃具有优异的自润滑性能，这主要是由于低温 Ag、中温 BaF_2/CaF_2和高温钼酸盐的固体润滑作用。

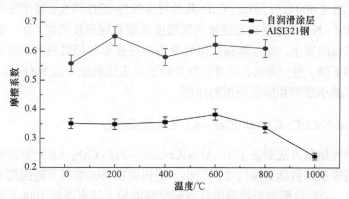

图 7.2　Ni_3Al 基自润滑涂层室温至 1000℃的摩擦系数曲线[44]

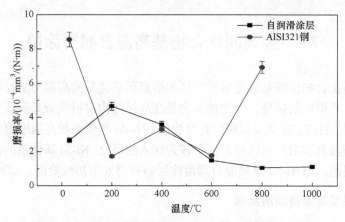

图 7.3　Ni$_3$Al 基自润滑涂层室温至 1000℃的磨损率曲线[44]

2. Ni$_3$Al-Al$_2$O$_3$-BaF$_2$/CaF$_2$-Ag 复合涂层[46]

Ni$_3$Al-Al$_2$O$_3$-BaF$_2$/CaF$_2$-Ag 复合涂层材料的摩擦系数和磨损率对温度具有明显的依赖性。从室温到 200℃的中低温段，随着温度的升高，复合涂层的摩擦系数从 0.39 减小到 0.36，此时摩擦系数数值波动较小。当温度超过 200℃，摩擦系数逐渐增大，至 400℃达到最大值 0.45。随着温度的进一步升高，在 400~800℃中高温段涂层的摩擦系数缓慢降低，在 800℃达到最小值 0.35。涂层的体积磨损率在 10^{-5}mm^3/(N·m)量级并随测试温度的增加而变化。从室温到 300℃，涂层的磨损率呈现逐渐增大趋势，即从室温时的 3.50×10^{-5}mm^3/(N·m)增加到 300℃时的 5.68×10^{-5}mm^3/(N·m)；温度超过 300℃后，磨损率随温度的升高迅速减小，至 800℃时达到实验温度范围内的最小值 0.19×10^{-5}mm^3/(N·m)。这是由于在室温到 400℃时，润滑相 Ag 受热变软，塑性变形能力增强，在摩擦对偶表面上快速形成固体润滑转移膜，隔离了硬质涂层和 Si$_3$N$_4$ 之间的直接接触，产生良好的减摩效果。当温度超过 400℃后，BaF$_2$/CaF$_2$ 共晶发生脆性-塑性转变，逐步发挥其高温润滑性能，同时，Ni$_3$Al 涂层高温强度的反温度屈服效应逐步增强，在一定程度上减弱了黏着磨损的发生，涂层磨损机制转变为塑性变形和轻微的磨粒磨损，摩擦系数和磨损率下降。另一方面，随着温度升高涂层表面氧化形成 NiO、Ni$_2$O$_3$ 等氧化膜，起到了减小摩擦和降低磨损的作用。

3. Ni$_3$Al-NiCr/Cr$_3$C$_2$-BaF$_2$/CaF$_2$-Ag 复合涂层材料[46]

利用激光熔覆方法制备了 Ni$_3$Al-NiCr/Cr$_3$C$_2$-BaF$_2$/CaF$_2$-Ag 复合涂层材料[46]。涂层材料的摩擦系数随温度的变化较小，磨损率在 600℃以下随温度变化较小，当温度超过 600℃后磨损率随温度升高而快速增加。从室温到 1000℃高温宽温域范围内，复合涂层表现出了良好的自润滑性能，摩擦系数在 0.30~0.36 波动。Ni$_3$Al-

NiCr/Cr$_3$C$_2$-BaF$_2$/CaF$_2$-Ag 涂层的体积磨损率在 10^{-5}mm^3/(N·m)量级范围并随测试温度的变化而变化。室温到 200℃，涂层的磨损率从 3.7×10^{-5}mm^3/(N·m)减小到 1.0×10^{-5}mm^3/(N·m)；温度超过 200℃后，磨损率随温度的升高逐步增加，至 1000℃时达到最大值 10.5×10^{-5}mm^3/(N·m)。

4. Ni$_3$Al-NiCr/Al$_2$O$_3$-BaF$_2$/CaF$_2$-Ag 复合涂层材料[46]

利用高能球磨和激光熔覆复合技术原位合成的 Ni$_3$Al 金属间化合物基高温自润滑耐磨涂层研究结果表明，由于 Ag 和 BaF$_2$/CaF$_2$ 共晶体良好的协同效应，Ni$_3$Al-NiCr/Al$_2$O$_3$-BaF$_2$/CaF$_2$-Ag 和 Ni$_3$Al-NiCr/Cr$_3$C$_2$-BaF$_2$/CaF$_2$-Ag 复合涂层具有低的摩擦系数；Al$_2$O$_3$ 增强相和 NiCr/Cr$_3$C$_2$ 增强相对 Ni$_3$Al 金属间化合物基高温自润滑涂层的摩擦学性能具有明显的影响。其中，纳米 Al$_2$O$_3$ 增强相体系的涂层在宽温域范围内具有相对较高的摩擦系数(0.35～0.45)并呈现出较大波动。但是，纳米 Al$_2$O$_3$ 增强相体系的涂层在 600℃以上高温段具有较低的磨损率(小于 1.5×10^{-5}mm^3/(N·m))并随温度的升高呈下降趋势；NiCr/Cr$_3$C$_2$ 增强相体系的涂层在宽温域范围内具有较低的摩擦系数(0.30～0.36)且较为稳定。然而，NiCr/Cr$_3$C$_2$ 增强相体系的涂层在 600℃以上高温段具有相对较高的磨损率(大于 1.5×10^{-5}mm^3/(N·m))并随温度的升高呈上升趋势。可见，NiCr/Cr$_3$C$_2$ 作为增强相有利于改善自润滑涂层的摩擦学性能，但是需要进一步细化其晶粒尺寸，提高 NiCr/Cr$_3$C$_2$ 相在涂层中的分散均匀性，从而提高复合涂层的耐磨损能力。

7.4.2 镍硅基高温自润滑涂层

Ni$_3$Si 与 Ni$_3$Al 同属 L1$_2$ 型金属间化合物，也是一种具有优异性能的金属间化合物。高的硅含量使其在高温条件下具有优异的抗腐蚀和抗氧化性能，同时，Ni$_3$Si 在高温条件下也具有反温度的强度效应(强度随温度升高而增加，在 400℃达到峰值)。因此，它是一种极具发展潜力的新型高温结构材料。

采用真空热压烧结技术，复配石墨、MoS$_2$ 和氟化物共晶等固体润滑剂，制备了厚度约为 3mm 的 Ni$_3$Si 基高温自润滑涂层[47]。该涂层在 200℃以下的摩擦系数较高，其原因是涂层中添加的 MoS$_2$ 均发生了分解，形成了不具润滑作用的 Mo$_2$S$_3$。然而涂层在高温条件下却具有较好的自润滑性能，且当 MoS$_2$ 和 BaF$_2$/CaF$_2$ 的质量分数分别为 15%和 10%时，涂层具有最优的高温摩擦学性能。高温条件下其磨损特征主要是剥落磨损。

7.5　金属基高温自润滑涂层

除 NASA 研制的 PS 系列涂层外，金属基高温自润滑涂层还包括镍基、钴基、软金属基等其他高温自润滑涂层。这些涂层各有其特点，既是对 PS 系列涂层摩擦学性能的进一步研究，又是对金属基高温自润滑涂层的有益补充。

7.5.1　镍基高温自润滑涂层

镍基合金以其良好的润湿性、耐腐蚀性、耐磨损性能、抗高温氧化性能和适中的价格成为高温自润滑材料的研究热点。镍基高温自润滑涂层主要是以镍基合金作为黏结相，利用涂层制备技术将镍基合金与固体润滑剂一同沉积在基体表面上的涂层材料，其中选择合适的固体润滑剂对镍基高温自润滑涂层的性能至关重要。

美国 NASA 研制的 PS 涂层具有优异的宽温域润滑性能，但以 PS304 涂层为代表的传统高温自润滑涂层组分复杂，结合强度不高。随着表面工程和润滑技术的发展，一些新型的制备技术和材料设计方法被应用到高温自润滑涂层中以进一步改善涂层的综合性能。

1. NiCr 基高温自润滑涂层

采用快速烧结的方法制备并研究了 HFIS304 涂层的润滑性能(其成分参考 NASA 的 PS304 材料)。首先，利用高能球磨方法制备了纳米粉末，然后结合冷等静压与快速烧结复合技术，制备了 HFIS304 涂层[48,49]。结果显示，该材料致密度较好，抗拉强度高；在室温到 600℃时，HFIS304 涂层的摩擦系数为 0.33~0.43，磨损率为 $1.0 \times 10^{-4} \sim 4.2 \times 10^{-4} mm^3/(N \cdot m)$，但在 800℃时由于力学性能的下降导致耐磨性能明显恶化。

采用激光熔覆技术制备了 NiCr-Cr$_3$C$_2$-Ag-BaF$_2$/CaF$_2$ 金属基高温自润滑耐磨涂层[50]。研究结果显示，NiCr-Cr$_3$C$_2$-Ag-BaF$_2$/CaF$_2$ 涂层的结构均匀、致密度高。摩擦试验结果表明，在室温至 500℃，NiCr-Cr$_3$C$_2$-Ag-BaF$_2$/CaF$_2$ 涂层的摩擦系数为 0.27~0.35，可见涂层在该温度区间内具有连续润滑的特性。随温度升高摩擦系数先降低后升高，随后降低并在 500℃时达到最小值。其润滑机理主要为：室温至 400℃，软金属 Ag 起到了润滑作用；而当温度超过 500℃时，在摩擦剪切力作用下，BaF$_2$/CaF$_2$ 共晶析出于磨斑表面并形成连续润滑膜，有效改善了涂层的润滑性能。

采用大气等离子体喷涂技术制备了 NiCr-Cr$_3$C$_2$-Ag-BaF$_2$/CaF$_2$ 涂层[51]。该涂层

所用原料是 NiCr 合金包覆的 NiCr-Cr_2C_3-BaF_2/CaF_2 复合粉末，其优点在于喷涂过程中抑制了颗粒的氧化、脱碳和烧蚀，保证了涂层的原始成分。实验结果显示，该涂层具有较高的显微硬度和结合强度；在 500℃具有良好的减摩耐磨性能，摩擦系数低至 0.38，磨损率低至 2.5×10^{-5}mm³/(N·m)，其润滑机理是涂层与摩擦对偶之间形成了一层连续的氟化物共晶润滑膜。

此外，为了进一步拓宽 PS304 涂层的服役温度，选用了具有更好耐高温性能的 NiCrAlY 合金粉末替代 NiCr 合金粉末作为自润滑涂层的黏结相，系统考察了两种涂层从室温至 1000℃的摩擦学性能[52]。结果表明，大气等离子体喷涂技术制备的 NiCrAlY-Cr_2O_3-Ag-CaF_2/BaF_2 自润滑涂层实现了室温至 1000℃的宽温域润滑，涂层在室温至 1000℃的摩擦系数保持在 0.4 以下，磨损率保持在 10^{-5}mm³/(N·m)量级，突破了 NiCr 基自润滑涂层 800℃最高服役温度的限制，同时在整个温度区间内较 NiCr 基涂层具有更低的摩擦系数和磨损率。

2. NiMoAl-Ag 高温自润滑涂层

以 PS304 涂层为代表的传统自润滑涂层组分较为复杂，如涂层中含有金属黏结相镍基合金、陶瓷增强相 Cr_2O_3、金属低温润滑相 Ag、非金属高温润滑相 CaF_2/BaF_2 共晶；其中镍基合金与非金属相 Cr_2O_3 和 CaF_2/BaF_2 共晶在通过等离子焰流形成熔融液滴并沉积涂层时，由于浸润性差导致涂层的层间结合能力较差，因此很难大幅度地提高涂层的整体结合强度。同时，喷涂粉末的流动性、熔点、密度等方面都存在较大的差异，导致每种喷涂粉末在等离子焰流中的熔融程度和飞行轨迹都有较大的差异，最终影响涂层的致密性和均匀性。

利用超声速氧气火焰喷涂(HVOF)技术制备的 NiMoAl-Ag 全金属相高温自润滑涂层，克服了以 PS304 涂层为代表的传统宽温域自润滑涂层组分复杂、结合强度较低等缺点。所制备的 NiMoAl-Ag 涂层表现出极其致密和均匀的结构，同时具有宽温域润滑性能，特别是在高温时具有极低的摩擦系数[53]。

NiMoAl 涂层在中低温段的摩擦系数较高，而在高温段表现出较好的润滑性能。但是 Ag 的加入，使得所制备的 NiMoAl-Ag 涂层在中低温的摩擦系数大幅降低，即 20℃时，NiMoAl 涂层的摩擦系数为 0.8，NiMoAl-Ag 涂层的摩擦系数仅为 0.33。在 200℃时，NiMoAl 涂层的摩擦系数为 0.78，NiMoAl-Ag 涂层的摩擦系数只有 0.30。在高温段(≥400℃)，Ag 的加入也使得涂层的摩擦系数得到了有效降低，尤其在 800℃时，NiMoAl 涂层的摩擦系数为 0.29，而 NiMoAl-Ag 涂层的摩擦系数仅为 0.09。综上，NiMoAl-Ag 涂层在 20～600℃的摩擦系数都保持在 0.3 左右；尤其值得关注的是，涂层在 800℃的摩擦系数降低到 0.09。上述结果说明，Ag 的加入有效保证了 NiMoAl-Ag 涂层在 20～800℃整个温度范围内都具有较低的摩擦系数，赋予了涂层优异的宽温域润滑性能。

在 20℃、200℃和 400℃摩擦后，NiMoAl-Ag 涂层的磨损率相比于 NiMoAl 涂层的磨损率，在这三个温度下都有不同程度的增大；而在 600℃和 800℃摩擦后，NiMoAl-Ag 涂层的磨损率相比 NiMoAl 涂层明显降低。这主要是因为虽然 Ag 可以大幅度降低涂层的摩擦系数，但 Ag 的加入导致 NiMoAl-Ag 涂层的硬度较 NiMoAl 涂层明显降低，所以 NiMoAl-Ag 涂层的承载能力下降，最终涂层在中低温段的磨损程度比 NiMoAl 涂层更为严重。而在 600℃和 800℃摩擦时，虽然涂层的硬度仍然降低，但 NiMoAl-Ag 涂层的摩擦表面在高温下产生了具有优异高温润滑性能的物质。这些物质在摩擦时起到了有效润滑作用，因此又使得 NiMoAl-Ag 涂层的磨损率比不加 Ag 的 NiMoAl 涂层的磨损率要低。

NiMoAl-Ag 涂层在不同的温度区间内表现不同的润滑机理：低温时($\leqslant 200$℃)，涂层由低剪切强度的 Ag 提供润滑作用；高温时($\geqslant 600$℃)，涂层磨痕表面"自适应"产生具有高温润滑作用的钼酸银类物质，为涂层在高温下提供润滑；而在 400℃时，涂层存在一段润滑"空白区"，涂层具有最大的摩擦系数和磨损率。NiMoAl-Ag 涂层在 800℃具有极低摩擦系数的润滑机理是：高温摩擦界面存在液态 Ag 和在环境温度及摩擦过程共同作用下所形成的钼酸银润滑釉质层，这两者产生了协同润滑作用，使得此时涂层的摩擦系数达到最小值。

HVOF 技术制备的 NiMoAl-Ag 涂层表现出致密均匀的结构，同时 Ag 的加入降低了 NiMoAl 涂层在中低温阶段的摩擦系数，实现了涂层的宽温域润滑。但是，涂层较低的硬度导致涂层在中低温阶段具有较高的磨损率。因此，为了进一步降低该涂层的磨损率，就必须在涂层中加入适量的增强相，以提高涂层硬度，增强其在宽温域内的耐磨损能力。Cr_3C_2-NiCr 是一种由 NiCr 合金和 Cr_3C_2 组成的金属陶瓷复合材料，该材料既保留了陶瓷的高强度、高硬度、耐磨损、耐高温、抗氧化和化学稳定性等特性，又具有较好的金属韧性和可塑性；同时，Cr_3C_2-NiCr 具有良好的耐热耐蚀性，在金属碳化物中抗氧化能力最强，在空气中只有在 1100℃～1400℃才开始显著氧化，因此在高温条件下具有优异的性能。鉴于此，以 Cr_3C_2-NiCr 作为增强相，使用 HVOF 技术制备 NiMoAl-Cr_3C_2-Ag 高温自润滑涂层获得开发[52,53]。

HVOF 技术制备的 NiMoAl-Cr_3C_2-Ag 涂层组织结构致密，内部无裂纹和孔洞等缺陷，润滑相和增强相在涂层中的分散均匀性好，涂层与基体结合强度高，其值为 45MPa。涂层中 Cr_3C_2 的加入显著地提高了涂层的硬度，增强了其承载能力。因此，NiMoAl-Cr_3C_2-Ag 涂层在 20～1000℃不但具有优异的自润滑性能，而且具有极佳的耐磨损能力。

3. Ni-hBN 高温自润滑涂层

六方晶系的氮化硼(hBN)虽然具有类似石墨的层状结构，但其较差的界面润湿性和烧结能力限制了在高温润滑领域的广泛应用。随着表面工程技术的发展，高温自润滑涂层的制备技术也获得相应的进步。以镍包覆的 hBN 粉为原料，通过激光熔覆技术在不锈钢基体上制备的 Ni-hBN 自润滑复合涂层，很好地解决了其烧结性差的问题，所制备的涂层材料具有良好的宽温域自润滑性能[54]。在室温到800℃，Ni-hBN 自润滑复合涂层与 Si_3N_4 陶瓷球配副时，其摩擦系数呈峰型变化，在 200℃达到峰值，随着温度的升高，hBN 的层间剪切力变得更弱，其摩擦系数在 800℃时降至 0.25。磨损机理由低温段的磨粒磨损和黏着磨损转变为高温段的轻微黏着磨损和塑性变形。由于不锈钢基体的高温力学性能下降，不能提供足够的承载力，制约涂层更高温度时的摩擦磨损性能。

4. NiCrAlTi/TiC-TiWC$_2$/CrS-Ti$_2$CS 涂层

利用激光熔覆的方法，在 Ti6Al4V 合金表面制备了以硬质 TiC 和 TiWC$_2$ 为增强相，Ti$_2$CS 和 CrS 金属硫化物为润滑相的高温自润滑耐磨损涂层[55]。其摩擦学性能研究显示，由于增强相与润滑相的共同作用，涂层在室温至 600℃与 Si_3N_4 陶瓷球配副时具有比钛合金更低的摩擦系数。

5. NiCoCrAlY-WSe$_2$-BaF$_2$/CaF$_2$ 涂层

利用大气放电等离子体喷涂方法制备的 NiCoCrAlY-WSe$_2$-BaF$_2$/CaF$_2$ 复合材料[56]，在 500℃和 800℃高温条件下的摩擦学性能研究表明，当涂层中 NiCoCrAlY 的质量分数为 65%时，复合涂层在 800℃时摩擦系数达到 0.28，归因于涂层的磨损表面形成了具有高温润滑性能的 BaCrO$_4$ 相，改善了复合涂层在高温时的减摩性能。

7.5.2　钴基高温自润滑涂层

钴基高温合金具有良好的高温强度、抗热腐蚀性能、热疲劳性能和抗蠕变性能等，其中 Stellite 系列钴基合金已成为刀具、机床、耐磨涂层的重要工业材料。目前，钴基合金材料的高温摩擦学研究多集中于耐磨损性能方面，而对于高温润滑性能的关注较少。

通过大气等离子体喷涂方法制备了 Co-WC-Cu-BaF$_2$/CaF$_2$ 自润滑耐磨涂层[57]。研究结果显示，在 200℃时，Co-WC-Cu-BaF$_2$/CaF$_2$ 涂层摩擦产物中含有 WC 硬质颗粒而引起磨粒磨损，因此摩擦系数和磨损率相对较高；在 400℃至 600℃温度区间内磨斑表面的剪切层中没有 WC 颗粒，Cu、BaF$_2$/CaF$_2$ 共晶等固体润滑剂在表面形成了光滑且致密的剪切层，因此，复合涂层具有低的摩擦系数和磨损率，表现出良好的摩擦学性能。

7.5.3 软金属基高温自润滑涂层

软金属基涂层的特点是同时含有软金属相和硬质金属相,其中软金属在摩擦过程中可减小涂层与配副材料之间的摩擦力,而硬质金属相则在摩擦过程中起到耐磨损作用。

Ag/Ti 涂层是 NASA 利用物理气相沉积(PVD)技术制备的自润滑涂层[58]。该涂层基体选择的是高熔点的 Al_2O_3 陶瓷相。首先,在 Al_2O_3 陶瓷相表面喷涂一层 Ti 金属,厚度约 25nm,然后继续在其上方沉积一层厚度约 1.5μm 的 Ag 层。摩擦测试结果发现,该涂层在惰性气体环境下能够实现室温至 800℃的连续润滑,在空间润滑方面具有一定的应用前景。

Cu/Ni/Ag、Ag/Ti 等金属涂层在 600℃以下一般具有较好的润滑性能,而在800℃以上,则需要选择更为稳定的 Au 作为润滑剂。最典型的例子是 NASA 采用 PVD 溅射技术先制备了 Au/Cr 双层涂层,经过 800℃热处理后,Au 和 Cr 互相扩散形成了 Au-Cr 双组分涂层,涂层的摩擦系数由室温时的 0.5 降至 1000℃时的 0.25。尤其突出的是,即使是在 1000℃的温度下,该涂层仍具有较好的润滑性能和较长的使用寿命。

然而,软金属基自润滑涂层也存在一些不足之处,如承载能力较低、寿命较短,只适合在低载、低速的条件下使用;在高温时易发生黏着而影响配副材料。此外,金属涂层与陶瓷基体热膨胀匹配性也是限制其应用的一个重要不足。

7.6　无机酸盐类高温自润滑涂层

固体润滑剂除了与基体相和强化相复合使用外,还可以单独使用,如固体润滑剂干膜和涂/覆层材料。由于单一润滑组分的限制,其使用范围多较窄,一般只能在某一温度段或某一种环境下才具有减摩耐磨效果,如单一润滑组分的 Ag 涂层一般在 400℃以下具有较好的润滑效果,单一的 MoS_2 涂层适用温度上限为350℃,超过 400℃会由于氧化等而失效。

除了上述介绍的 PS 系列涂层、自适应性涂层、陶瓷基涂层、金属间化合物基涂层、金属基高温自润滑涂层外,高温自润滑涂层还包括无机酸盐类高温自润滑涂层,如金属氧化物、硫酸盐等高温自润滑涂层。这些无机酸盐类高温自润滑涂层主要组成为起到润滑功能的无机酸盐固体润滑剂,并不添加黏结功能、承载功能以及其他辅助功能的组分。

7.6.1 $Me_xTM_yO_z$ 类高温自润滑涂层

$Me_xTM_yO_z$ 为双金属氧化物,其中 Me 为软金属(如 Cu、Ag、Cs 等),TM 为

过渡金属(如 Mo、V、Nb 等)，常见的双金属氧化物有 $AgMo_xO_y$、AgV_xO_y、$CuMo_xO_y$ 等。$Me_xTM_yO_z$ 双金属氧化物的特点是具有层状结构，突出优点是在 300~700℃ 表现出较低的摩擦系数(0.1~0.3)，典型的 $AgMo_xO_y$ 涂层在 600℃时摩擦系数可以达到 0.1 左右。但是，$Me_xTM_yO_z$ 涂层存在明显缺点，如金属氧化物涂层多采用真空脉冲激光沉积技术制备，而且只有在中高温时才具有很好的润滑性能，这些都限制了其批量生产和大规模的应用。

7.6.2　铯盐类高温自润滑涂层

涂层与配副材料之间的摩擦化学反应可在接触面上形成具有减摩作用的润滑层，具有优异润滑性能的 Cs_2WOS_3 和 Cs_2MoOS_3 便是利用了此原理[59]。研究发现，在高温大气环境下，Cs 能与氮化硅陶瓷球发生摩擦氧化反应，这对硅酸盐薄膜的形成起到重要作用。Cs、Na、Ca、Li 和 K 可作为玻璃网状修饰，在玻璃中以单价态形式存在，而在铯盐涂层中这些元素仍然可以与硅等形成低熔点的玻璃相，并在高温时可作为有效的固体润滑剂。多种基体和配副材料对涂层性能的研究发现，在 600℃大气环境下，沉积在 Si_3N_4 基体上的 Cs_2MoOS_3 涂层与 Si_3N_4 对磨时摩擦系数最低，达到 0.03 左右；涂层还具有极佳的耐磨损性能，1μm 的 Cs_2MoOS_3 涂层，在与 Si_3N_4 对磨时，寿命超过 10^6 次循环。这是因为磨斑表面在高温时形成了低熔点的 Cs-Si 玻璃润滑相；在中低温时，涂层的摩擦系数在 0.2 左右，这与氧化物的软化有关，室温时由于发生黏着磨损，摩擦系数较高。但是，Cs_2WOS_3 与 Cs_2MoOS_3 涂层也具有不足之处，其使用温度不能超过 750℃。虽然在升高到 750℃ 后，涂层依然可以保持低的摩擦系数，但涂层的机械性能下降较为严重，失去了支撑作用。

7.6.3　硫酸盐类高温自润滑涂层

硫酸盐在高温时可以形成致密的润滑层，能够有效提高材料的摩擦学性能[60,61]。利用脉冲激光沉积技术，在不同基体表面沉积制备了 $CaSO_4$、$BaSO_4$ 及 $SrSO_4$ 等涂层，测试了该涂层在 600℃时的摩擦学性能[60]。研究结果显示，三种涂层的摩擦系数均为 0.15 左右。其中，$BaSO_4$ 涂层具有低且平稳的摩擦系数，摩擦学性能最为优异。通过对 600℃磨斑表面的 XRD 分析发现，磨斑表面同时含有碳酸盐和硫酸盐，而碳酸盐的晶体结构是碳原子与碱金属原子交互排列，具有层状结构，使涂层在高温时表现出良好的润滑性能。

另外，Murakami 等分别在 Al_2O_3 和不锈钢基体表面沉积并研究了 $BaSO_4$ 和 $SrSO_4$ 两种涂层室温至 800℃的摩擦学性能[61]。研究显示，在 Al_2O_3 表面沉积的两种硫酸盐涂层在实验温度范围内，摩擦系数都维持在 0.4 左右。比较而言，片层状结构的 $BaSO_4$ 比块状结构的 $BaSO_4$ 具有更低且稳定的摩擦系数。此外，在

SUS316 不锈钢表面制备的 $BaSO_4$-Ag 涂层在室温至 800℃，摩擦系数为 0.2～0.4。

7.7　高温自润滑涂层制备技术

为满足使役工况的要求，高温自润滑涂层必须具有良好的综合性能。例如，所制备的高温自润滑涂层必须具有较高的机械性能和热稳定性能；涂层与基体材料要有良好的润湿性，以保证涂层和基材的结合力；避免在涂层与基体处形成脆性化合物，保证界面的韧性；遵循涂层和基体材料的热膨胀系数相近原则；涂层材料和基材都应有一定的延展性来补偿制备过程中产生的热应力等。高温自润滑涂层制备技术是实现其高温润滑功能的技术保障，必须选择合适的工艺条件来制备相应的高温自润滑涂层。

高温自润滑合金的制备技术以铸造、熔炼等传统冶金技术为主，高温自润滑复合材料的制备技术以热压烧结、热等静压烧结、热挤压烧结、放电等离子烧结等粉末冶金技术为主，而随着现代表面工程技术的快速发展，高温自润滑涂层的制备技术种类较多。目前，高温自润滑涂层的制备技术主要包括气相沉积技术(包括物理气相沉积和化学气相沉积)和热喷涂技术、电化学沉积技术、粉末冶金技术、激光熔覆技术、涂覆技术等，而多采用物理气相沉积技术、热喷涂技术和激光熔覆技术来制备高温自润滑涂层。

7.7.1　物理气相沉积技术

物理气相沉积技术(PVD)是指利用气相中发生的物理和化学过程，在工件表面形成功能性或装饰性的金属、非金属或化合物涂层。在涂层制备技术方面，离子束增强沉积技术、电火花沉积技术、电子束物理气相沉积技术和多层喷射沉积技术等发展迅速。近年来，利用物理气相沉积技术制备高温自润滑涂层得到了迅速发展，其制备的自润滑涂层主要包括金属基涂层、双金属氧化物涂层、氮化物基涂层等。

1. 离子束增强沉积技术

离子束增强沉积(BED)技术是一种将离子注入与薄膜沉积融为一体的材料表面改性技术。它是指在气相沉积镀膜的同时，采用一定能量的离子束进行轰击混合，从而形成单质或化合物膜层。它除了保留离子注入的优点外，还可在较低的轰击能量下连续生长任意厚度的膜层，并能在室温或近室温下合成具有理想化学配比的化合物膜层(包括常温常压无法获得的新型膜层)。该技术具有工艺温度低(<200℃)，对所有衬底结合力强，可在室温得到高温相、亚稳相及非晶态合金，化

学组成和生长过程便于控制等优点。其主要缺点是离子束具有直射性，因此处理形状复杂的表面比较困难。

2. 电火花沉积技术

电火花沉积(ESD)技术是将电源存储的高能量电能，在金属电极(阳极)与金属母材(阴极)间瞬时高频释放，通过电极材料与母材间的空气电离形成通道，使母材表面产生瞬时高温、高压微区；同时离子态的电极材料在微电场的作用下融渗到母材基体，形成冶金结合。电火花沉积工艺是介于焊接与喷溅或元素渗入之间的工艺，经过电火花沉积技术处理的金属沉积层具有较高硬度，以及较好的耐高温性、耐腐蚀性、耐磨性。优点是设备简单、用途广泛、沉积层与基体的结合非常牢固，一般不会发生脱落，处理后工件不会退火或变形，沉积层厚度容易控制，操作方法容易掌握。主要缺点是缺少理论支持，操作尚未实现机械化和自动化。

3. 电子束物理气相沉积技术

电子束物理气相沉积(EB-PVD)技术是以高能密度的电子束直接加热蒸发材料，蒸发材料在较低温度下沉积在基体表面的技术。该技术具有沉积速率高(10～15kg/h)、涂层致密、化学成分易于精确控制、可得到柱状晶组织、无污染及热效率高等优点。该技术的缺点是设备昂贵，加工成本高。

4. 多层喷射沉积技术

与传统的喷射沉积技术相比，多层喷射沉积(MLSD)技术的一个重要特点是可调节接收器系统和坩埚系统的运动，使沉积过程为匀速且轨迹不重复，从而得到平整的沉积表面。该技术的优点是沉积过程中的冷却速率比传统喷射沉积要高，冷却效果较好；可制备大尺寸工件，且冷却速率不受影响；工艺操作简单，易于制备尺寸精度较高、表面均匀平整的工件；液滴沉积率高；材料显微组织均匀细小，无明显界面反应，材料性能较好。该技术还处于研究、开发和完善阶段，因此对其沉积到工件表面的轨迹的规律性研究还缺少理论依据。

7.7.2　热喷涂技术

热喷涂技术是一种将涂层材料(粉末或丝材)送入某种热源(燃烧火焰、电弧、等离子体等)中熔化，并利用高速气流将其喷射到基体材料表面形成涂层的工艺。根据热源不同，热喷涂技术可分为：火焰喷涂、电弧喷涂、等离子喷涂和特殊喷涂。热喷涂涂层具有耐磨损、抗腐蚀、耐高温等优良性能，并能对磨损、腐蚀或加工超差引起的零件尺寸减小进行修复，在航空航天、机械制造、石油化工和生物等领域得到了广泛的应用。大量已有的研究结果和实际应用均证明，热喷涂技术已成为制备高温自润滑涂层最具竞争力的表面工程技术之一，如自 20 世纪 80 年代，NASA 格林研究中心就开始在这方面开展了大量卓有成效的工作，研制了宽温域固体润滑 PS 系列涂层(PS100～PS400)。

1. 火焰喷涂技术

火焰喷涂法以氧炔焰作为热源，将喷涂材料加热到熔化或半熔化状态，并以高速喷射到经过预处理的基体表面上，从而形成一种具有特殊性能的涂层。该技术可喷涂各种丝材、棒材和粉末材料。氧炔焰喷涂具有设备简单、工艺操作简便、应用广泛灵活、适应性强、修复速度快、经济性好、噪声小等特点，是目前应用最广泛的一种热喷涂技术。

2. 电弧喷涂技术

将两根彼此绝缘的喷涂丝材机械送入雾化气流区的一点，引燃的电弧使丝端部加热融熔并达到过热状态，强烈的压缩空气流使融熔的金属喷射、雾化，并以微粒方式以 200～300m/s 高速冲击到经过预先制备的工件表面上，在基体表面形成涂层的方法。与其他热喷涂方法相比，电弧喷涂技术具有如下特点：结合强度高、生产效率高、成本低、安全性好、喷涂质量稳定。

3. 等离子喷涂技术

等离子喷涂技术是利用等离子火焰将喷涂粉末加热到熔融或半熔融状态，并以高速喷向经过预处理的工件表面而形涂层的方法。等离子喷涂工作气体进入电极腔后，被电弧加热离解形成等离子体，经孔道高压压缩后呈高速等离子射流喷出。喷涂粉末被载入等离子焰流，并高速喷打在经过粗化的洁净零件表面产生塑性变形，黏附在零件表面。各液滴之间依靠塑性变形相互作用，从而获得结合良好的层状致密涂层。等离子喷涂制备涂层的优点：涂层厚度可控、孔隙率低、氧化物和杂质含量少、基体组织不会发生变化。

4. 超声速火焰喷涂技术

超声速火焰喷涂是 20 世纪 80 年代初发展起来的一种制备高质量涂层的表面技术，利用氢气、乙炔、丙烯、煤油等作燃料，用氧气或空气作助燃剂，在燃烧室或特殊的喷嘴中燃烧产生超声速燃焰。该焰流具有速度高(约 2100m/s)、温度低(3000～4000K)的特征，获得的涂层具有结合强度高、致密性好等优点。超声速火焰喷涂技术可分为超声速氧气火焰喷涂(HVOF)和超声速空气火焰喷涂(HVAF)。其中 HVOF 系统使用气体燃料和氧气助燃剂，生产成本很高。例如 JP-

5000 型 HVOF 系统, 典型工艺参数需氧气流量为 0.9438m³/min, 每瓶氧气只能维持 5～6min。HVAF 系统使用压缩空气代替价格昂贵的纯氧气作助燃气体, 且喷枪采用气冷方式, 除了大幅度降低成本外, 喷涂温度可以控制在较低范围内, 是热喷涂技术上的一项革新。超声速火焰喷涂具有优异的低温高速特性, 通过超声速火焰喷涂可得到几乎无孔、低氧结构的优质涂层。虽然超声速火焰喷涂的焰流速度极高, 但其火焰的温度较低, 因此对喷涂粉末的熔点、流动性、密度和可加速性等性能要求较高, 故而 HVOF 一般用于喷涂金属基和金属陶瓷基高温润滑涂层。

5. 低压等离子喷涂技术

低压等离子喷涂是在一个密封的气室内, 用惰性气体(氩气或氮气)排出室内的空气, 然后抽真空并在保护气氛下的低真空环境里进行的喷涂技术。低压等离子喷涂设备比较复杂, 要求有良好的真空系统, 对气体进行严格的净化, 对机械装置及粉末、水和气体等供应系统也都有很高的要求, 因此设备的价格很高, 主要用于尖端技术和军工部门喷涂难熔金属、活性金属和碳化物等材料。

6. 爆炸喷涂技术

爆炸喷涂技术是粉末爆炸喷涂技术的简称, 是 20 世纪 50 年代初由美国联合碳化物公司发明的技术。这种方法是在特殊设计的燃烧室里, 将氧气和乙炔气按一定的比例混合后引爆, 使料粉加热熔融并使颗粒高速撞击在零件表面形成涂层的方法。其主要特点: 可喷涂的材料范围广, 适用材料涵盖低熔点的铝合金到高熔点的陶瓷; 基体热损伤小, 不会产生变形和相变; 涂层的厚度容易控制, 加工余量小, 维修操作方便; 爆炸喷涂涂层的粗糙度低; 喷涂过程中, 碳化物及碳化物基粉末材料不会产生碳分解和脱碳现象, 从而能保证涂层组织成分与粉末成分的一致性; 氧气的消耗少, 运行成本低。

7.7.3 激光熔覆技术

激光熔覆技术是一种先进的表面改性技术, 它是利用高能激光束使添加在表面的材料及基材的表面薄层熔化而形成具有特殊功能及低稀释率并且与基材为冶金结合的涂层。与其他涂层制备技术相比, 激光熔覆技术具有如下特点: 冷却速率快, 组织为典型的快速凝固特征; 热输入和畸变较小, 涂层稀释率低(一般小于 8%), 且与基体呈冶金结合; 粉末选择没有太多限制, 特别是可以在低熔点金属表面熔覆高熔点合金; 熔覆表面区域的可精确选择, 材料消耗少, 具有较好的性价比; 熔覆过程容易实现自动化。在优化激光熔覆工艺条件的情况下, 可以制备出结构和摩擦学性能都较为理想的自润滑涂层。利用激光熔覆方法制备的高温自润滑涂层材料主要有：$Ni_3Al-Al_2O_3-BaF_2/CaF_2-Ag$、$Ni_3Al-NiCr/Cr_3C_2-BaF_2/CaF_2-Ag$、$Ni-hBN$ 等体系。在优化激光熔覆工艺条件的情况下，可以制备出结构和摩擦学性能都较为理想的自润滑涂层。

7.7.4　粉末冶金技术

　　粉末冶金是一种使用金属粉末或金属与非金属粉末的混合物作为原料，经过成形和烧结，制造金属材料、复合材料以及各种类型制品的工艺技术。粉末冶金技术可以将熔点差异较大、互不相溶的几种材料烧结致密，并可在较宽范围内调节组元的比例。因此，粉末冶金技术也可以被用来制备高温自润滑涂层。传统的粉末冶金自润滑涂层技术是先将固体润滑剂与基体粉末(金属粉末或金属粉末与非金属粉末的混合物)混合配成原料，用模压、等静压等方式进行成形，然后在真空、氢气或其他保护气氛条件下烧结，最后通过整型、机加工得到成形的涂层。目前通过粉末冶金技术制备的高温自润滑涂层主要包括：$Ni_3Al-Ag-Mo-BaF_2/CaF_2$ 高温自润滑涂层、Ni_3Si 基高温自润滑涂层、HFIS304 高温自润滑涂层等。HFIS304 高温自润滑涂层的组成为 NiCr 合金、Cr_2O_3、Ag 和 CaF_2/BaF_2 共晶(涂层成分参考 NASA 的 PS304 涂层)，所制备涂层的相对密度达到 93%，抗拉伸强度达 47MPa，相比大气等离子喷涂制备的 PS304 涂层，相对密度与抗拉伸强度明显提高。

7.7.5　冷喷涂技术

　　冷喷涂是一种新型的喷涂技术，它不同于传统热喷涂(超声速火焰喷涂、爆炸喷涂、等离子喷涂等)，不需要将喷涂的粉末颗粒熔化。该技术基于空气动力学原理，利用高压气体携带粉末颗粒从轴向进入喷枪产生超声速气体，粉末颗粒经高速气流加速到超声速后形成气-固双相流，在完全固态下撞击基体，通过塑性变形沉积于基体表面形成性能优异的涂层。冷喷涂的突出优点是：喷涂过程不引起相结构和化学成分变化；涂层厚度可达 10cm 以上；涂层致密；对基材热影响小；沉积效率高；可收集和重复使用粉末，粉末利用率高。但是，冷喷涂技术要求所制备的原料应有较高的塑性,因此目前所制备的自润滑涂层多为铜基自润滑涂层。

参 考 文 献

[1] Dellacorte C, Edmonds B J. NASA PS400: A new high temperature solid lubricant coating for high temperature wear applications[R]. NASA/TM-2009-215678, 2009.

[2] Sliney H E. Wide temperature spectrum self-lubricating coatings prepared by plasma spraying[J]. Thin Solid Films, 1979, 64: 211-217.

[3] Dellacorte C, Sliney H E. Composition optimization of self-lubricating chromium-carbide-based composite coatings for use to 760℃[J]. ASLE Transactions, 1987, 30: 77-83.

[4] Dellacorte C, Wood J C. High temperature solid lubricant materials for heavy duty and advanced

heat engines[R]. NASA/TM-106570, 1994.

[5] Dellacorte C, Edmond B J. Preliminary evaluation of PS300: A new self-lubricating high temperature composite coating for use to 800℃[R]. NASA/TM-107056, 1996.

[6] Dellacorte C, Fellenstein J A. The effect of compositional tailoring on the thermal expansion and tribological properties of PS300: A solid lubricant composite coating[J]. Tribology Transactions, 1997, 40: 639-642.

[7] Stanford M K, Yanke A M, DellaCorte C. Thermal effects on a low Cr modification of PS304 solid lubricant coating[R]. NASA/TM-2004-213111, 2004.

[8] Dellacorte C, Stanford M K, Thomas F, et al. The effect of composition on the surface finish of PS400: a new high temperature solid lubricant coating[R]. NASA/TM-2010-216774, 2010.

[9] Voevodin A A. Fitz T A, Hu J J, et al. Nanocomposite tribological coatings with "chameleon" surface adaptation[J]. Journal of Vacuum Science and Technology A, 2002, 20: 1434-1444.

[10] Voevodin A A, Muratore C, Aouadi S M. Hard coatings with high temperature adaptive lubrication and contact thermal management: Review[J]. Surface and Coatings Technology, 2014, 257: 247-265.

[11] Voevodin A A, Zabinski J S. Nanocomposite and nanostructured tribological materials for space applications[J]. Composites Science and Technology, 2005, 65: 741-748.

[12] Voevodin A A, Muratore C, Zabinski J S. Chameleon or smart solid lubricating coatings[J]. Encyclopedia of Tribology, 2013, 347-354.

[13] Voevodin A A, O'Neill J P, Zabinski J S. Tribological performance and tribochemistry of nanocrystalline WC/amorphous diamond-like carbon composites[J]. Thin Solid Films, 1999, 342: 194-200.

[14] Voevodin A A, O'Neill J P, Zabinski J S. WC/DLC/WS$_2$ nanocomposite coatings for aerospace tribology[J]. Tribology Letters, 1999, 6: 75-78.

[15] Voevodin A A, O'Neill J P, Zabinski J S. Nanocomposite tribological coatings for aerospace applications[J]. Surface and Coatings Technology 1999, 116-119: 36-45.

[16] Wu J H, Rigney D A, Falk M L, et al. Tribological behavior of WC-DLC-WS$_2$ nanocomposite coatings[J]. Surface and Coatings Technology, 2004, 188-189: 605-611.

[17] Muratore C, Voevodin A A, Hu J J, et al. Growth and characterization of nanocomposite yttria-stabilized zirconia with Ag and Mo[J]. Surface and Coatings Technology, 2005, 200: 1549-1554.

[18] Voevodin A A. Hu J J, Jones J G, et al. Growth and structural characterization of yttria-stabilized zirconia-gold nanocomposite films with improved toughness[J]. Thin Solid Films, 2001, 401: 187-195.

[19] Muratore C, Voevodin A A, Hu J J, et al. Tribology of adaptive nanocomposite yttria-stabilized zirconia coatings containing silver and molybdenum from 25 to 700℃[J]. Wear, 2006, 261: 797-805.

[20] Muratore C, Voevodin A A, Hu J J, et al. Multilayered YSZ-Ag-Mo/TiN adaptive tribological nanocomposite coatings[J]. Tribology Letters, 2006, 24: 201-206.

[21] Muratore C, Hu J J, Voevodin A A. Adaptive nanocomposite coatings with a titanium nitride diffusion barrier mask for high-temperature tribological applications[J]. Thin Solid Films, 2007,

515: 3638-3643.

[22] Hu J J, Muratore C, Voevodin A A. Silver diffusion and high-temperature lubrication mechanisms of YSZ-Ag-Mo based nanocomposite coatings[J]. Composites Science and Technology, 2007, 67: 336-347.

[23] Baker C C, Hu J J, Voevodin A A. Preparation of Al_2O_3/DLC/Au/MoS_2 chameleon coatings for space and ambient environments[J]. Surface and Coatings Technology, 2006, 201: 4224-4229.

[24] Aouadi S M, Luster B, Kohli P, et al. Progress in the development of adaptive nitride-based coatings for high temperature tribological applications[J]. Surface and Coatings Technology, 2009, 204: 962-968.

[25] Stone D, Liu J, Singh D P, et al. Layered atomic structures of double oxides for low shear strength at high temperatures[J]. Scripta Materialia, 2010, 62: 735-738.

[26] Aouadi S M, Paudel Y, Luster B, et al. Adaptive Mo_2N/MoS_2/Ag tribological nanocomposite coatings for aerospace applications[J]. Tribology Letters, 2007, 29: 95-103.

[27] Aouadi S M, Singh D P, Stone D S, et al. Adaptive VN/Ag nanocomposite coatings with lubricious behavior from 25 to 1000℃[J]. Acta Materialia, 2010, 58: 5326-5331.

[28] Gao H, Otero-de-la-Roza A, Gu J, et al. (Ag, Cu)-Ta-O ternaries as high-temperature solid-lubricant coatings[J]. ACS Applied Materials and Interfaces, 2015, 7: 15422-15429.

[29] Stone D S, Gao H, Chantharangsi C, et al. Load-dependent high temperature tribological properties of silver tantalate coatings[J]. Surface and Coatings Technology, 2014, 244: 37-44.

[30] Stone D S, Migas J, Martini A, et al. Adaptive NbN/Ag coatings for high temperature tribological applications[J]. Surface and Coatings Technology, 2012, 206: 4316-4321.

[31] Ouyang J H, Sasaki S. Microstructure and tribological characteristics of ZrO_2-Y_2O_3 ceramic coatings deposited by laser-assisted plasma hybrid spraying[J]. Tribology International, 2002, 35: 255-264.

[32] Ouyang J H, Sasaki S, Umeda K. Low-pressure plasma-sprayed ZrO_2-CaF_2 composite coating for high temperature tribological applications[J]. Surface and Coatings Technology, 2001, 137: 21-30.

[33] Ouyang J H, Sasaki S, Umeda K. Microstructure and tribological properties of low-pressure plasma-sprayed ZrO_2-CaF_2-Ag_2O composite coating at elevated temperature[J]. Wear, 2001, 249: 440-451.

[34] Ouyang J H, Sasaki S, Umeda K. The friction and wear characteristics of plasma-sprayed ZrO_2-Cr_2O_3-CaF_2 from room temperature to 800℃[J]. Journal of Materials Science, 2001, 36: 547-555.

[35] Ouyang J H, Umeda S, Umeda K. The friction and wear characteristics of low-pressure plasma-sprayed ZrO_2-$BaCrO_4$ composite coating at elevated temperatures[J]. Surface and Coatings Technology, 2002, 154: 131-139.

[36] Ouyang J H, Sasaki S. Effects of different additives on microstructure and high-temperature tribological properties of plasma-sprayed Cr_2O_3 ceramic coatings[J]. Wear, 2001, 249: 56-66.

[37] Lyo I W, Ahn H S, Lim D S. Microstructure and tribological properties of plasma-sprayed chromium oxide-molybdenum oxide composite coatings[J]. Surface and Coatings Technology, 2003, 163: 413-442.

[38] Wang H M, Yu Y L, Li S Q. Microstructure and tribological properties of laser clad CaF$_2$/Al$_2$O$_3$ self-lubrication wear-resistant ceramic matrix composite coatings[J]. Scripta Materialia, 2002, 47: 57-61.

[39] Walck S D, Zabinski J S, McDevitt N T, et al. Characterization of air-annealed, pulsed laser deposited ZnO-WS$_2$ solid film lubricants by transmission electron microscopy[J]. Thin Solid Films, 1997, 305: 130-143.

[40] Ageh V, Mohseni H, Scharf T W. Lubricious zinc titanate coatings for high temperature applications[J]. Surface and Coatings Technology, 2013, 237: 241-247.

[41] Suszko T, Gulbiński W, Jagielski J. Mo$_2$N/Cu thin films-the structure, mechanical and tribological properties [J]. Surface and Coatings Technology, 2006, 200: 6288-6292.

[42] Ezirmik V, Senel E, Kazmanli K, et al. Effect of copper addition on the temperature dependent reciprocating wear behaviour of CrN coatings[J]. Surface and Coatings Technology, 2007, 202: 866-870.

[43] Öztürk A, Ezirmik K V, Kazmanli K, et al. Comparative tribological behaviors of TiN-, CrN- and MoN-Cu nanocomposite coatings[J]. Tribology International, 2008, 41: 49-59.

[44] Niu M Y, Bi Q L, Yang J, et al. Tribological performance of a Ni$_3$Al matrix self-lubricating composite coating tested from 25 to 1000℃[J]. Surface and Coatings Technology, 2012, 206: 3938-3943.

[45] 牛牧野. 镍硅镍铝金属间化合物基复合涂层的制备及其性能研究[D]. 兰州: 中国科学院兰州化学物理研究所, 2012.

[46] 俞友军. 激光熔覆宽温域自润滑耐磨涂层的制备及其摩擦学性能研究[D]. 兰州: 中国科学院兰州化学物理研究所, 2011.

[47] Niu M Y, Bi Q L, Zhu S Y, et al. Microstructure, phase transition and tribological performances of Ni$_3$Si-based self-lubricating composite coatings[J]. Journal of Alloys and Compounds, 2013, 555: 367-374.

[48] Ding C H, Li P L, Ran G, et al. PM304 coating on a Ni-based superalloy by PM technique[J]. Materials Science and Engineering: A, 2008, 483-484: 755-758.

[49] Liu C H, Ding C H. Microstructure and tribological characterizations of Ni-based self-lubricating coating[J]. Wear, 2010, 268: 599-604.

[50] 俞友军, 周健松, 陈建敏, 等. 激光熔覆 NiCr/Cr$_3$C$_2$-Ag-BaF$_2$/CaF$_2$ 金属基高温自润滑耐磨涂层的组织结构及摩擦学性能[J]. 中国表面工程, 2010, 23: 64-70.

[51] 黄传兵, 杜令忠, 张伟刚. NiCr/Cr$_3$C$_2$-BaF$_2$/CaF$_2$ 高温自润滑耐磨涂层的制备与摩擦磨损特性[J]. 摩擦学学报, 2009, 29: 68-74.

[52] 陈杰. 热喷涂宽温域自润滑涂层的制备及其摩擦学性能研究[D]. 兰州: 中国科学院兰州化学物理研究所, 2015.

[53] Chen J, Zhao X, Zhou H, et al. HVOF-sprayed adaptive low friction NiMoAl-Ag coating for tribological application from 20 to 800℃[J]. Tribology Letters, 2014, 56: 55-66.

[54] Zhang S, Zhou J, Guo B, et al. Friction and wear behavior of laser cladding Ni/hBN self-lubricating composite coating[J]. Materials Science and Engineering: A, 2008, 491: 47-54.

[55] 刘海青, 刘秀波, 孟祥军, 等. Ti-6Al-4V 合金激光熔覆 γ-NiCrAlTi/TiC＋TiWC$_2$/CrS＋Ti$_2$CS

高温自润滑耐磨复合涂层研究[J]. 中国激光, 2014, 41: 0303005-1-0303005-6.

[56] Chen X H, Yuan X J, Xia J, et al. High-temperature tribological properties of NiCoCrAlY-WSe₂-BaF₂/CaF₂ solid lubricant coatings prepared by plasma spraying[C]. IOP Conference Series: Materials Science and Engineering, 2015, 103: 012052.

[57] 袁建辉, 祝迎春, 雷强, 等. 等离子喷涂制备 WC-Co-Cu-BaF₂/CaF₂ 自润滑耐磨涂层及其高温摩擦性能[J]. 中国表面工程, 2012, 25: 31-36.

[58] Dellacorte C, Pepper S V, Honecy F S. Tribological properties of Ag/Ti films on Al₂O₃ ceramic substrates[J]. Surface and Coatings Technology, 1992, 52: 31-37.

[59] Strong K L, Zabinski J S. Tribology of pulsed laser deposited thin films of cesium oxythiomolybdate (Cs₂MoOS₃)[J]. Thin Solid Films, 2002, 406: 174-184.

[60] John P J, Zabinski J S. Sulfate based coatings for use as high temperature lubricants[J]. Tribology Letters, 1999, 7: 31-37.

[61] Murakami T, Ouyang J H, Umeda K, et al. High-temperature friction properties of BaSO₄ and SrSO₄ powder films formed on Al₂O₃ and stainless steel substrates[J]. Materials Science and Engineering: A, 2006, 432: 52-58.

第8章　高温耐磨损材料

机械装备在使役过程中，50%以上的失效来自材料磨损。耐磨损性能是工程材料最重要的性能之一，提高材料的耐磨损性能是延长机械装备使役寿命的有效手段。在空天、核能、冶金、石化等关乎国家安全、民生的关键领域，材料在高温下的磨损问题直接影响着高端装备和兵器的研发及其服役过程中的安全可靠性。例如，在涡轮发动机的增压盘和叶片之间(工作温度超过 600℃)存在高温下的微动磨损，核电系统的各个部分包括压力容器、燃料组件、控制棒组件、堆内构件、蒸汽发生器、换热器、主泵和管道部件等均存在微动现象。此外在材料加工领域，高速切削过程中刀具和工件之间的温度高达 1000℃，严重降低刀具使用寿命[1]。因此，发展高温下耐磨损材料和技术具有重要意义，能够助力"中国制造"行动计划和两机专项、探月工程、空间站、无人机、超声速飞行器等重大工程项目的实施，提升我国国家综合实力，降低能耗，符合绿色发展基本国策。但我国在这方面的研究起步相对较晚，相关的基础理论知识和技术尚不完善，国内关于高温耐磨材料知识系统介绍的书籍极少，很难对其有一个明确深刻的认识，不利于高温耐磨损材料和技术的研发。为此，本章通过调研目前国际上航空航天、金属热加工、核能等领域高温耐磨损材料的研究热点，围绕几类常见的高温耐磨损材料展开文献归纳和总结工作，提炼出当前国内外高温耐磨损材料设计和制备过程中的新方法、新技术和不足，为我国高性能高温耐磨材料的设计提供借鉴和参考价值。图 8.1 大致概括了已报道高温材料的使役温度、典型应用和高温摩擦学研究现状。

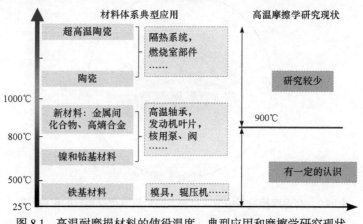

图 8.1　高温耐磨损材料的使役温度、典型应用和摩擦学研究现状

8.1 金属基高温耐磨损材料

铁基、镍基和钴基合金的制备技术和工艺相对成熟，高温性能优异，是当前汽车、航空航天、核能、制造加工等领域常用的高温合金材料，国际上金属高温耐磨损材料的研究也主要集中在这三类体系。另外，材料轻质化、耐更高温度是实现汽车和航空航天等高端装备轻量化和高性能的关键，能够有效节省能源，提高装备性能(如发动机)的推重比。当前，众多国家和科研机构都将轻质合金、新型高温金属材料的研发纳入国家高技术领域的发展规划。在高温摩擦学领域，高温耐磨铝基、镁基合金以及新型金属间化合物、高熵合金的设计制备是一个前沿研究内容，受到材料学者和摩擦学者的极大关注。

金属材料的热学、力学、抗氧化行为和摩擦表界面物理化学行为(主要是致密氧化釉质层能否形成)共同决定了它的高温耐磨损性能，并主要受以下因素影响：①金属成分和组织结构。一般认为晶粒越细材料硬度更高，通过添加合金化元素可以改变表界面的氧化行为，促进氧化釉质层的形成。②使役工况。使役工况包括温度、滑动速率、载荷、颗粒冲击角度和速度等，合适的使役工况能够加速磨损表面形成致密的氧化层和加工硬化层，提高耐磨损性能。③表面处理技术。通过表面处理技术(如热喷涂)，可以提高合金的高温耐磨损性能。但由于摩擦表界面高温釉质氧化层的形成因素非常复杂，包括使役温度、滑动速率、配副材料以及摩擦表界面的氧化物(磨屑)的种类和烧结速率等多因素交互作用(图8.2)，目前，有关金属釉质层形成的关键条件还没有很清晰具体的认识，相关的理论知识匮乏，系统的研究有待进一步推进。

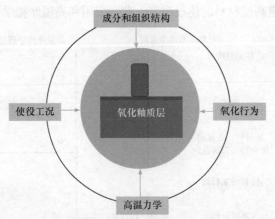

图 8.2 高温摩擦过程中金属材料表面釉质氧化层形成的影响因素

8.1.1　铁基高温耐磨损合金

1. 铁基合金的高温滑动耐磨损性能

工具(模具)钢是金属加工领域的关键中间材料。在加工金属构件的过程中，模具钢与工件之间存在相互滑动，由此引起的模具磨损是制约金属构件成型质量、效率以及成本的重要因素。据报道，模具磨损带来的昂贵维修费用和废品率是汽车薄片冲压成型领域的主要问题[2]。有文献研究了一种冷成型工具钢盘(D2 工具钢)与中碳钢栓室温至 150℃的滑动摩擦学性能，发现 D2 工具钢的磨损机制随温度升高有一个转变。在室温和 50℃，D2 工具钢表面材料沉积量大于去除量，磨损机制为黏着磨损；温度为 100℃时，则刚好相反，D2 工具钢磨损机制为犁沟和剥落，进一步提高温度，工具钢的磨粒磨损则变得更加严重(表 8.1)。根据这一结果，在实际生产过程中调节加工温度可以将工具钢和薄片之间的材料转移降低到最小水平，提高模具的使用寿命，降低生产成本[2]。压模铸造铝合金是制作汽车发动机机体、汽化器、变速器和阀门等结构部件的主要材料，但在其加工过程中容易对压铸模具钢造成磨粒磨损以及存在模具钢与铝合金工件的焊接问题。有研究者尝试采用球盘接触方式模拟压模铸造铝合金过程中模具钢与铝合金之间的固-固相互作用，在实验室层面探究铝合金和工具钢接触体系之间的铝合金黏结和摩擦学行为，表 8.2 为所用的工具钢盘材料和相应处理工艺。首先将高压铸造常用的 DIN1.2344 钢盘(41HRC 和 52HRC)与 AA2017-T4 铝合金对磨，通过调节温度、载荷和材料硬度来研究铝合金的转移量，表 8.3 结果表明，(0.025m/s,8N，450℃)和(0.025m/s, 15N，450℃)两种滑动条件下硬度 52HRC 的 DIN1.2344 钢与 Al 合金配副时较其他条件下转移量最高，最符合实际应用环境。但是由于(0.025m/s, 15N)滑动条件下所得钢盘磨痕较宽难以测量，接下来，采用(0.025m/s, 8N)滑动条件测试了 HTCS150(52HRC)、HTCS170(52HRC)和表面 PVD 沉积 CrN 的 HTCS150+CrN 工具钢与铝合金配副的磨损性能。与 DIN1.2344 工具钢相比，这三类合金钢的抗黏着能力大幅提高，同时具有好的耐磨粒磨损性能，如表 8.4 所示[3]。

表 8.1　不同温度下 D2 工具钢表面材料损失量和转移到 D2 模具钢表面的材料沉积量[2]

测试温度/℃	D2 工具钢表面材料损失量/μm³	转移到 D2 模具钢表面的材料沉积量/μm³
25	913	7491
50	985	4038
100	4389	1253
150	5890	849

表 8.2   模拟压铸过程铝合金黏结行为实验所用工具钢盘材料种类和相应处理工艺[3]

材料牌号	描述
DIN1.2344	对比材料, 400℃热导率 28.4W/(m·K), 硬度 41HRC 和 52HRC
HTCS150	粉末冶金合金化工具钢, 热导率超过 66W/(m·K), 硬度 52HRC
HTCS170	重熔合金化工具钢, 热导率超过 53W/(m·K), 硬度 52HRC
HTCS150+CrN	物理气相沉积 13μm 厚的 CrN 涂层

表 8.3   两种不同硬度 DIN1.2344 钢与铝合金配副在不同测试条件下
表面材料损失量、转移量以及铝元素的含量[3]

测试条件	DIN1.2344-41HRC			DIN1.2344-52HRC		
	损失量 /(mm³/(N·m))	转移量 /(mm³/(N·m))	Al 质量 分数/%	损失量 /(mm³/(N·m))	转移量 /(mm³/(N·m))	Al 质 量分 数/%
0.025m/s,8N,450℃	3.69×10^{-5}	3.97×10^{-5}	1.14	4.38×10^{-5}	8.35×10^{-5}	6.29
0.025m/s,15N,450℃	4.25×10^{-4}	6.02×10^{-5}	0.13	3.42×10^{-5}	6.3×10^{-5}	11.81
0.05m/s,8N,450℃				6.57×10^{-5}	2.1×10^{-5}	1.03
0.05m/s,15N,450℃				7.26×10^{-5}	1.23×10^{-5}	1.06
0.025m/s,8N,250℃				1.27×10^{-5}	1.23×10^{-5}	0.45

表 8.4   不同工具钢与铝合金配副在(0.025m/s,8N)滑动条件下
表面材料损失量、转移量以及铝元素的含量[3]

性能	DIN1.2344-2HRC	HTCS150	HTCS170	HTCS150+CrN
材料损失量/(mm³/(N·m))	4.38×10^{-5}	6.13×10^{-6}	5.86×10^{-6}	6.31×10^{-6}
材料转移量/(mm³/(N·m))	8.35×10^{-5}	2.77×10^{-5}	1.97×10^{-5}	1.76×10^{-5}
磨损表面 Al 质量分数/%	6.29	2.14	1.85	2.46

高强钢因具有高比强、减重等优异特性,常用于制作汽车强化结构件、碰撞保护和吸能系统,减少尾气排放和提高汽车的防碰性能[4,5]。但是高强钢构件复杂,热金属成型过程中易与工具钢模具产生黏着磨损。针对该问题,利用等离子渗氮技术处理工具钢能够降低工具钢和高强钢(硼钢)在往复滑动方式下的黏着磨损,同时在高强钢表面涂覆 Al-Si 涂层则能进一步降低等离子渗氮工具钢的滑动磨损。表 8.5 和表 8.6 给出硼钢和工具钢(TS)的成分及处理前后的硬度、摩擦学性能[4,5]。另外,滑动状态下,温度提升至 400℃,硼钢表面将形成一层连续的氧化层和加工硬化亚表层,有助于提高硼钢的耐磨损性能[6]。

表 8.5 硼钢和工具钢的成分及处理前后性能

材料	处理工艺	成分(质量分数)/%	维氏硬度(载荷 300g)
处理硼钢	Al-Si 涂层	$C_{0.25}Mn_{1.4}Cr_{0.3}Si_{0.35}B_{0.005}Fe_{bal.}$	85
工具钢 1(TS1-PN)	等离子渗氮	$C_{0.37}Mn_{1.4}Cr_{2.0}Si_{0.3}Ni_{1.0}Mo_{0.2}Fe_{bal.}$	559
工具钢 1(TS1)	无处理	$C_{0.37}Mn_{1.4}Cr_{2.0}Si_{0.3}Ni_{1.0}Mo_{0.2}Fe_{bal.}$	389
工具钢 2(TS2-PN)	等离子渗氮	$C_{0.31}Mn_{0.9}Cr_{1.35}Si_{0.6}P_{0.0001}S_{0.00004}Ni_{0.7}Mo_{0.8}V_{0.145}$ $Fe_{bal.}$	794
工具钢 2(TS2)	无处理	$C_{0.31}Mn_{0.9}Cr_{1.35}Si_{0.6}P_{0.0001}S_{0.00004}Fe_{bal.}$	794
工具钢 3(TS3-PN)	等离子渗氮	$Ni_{0.7}Mo_{0.8}V_{0.145}C_{0.39}Mn_{0.4}Cr_{5.2}Si_{1.0}Mo_{1.4}V_{0.9}Fe_{bal.}$	634
工具钢 3(TS3)	预硬化	$Ni_{0.7}Mo_{0.8}V_{0.145}C_{0.39}Mn_{0.4}Cr_{5.2}Si_{1.0}Mo_{1.4}V_{0.9}Fe_{bal.}$	634

表 8.6 等离子渗氮前后工具钢与涂覆前后高强硼钢配副在不同温度下的磨损率[4,5]

配副或测试温度		磨损率/(mm³/(N·mm))	其他测试条件
渗氮 TS 系列工具钢/涂覆硼钢	TS1-PN/涂覆硼钢	$3.53×10^{-8}/-5.1×10^{-8}$	接触方式：栓盘式；测试温度：40~800℃；振幅：1mm；载荷：50N；频率：50Hz；时间：20min
	TS2-PN/涂覆硼钢	$3.37×10^{-8}/1.82×10^{-8}$	
	TS3-PN/涂覆硼钢	$1.22×10^{-8}/-2.08×10^{-8}$	
TS 系列工具钢/涂覆硼钢	TS1/涂覆硼钢	$-1.87×10^{-7}/-2.5×10^{-7}$	
	TS2/涂覆硼钢	$-6.36×10^{-8}/5.96×10^{-8}$	
	TS3/涂覆硼钢	$2.22×10^{-7}/3.57×10^{-8}$	
TS1 工具钢/硼钢	500℃	$3.13×10^{-8}/-5.32×10^{-8}$	接触方式：栓盘式；振幅：2mm；载荷：20N；频率：50Hz；时间：15min
	600℃	$1.47×10^{-8}/-7.83×10^{-9}$	
	800℃	$1.18×10^{-8}/2.44×10^{-7}$	
TS1-PN 工具钢/硼钢	500℃	$6.50×10^{-8}/-2.53×10^{-8}$	
	600℃	$6.99×10^{-8}/-5.51×10^{-8}$	
	800℃	$7.66×10^{-8}/9.32×10^{-8}$	

　　金属热轧成形过程中，滚轧机表面温度达到 600℃，导致辊筒表面氧化，影响辊筒-薄带接触体系的摩擦学行为。高速钢因具有良好的高温硬度和耐磨损性能，是制作热轧机辊筒的最佳材料。文献[7]研究了温度、载荷和预氧化等实验参数对高速钢(HSS，$C_{1.8}Cr_{7.0}W_{2.0}Mo_{2.0}V_{4.0}Fe_{bal.}$)和白口铸铁(HCCl，$C_{2.7}Cr_{17}Mo_{1.3}$ $Mn_{1.0}Ni_{1.0}Fe_{bal.}$)滑动磨损性能的影响，结果如表 8.7 所示，高温高载条件下配副材

料产生的磨屑和氧化物转移到高速钢表面形成保护层，降低磨损；前期预氧化处理对高速钢耐磨损性能没有明显改善。此外，相关研究利用高温栓盘接触方式模拟热轧过程中高速钢工作辊和热轧带钢之间的接触状态，模拟和分析了近工作温度(900℃)、应力和速率条件下辊缝氧化皮的摩擦学行为，可分为三个阶段，其中第一阶段和第二阶段为跑合阶段，时间小于 300s。在第一阶段，一层薄的、连续致密和光滑的氧化皮在高速钢栓表面生成，起到润滑作用，降低摩擦磨损。第二阶段，氧化皮剥落，接触表面变得粗糙，摩擦系数增加。第三阶段为稳定期，一方面栓表面氧化皮厚度增加，当其达到一定值后，氧化皮易产生裂纹和微孔，导致黏结现象；另一方面栓表面存在的大量磨屑说明存在磨粒磨损。因此该阶段磨损机制主要为黏着、氧化和磨粒磨损[8]。类似研究为了考察热成形工具钢摩擦过程中磨屑的发展和循环对磨损机制影响，利用热成形工具钢 X38CrMoV5(AISI H11)与对偶为 XC18 型号钢在高温下滑动对磨[9]，结论如下：厚的氧化物有助于形成耐磨损保护层；高温下磨屑烧结性能被激活，加速保护层生成；高载荷和接触应力提高磨屑间的机械黏结性；第三相粒子的流动性显著影响材料耐磨损性能。另外，5CrNiMo 模具钢盘与退火 40MnB 钢在高载、400~600℃的滑动磨损行为研究表明，较低温度下，5CrNiMo 模具钢主要为磨粒磨损；500~550℃时，5CrNiMo 模具钢形成致密的氧化转移层，磨损最低；600℃温度下，5CrNiMo 模具钢发生严重的黏着磨损[10]。

表 8.7　不同温度、载荷和预氧化条件对 HSS 高速钢和 HCCl 白口铸铁磨损率的影响[7]

温度、载荷和预氧化条件			磨损率/(mm³/(mm·h))	其他测试条件
不同测试温度下 HSS 高速钢和 HCCl 白口铸铁与 AISI52100 钢球配副时磨损率	HSS/AISI52100	室温	$2.57×10^{-4}$/0.01	接触方式：球盘式；振幅：6mm；载荷：31.4N；频率：6Hz；时间：60min
		400℃	-0.002/0.06	
		600℃	-0.009/0.18	
	HCCl/AISI52100	室温	0.007/0.01	
		400℃	-0.0025/0.073	
		600℃	-0.01/0.24	
HSS 高速钢/WC-Co 配副在不同载荷和高温 600℃条件下磨损率	2.9N		$-0.26×10^3$/$0.18×10^3$	接触方式：球盘式；振幅：6mm；频率：6Hz；时间：120min
	31.4N		$-0.17×10^3$/$0.29×10^3$	
	47.1N		$-1.02×10^3$/$0.49×10^3$	
	75N		$-1.84×10^3$/$0.47×10^3$	

温度、载荷和预氧化条件			磨损率/(mm³/(mm·h))	其他测试条件
预氧化对 HSS 高速钢和 HCCl 白口铸铁磨损率的影响	HSS 高速钢	无处理	0.024	接触方式：球盘式；振幅：6mm；载荷：51N；频率：6Hz；对偶：Si₃N₄球；时间：120min
		200℃预氧化	0.023	
		400℃预氧化	0.017	
		600℃预氧化	0.027	
	HCCl 白口铸铁	无处理	0.043	
		200℃预氧化	0.061	
		400℃预氧化	0.05	
		600℃预氧化	0.066	

高可靠、耐磨损的泵、阀以及机械密封系统是核电站安全服役的重要保障。目前多采用具有优异耐腐蚀和磨损性能的堆焊合金提高阀的耐磨损性能，比较常见的是钴基 Stellite 合金，但 Co 的存在容易导致职业性照射，替代方案是发展不含钴的铁基和镍基堆焊合金。已报道的 Norem 2 合金(成分 $C_{1.1\sim1.35}N_{0.02\sim0.18}Cr_{22.5\sim26}Mo_{1.8\sim2.2}Mn_{4\sim5}Ni_{3.7\sim4.2}Si_{3.0\sim3.5}Fe_{bal.}$)在 180℃以下的滑动耐磨损性能与 Stellite 6(成分 $C_{1.1}Cr_{28}W_4Co_{bal.}$)钴基合金相当，磨损机制主要为轻微的氧化磨损。提高温度至 190℃，Norem 2 合金磨损机制转变为严重的黏着磨损；继续提高到 200℃以上，材料出现擦伤。从磨损亚表面的硬度变化来看，这种耐磨损性能的突然降低归因于高温下磨损亚表层加工硬化能力的急剧下降；从磨损表面相组成分析，180℃以下 Norem 2 合金存在应力诱发的奥氏体到 α'马氏体相转变，而 190℃以上则没有发现该现象[11]。

2. 铁基合金的高温磨粒和冲蚀磨损性能

铁基合金在实际应用工况环境中，高温磨粒、冲蚀磨损也是其常见的另外两种失效方式。例如，以铁基材料制作的水泵叶片常常遭受到泥浆的冲蚀磨损。近几十年，众多国家学者对这方面的研究展开了系统而卓有成效的工作，揭示了相关的磨损机制，研制出耐磨性能优异的铁基合金，指导实际应用安全。

1) 高温磨粒磨损性能

磨粒磨损造成的铁基或钢制部件失效是采矿、矿物加工、制糖业、钢铁加工等行业常见的工程问题。研究铁基材料磨粒磨损性能和机理，能够提高这些部件的使用寿命和效率，保证机械设备高效长寿命运转，降低磨耗带来的经济损失和安全事故。

铁基堆焊合金常见于机械装备的防护，使其能够适应不同的载荷工况，避免磨粒磨损导致的寿命降低问题。利用不规则 SiO_2 颗粒对 Fe-Cr-C 基堆焊合金和标准奥氏体钢进行两体和三体磨粒磨损性能展开研究(表 8.8)：两体磨粒磨损试验中，冲击角度分别为 30° 和 90°，堆焊合金的冲蚀磨损率随温度和角度增加而增加，奥氏体钢在垂直冲击时磨损率对温度不敏感，表面形成机械混合层(MML)提高冲蚀性能；三体磨粒磨损试验为循环冲击，角度 45°，Fe-Cr-C 基堆焊合金和标准奥氏体钢的磨损率随温度增加，表面的 MML 层对材料抗冲蚀性能无影响[12]。

表 8.8　Fe-Cr-C 基堆焊合金和标准奥氏体钢耐磨粒磨损性能[12]

材料及测试温度			磨损率/(mm³/kg)		其他测试条件
			冲击角度 30°	冲击角度 90°	
两体磨粒磨损测试条件下 Fe-Cr-C 基堆焊合金和标准奥氏体钢的磨损率	Fe-Cr-C-B	室温	17.22	30.84	冲击速度：80m/s；频率：6Hz；冲击颗粒：SiO₂, 0.1~0.3mm
		300℃	35.76	59.26	
		500℃	44.70	63.72	
		650℃	47.1	79.26	
	奥氏体钢	室温	32.05	27.41	
		300℃	36.63	21.16	
		500℃	58	25.63	
		650℃	48	24.02	
材料及测试温度			磨损量/mm³		其他测试条件
三体磨粒磨损测试条件下 Fe-Cr-C 基堆焊合金和标准奥氏体钢的磨损量	Fe-Cr-C-B	室温	3.06		冲击能量：0.8J；冲击角度：45°；频率：2Hz；循环次数：7200；冲击颗粒：SiO₂, 0.4~0.9mm Fe-Cr-C-B 成分：C₅.₅Cr₂₁Nb₇.₀B(Mo,V,W)₁₀.₀Fe_bal.；奥氏体钢：C₀.₀₈Cr₂₄.₈Ni₁₉.₈Fe_bal.
		600℃	7.43		
	奥氏体钢	室温	7.24		
		600℃	17.08		

利用三体磨粒磨损试验装置考察不同热处理条件下高碳钢的力学和三体磨粒磨损性能(牌号 0.25C-1.45Si，在 300℃和 320℃等温淬火处理获得两种无碳贝氏体结构钢，标记为 AT300 和 AT320；在 300℃和 320℃进行淬火和回火处理获得另外两种回火马氏体结构钢，标记为 QT1 和 QT2)。结果表明(表 8.9)，室温时所有材料磨损率相近，高温冲击韧性和硬度共同影响材料磨粒磨损性能，无碳贝氏体结构钢强度和韧性优异，在耐磨粒磨损应用领域具有重要应用[13]。另外，采用相同的试验装置研究硼钢和两种预硬化工具钢(Toolox³³和 Toolox⁴⁴)的高温硬度和三

体磨粒磨损性能[14](表 8.10)。600℃以下三种钢的硬度缓慢降低，600℃以上则显著下降；室温至 400℃，Toolox[44] 的磨损率几乎不变，而 Toolox[33] 工具钢则因为韧性增加以及表面形成耐磨损保护层，磨损率呈现下降趋势；400～800℃，材料的硬度下降和发生再结晶，磨损率随温度增加而增加。此外，有研究表明，GGG40灰铸球铁(3.7C-2.9Si-0.16Mn-0.04Mg-0.18Cu-0.01N)栓与 Al_2O_3 磨粒在室温到600℃对磨时，球墨铸铁在 50～100℃发生动态应变时效，具有最佳的耐磨粒磨损性能[15]。

表 8.9　不同结构高碳钢(0.25C-1.45Si)的高温硬度、冲击韧性和磨损率[13]

性能		合金			
		QT1	QT2	AT300	AT320
高温硬度(HV$_{10}$)	室温	490	373	486	456
	350℃	461	337	445	429
	500℃	355	321	350	345
高温冲击韧性/J	室温	50	62	51	64
	350℃	47	66	57	67
	500℃	46	48	43	54
高温磨粒磨损率/(10^{-4}mm^3/(N·m))	室温	6.5	7.1	6.6	6.47
	350℃	8.4	7.2	9.0	8.5
	500℃	9.2	9.7	9.97	8.8

表 8.10　硼钢、Toolox[33] 和 Toolox[44] 工具钢的高温硬度、冲击韧性和磨损率[14]

性能		材料		
		硼钢	Toolox[33]	Toolox[44]
高温硬度(HV$_{10}$)	室温	190	309	440
	200℃	169	283	418
	600℃	120	240	345
	800℃	26	56	74
高温冲击韧性/J	室温	—	30	100
	200℃	—	60	170
	300℃	—	80	180
	400℃	—	80	180

续表

性能		材料		
		硼钢	Toolox[33]	Toolox[44]
高温磨粒磨损率 /(10^{-4}mm^3/(N·m))	室温	8.9	6.9	5.1
	200℃	6.3	6.1	4.9
	600℃	10	8.1	6.9
	800℃	15	13	12

注——硼钢成分：$C_{0.2\sim0.5}Si_{0.2\sim0.35}Mn_{1\sim1.3}P_{<0.03}S_{<0.01}Cr_{0.14\sim0.26}B_{0.005}Fe_{bal}$.

Toolox[33] 成分：$C_{0.31}Si_{0.6\sim1.1}Mn_{0.9}P_{<0.01}S_{<0.004}Cr_{1.35}Mo_{0.8}V_{0.14}Ni_{0.7}Fe_{bal}$.

Toolox[44] 成分：$C_{0.22\sim0.24}Si_{0.6\sim1.1}Mn_{0.8}P_{<0.01}S_{<0.004}Cr_{1\sim1.2}Mo_{0.3}V_{0.1}Ni_{<1}Fe_{bal}$.

2) 高温冲蚀磨损性能

在工业高温部件，如气动传输系统和水压循环系统的管道、阀门、叶片等的使役过程中，其表面多需要承受夹杂颗粒气体和液体的冲蚀磨损，再如在无机绝缘子制造过程中，高温炉渣会冲击高速运转的电机。研究材料的冲蚀磨损性能、机理和影响因素，对其在实际环境下的应用安全具有极大的参考价值。

在铁基合金抗冲蚀磨损研究方面，几类钢的高温冲蚀性能得到系统研究[16]。第一类是 S50C 钢、SK3 钢和 V-Cr-Ni 球形碳化物不锈钢(SCI-VCrNi)，合金的力学和冲蚀性能见表 8.11，材料的抗冲蚀性能与其结构和材料去除机制有关，所有材料的冲蚀磨损率随温度增加而增加，SCI-VCrNi 材料具有最佳的抗冲蚀性能[16]；第二类是 SUS403 和 SUS630 不锈钢(表 8.12)，冲蚀颗粒为 Al_2O_3，角度 30°～90°，主要研究高温下材料力学性能与抗冲蚀性能之间的关系。冲击角度为 90°时，SUS403 和 SUS630 磨损机制主要为塑性变形磨损，说明冲蚀磨损速率与硬度下降呈现一定比例关系；冲蚀角度为 30°，测试温度 900℃时，SUS403 磨损率是 SUS630 的两倍多，这是因为小角冲击下，高伸长率的 SUS630 材料容易形成凸起被冲击去除[17]。第三类是经过堆焊和热锻两种热处理的 SUS410 钢(表 8.13)，冲蚀颗粒为 Al_2O_3，角度 30°～90°，温度 900℃[18]。结果表明，不同材料具有不同的冲蚀磨损速率，特别是小角度冲击下差异更加显著。与 SUS410 钢基底相比，堆焊材料磨损率降低 50%，热锻材料则为 30%。这种抗冲蚀性能的提高主要是塑性流动受约束导致。利用机械合金化(MA)和烧结工艺制备了不同含量的 $M_{23}C_6$ 的 Fe-Cr-C 合金，在离心冲蚀磨损试验机上考察其耐冲蚀性能[19]，结果表明，MA-Fe-50%Cr-4.8%C 合金 700℃时硬度超过 6GPa，耐冲蚀性能与 Cr_3C_2/Ni 金属陶瓷相当，较其他钢至少提高 5 倍。耐磨损性能的提高主要取决于 $M_{23}C_6$ 碳化物的含量。有学者[20]认为，高温下的冲蚀磨损是冲蚀和氧化协同作用结果，通过表面处理可以提高材料性能。为此，采用熔化极气体保护焊在软钢板表面堆焊两类 Fe-Cr-C-

(Nb,Mo,B)合金，并以 M2 工具钢为参照研究耐冲蚀性能，堆焊涂层的冲蚀性能与 M2 工具钢相当，冲蚀速率随温度和冲击角度增加而增加；具有较高含量 Nb、Mo、B 的 Fe-Cr-C 涂层抗冲蚀性能最佳。

表 8.11　S50C、SK3 和 SCI-VCrNi 钢的力学和冲蚀性能[16]

材料	密度/(g/cm^3)	抗拉强度/MPa	硬度 HV	测试温度/K	测试时间/s	冲蚀速率/(10^3cm^3/kg)
S50C	7.81	705～900	250	1173	300	31.38
SK3	7.69	>850	560	1173	300	33.05
SCI-VCrNi	7.04	650～750	390	1173	300	16.97

注——冲蚀颗粒和试样温度：1173K；空气温度和速率：1073K 和 226m/s；冲击角度：90°；冲蚀颗粒：加载 8kg；冲击颗粒：Al$_2$O$_3$，直径 1mm。

S50C 成分：$C_{0.47\sim0.53}Si_{0.15\sim0.35}Mn_{0.6\sim0.9}Ni_{<0.2}Cr_{<0.2}Nb_{<0.35}(S, P, Cu)Fe_{bal.}$。

SK3 成分：$C_{1.0\sim1.1}Si_{0.1\sim0.35}Mn_{0.1\sim0.5}(S,P,Cu)Fe_{bal.}$。

SCI-VCrNi 成分：$C_3Si_1Mn_{0.8}Mn_{0.7}Ni_8Cr_{18}V_{10}Fe_{bal.}$。

表 8.12　SUS403 和 SUS630 钢的高温力学和冲蚀性能[17]

试验条件			材料	
			SUS403	SUS630
高温硬度(HV$_{1kgf}$)		室温	193	338
		300℃	156	283
		600℃	125	196
		900℃	60	94
高温拉伸强度/MPa		室温	564	1109
		300℃	453	1031
		600℃	251	605
高温冲蚀速率 /(10^{-3}cm^3/kg)	室温	30°	0.15	0.22
		60°	0.01	0.02
		90°	0.06	0.02
	600℃	30°	2.69	1.9
		60°	0.3	0.09
		90°	0.06	0.03
	900℃	30°	5.1	2.4
		60°	1.4	1.3
		90°	0.6	0.68

注——冲蚀颗粒温度：室温、500℃ 和 800℃；试样温度：室温、600℃ 和 900℃；空气温度和速率：室温和 1073K，100m/s；冲蚀颗粒加载：8kg；冲击颗粒：Al$_2$O$_3$，直径：1mm；冲击角度：30°、60° 和 90°。

SUS403 成分：$C_{0.11}Ni_{0.4}Cri_{12.18}Fe_{bal.}$。

SUS630 成分：$C_{0.05}Ni_{3.81}Cri_{16.27}Nb_{0.34}Cu_{0.34}Fe_{bal.}$。

表 8.13　SUS410 钢、堆焊和热锻处理 SUS410 表面的高温冲蚀性能[18]

高温冲蚀速率/(10^{-3}cm³/kg)

SUS410			热锻 SUS410			堆焊 SUS410		
30°	60°	90°	30°	60°	90°	30°	60°	90°
7.9	3.38	1.27	5.7	2.08	0.65	3.87	1.74	1.68

注——冲蚀颗粒温度: 1073K; 试样温度: 1173K; 空气温度和速率: 773K, 100m/s; 冲蚀颗粒加载: 8kg; 冲击颗粒: Al_2O_3, 直径: 1mm; 冲击角度: 30°、60° 和 90°。

SUS410 成分: $C_{0.13}Si_{0.28}Mn_{0.38}Ni_{0.27}Cr_{11.64}P_{0.027}S_{0.017}Fe_{bal.}$; 堆焊成分: 连接层 FeMnNi, 硬质层 FeCrCSi。

　　叶轮叶片在高温含水泥浆中的抗冲蚀性能也有报道[21]。根据实验结果(表 8.14), LDX2101 和 2507 钢具有较好的抗冲蚀性能; 研究发现大多数实验条件下吸力侧样品冲蚀失重较压力侧高, 该结果为实际应用中叶轮叶片的防护提供参考; 吸力侧, 样品的冲蚀磨损速率在温度从 85℃提高到 95℃时降低, 原因是在 95℃时接近水的沸点, 形成气泡, 起到第三体气相作用, 同时消耗部分能量, 降低传输到颗粒表面的能量, 减少冲蚀磨耗。

表 8.14　多种牌号钢作为叶轮叶片的高温冲蚀性能[21]

两种牌号奥氏体不锈钢(316L 和 904L)与三种牌号双相不锈钢(LDX2101、2205 和 2507)性能

材料	屈服强度/MPa	抗拉强度/MPa	延伸率/%	硬度 HB
316L	280	570	50	165
904L	260	330	45	150
LDX2101	570	770	38	230
2205	620	820	35	250
2507	590	900	30	265

两种牌号奥氏体不锈钢(316L 和 904L)与三种牌号双相不锈钢(LDX2101、2205 和 2507)磨损失重/%

材料	压力侧	吸力侧
316L	0.26	0.89
904L	0.29	0.96
LDX2101	0.12	0.53
2205	0.25	0.98
2507	0.20	0.56

注——冲蚀颗粒: 细石英砂泥浆, 50～200μm, D_{50}=121μm, D_{80}=150μm; 速率: 4.2m/s; 冲击角度: 45°; 温度: 80℃; 时间: 72h。

316L: EN1.4432; 904L: EN1.4539; LDX2101: EN1.4163; 2205: EN1.4462; 2507: EN1.4410。

　　材料表面气泡破裂带来的空穴冲蚀是造成水力机械部件损伤失效的主要问题。相关文献报道[22], 通过调节冷却速率可获得几种不同结构的高铬碳钢(35Cr-

25Ni-3Mo 和 35Cr-8Ni-3Mo-2Nb)，并以 AISI304 奥氏体不锈钢为对照初步揭示了材料空穴冲蚀速率与结构之间的关系。对高铬碳钢来说，高的冷却速率有利于获得好的抗冲蚀性能，奥氏体成分越高，抗冲蚀性越好。同时，细的碳化物对抗冲蚀性能有益。有报道[23]采用一种超声波振动装置研究 AISI304 不锈钢的高温空穴冲蚀性能。室温至 60℃，材料冲蚀表面的空穴损伤比较均匀，而 80℃虽然材料总的磨损率最小，但磨损表面存在局部空穴冲蚀严重现象，冲蚀深坑约为 50℃时的1.7 倍。因此，单靠测量冲蚀量并不能评价空穴冲蚀程度，采用测量局部冲蚀坑深度是判断空穴腐蚀的有效方式。

另外，针对材料的抗冲蚀性能差的问题，许多研究者通过表面涂覆陶瓷或金属陶瓷涂层的方式来解决，相关工作总结见表 8.15[12]。

表 8.15　多种涂层的高温抗冲蚀性能[12]

涂层成分与沉积工艺	测试参数	结论
Cr_2C_3-20(Ni20Cr)，83(W,T)C-17Ni，D-GUN 爆炸喷涂	氩气，27μm Al_2O_3，冲蚀速率 120m/s，试验温度室温至 973K，冲蚀角度 30°、90°	脆性冲蚀；83(W,T)C-17Ni 性能优于 Cr_2C_3-20(Ni20Cr)
铝化涂层扩散反应	空气，300μm 热解碳，试验温度室温至 1173K，冲蚀角度 30°、90°	提高抗冲蚀性能
TiN 和 ZrN PVD 电弧气化沉积	空气，27μm Al_2O_3，冲蚀速率 120m/s，冲蚀角度 15°、90°	TiN 膜为脆性冲蚀；ZrN 膜为脆性/塑性冲蚀
ZrO_2-20%Y_2O_3 电子束物理气相沉积和大气等离子喷涂	空气，20~1000μm Al_2O_3 和 SiO_2，冲蚀速率 50~400m/s，试验温度室温至 1183K，冲蚀角度 30°、90°	电子束物理气相沉积涂层较大气等离子喷涂涂层抗冲蚀性能更佳；冲蚀率随温度增加而增加
WC-12(Ni20Cr)，WC-12Ni，Cr_2C_3-25(Ni20Cr)，25Ni-5Al-Febal.，25Cr-75Ni，50Cr-50Ni 等离子喷涂	空气，63~106μm SiO_2，冲蚀速率 24m/s，试验温度室温至 673K，冲蚀角度 40°	低孔隙率涂层性能较佳
NiAl-40Al_2O_3，Cr_2C_3-20(Ni20Cr)，Cr_2C_3/TiC-(NiCrMo)，FeCrSiB 超声速火焰喷涂和电弧喷涂	空气，421μm 床渣，121μm 粉煤灰，冲蚀速率 20~80m/s，试验温度室温至 1073K，冲蚀角度 15°、90°	NiAl-40Al_2O_3 涂层较碳化铬硬质涂层抗冲蚀性能对冲击角度和速率不敏感
NiCrAlTi 火焰喷涂和等离子喷涂	空气，粉煤灰，试验温度 773K、1073K，冲蚀角度 30°、90°	高温下抗冲蚀性能优异
NiCrBSiFe，WC-NiCrBSiFe 等离子喷涂	空气，粉煤灰，试验温度 773K、1073K，冲蚀角度 30°、90°	NiCrBSiFe 涂层在高温抗冲蚀领域具有重要应用前景
Cr_2C_3-20(Ni20Cr)，WC-Co 超声速火焰喷涂	空气，421μm 床渣，冲蚀速率 60m/s，试验温度 573K，冲蚀角度 30°、90°	WC-Co 涂层抗冲蚀性能最佳；利用复合化粉末制备的涂层较混合粉末制备涂层抗冲蚀性能更佳
Gadolinia dopped ZrO_2-8%Y_2O_3 电子束物理气相沉积	空气，Al_2O_3，冲蚀速率 190m/s，试验温度 1102K，冲蚀角度 30°	高温下抗冲蚀性能优异

涂层成分与沉积工艺	测试参数	结论
TiC 化学气相沉积	空气，铬铁矿粉，冲蚀速率 180～305m/s，试验温度室温至 811K，冲蚀角度 20°、90°	TiC 涂层冲蚀速率随温度增加而增加

8.1.2　镍基高温耐磨损合金

镍基合金具有高温力学性能和抗氧化性能优异、耐蚀耐磨损性能和韧性良好、易加工等特性，使用温度较铁基合金更高，是目前航空航天和核能等高技术领域最常见的高温结构部件和防护材料，应用化成熟，比较著名的有 Inconel 系列合金、Hastelloy 合金和 Waspaloy 合金等。

1. Inconel 系列镍基合金的高温耐磨损性能

在金属热加工领域，触变锻造是制造驱动和底盘装置钢部件的技术工艺，但是其制备过程中温度往往高于 1300℃。传统的工具(模具)钢在 750℃以上发生严重的氧化磨损，难以满足使用需求。在这种情况下，镍基合金由于具有优异的高温抗氧化、抗蠕变强度和相稳定性，表现出独特的优势，可以替代工具钢使用，具有非常重要的应用潜力。相关文献[24]研究了 Inconel 617 合金在 750℃时的高温微动耐磨损性能。与 X32CrMoV33(成分见表 8.16)热工具钢相比，Inconel 617 合金具有优异的耐磨损性能。分析原因，X32CrMoV33 热工具钢表面存在很厚的氧化皮，同时钢表面大量的氧化物磨屑在磨痕边缘堆集，难以形成一层保护层；而 Inconel 617 合金表面仅仅形成一层薄的氧化膜，表面氧化物虽然含量较少，但保留在磨痕中间形成釉质保护层，起到耐磨损作用。

表 8.16　X32CrMoV33 热工具钢、Inconel 617 和 Stellite 6 合金的化学成分和高温磨损率[24]

材料	化学成分	磨损体积/mm^3
X32CrMoV33	$C_{0.281}Si_{0.19}Mn_{0.2}Cr_{3.005}Mo_{2.788}Ni_{0.221}Al_{0.025}Co_{<0.01}Cu_{0.1651}Nb_{0.0015}Ti_{<0.001}V_{0.413}W_{0.02}Fe_{92.63}$	4.8×10^{-3}
Inconel 617	$C_{0.08}Si_{0.945}Mn_{0.513}Cr_{21.88}Mo_{8.177}Ni_{53.681}Al_{0.167}Co_{10.872}Cu_{0.304}Nb_{0.01}Ti_{0.211}Fe_{2.85}$	8.8×10^{-4}
Stellite 6	$C_{1.089}Si_{1.099}Mn_{1.154}Cr_{28.272}Mo_{0.004}Ni_{2.802}Al_{0.094}Co_{58.241}Nb_{0.033}V_{0.009}W_{4.512}Fe_{2.66}$	8.0×10^{-5}

注——接触方式：球盘旋转式；滑动速率：0.025m/s；载荷：5N；对偶：Al_2O_3 球；测试温度：750℃；时间：60min。

Inconel 690 合金抗应力腐蚀裂纹性能和高温力学性能优异，是核电站蒸汽发生器管道的制造材料。实际应用中由于流体引发的振动，在 Inconel 690 管道和其支撑体之间会产生小振幅振荡运动，频率达到 30Hz，振幅 200μm，同时管道使役环境温度达到 325℃。因此，理解和预测 Inconel 690 蒸汽发生器管道的微动磨损失效机制具有显著的经济和安全效益，吸引了世界各国科学家的注意。表 8.17 简要给出目前文献报道 Inconel 690 合金高温微动磨损研究的实验条件、研究者和相关结果。Inconel 690 合金在高温大气中的磨损机制为剥落，高温水环境中则为点蚀磨损，且随着水温的提高，磨损加剧[25]。室温至 90℃，Inconel 690 合金管与 405 不锈钢盘配副的微动磨损性能研究表明[26]，与大气环境相比，水环境下合金表面能形成一层水膜避免金属副直接接触降低磨损，同时水能冲掉接触区的磨屑减少磨粒磨损；Inconel 690 合金磨损机制为剥落和磨粒磨损；提高温度，Inconel 690 合金磨损加剧。当温度区间进一步拓宽为室温至 285℃时，Inconel 690 合金的磨损机制由单一剥落转变为剥落和黏着磨损共存，高温时黏着层起到降低磨损的作用[27]。此外，Inconel 690 合金在室温和其近工作温度 320℃微动疲劳试验研究表明，相对于常规疲劳磨损，微动导致室温下 Inconel 690 合金的疲劳极限下降 40%，320℃则下降 20%[28]。

表 8.17　已报道 Inconel 690 合金高温微动磨损的实验条件、研究者和相关结果

研究者	测试参数	结论
Jeong 等[25]	测试温度：50℃，80℃； 频率：10Hz； 介质：空气或水； 振幅：100μm，200μm； 载荷：10~80N； 接触方式：栓盘，栓为 Inconel 690，盘为 AISI304 钢	水介质环境下，Inconel 690 合金的微动磨损率随水温增而增加
Mi 等[26]	测试温度：室温至 90℃； 频率：5Hz； 介质：空气或水； 振幅：100μm，200μm； 接触应力：24MPa； 接触方式：管盘式，管为 Inconel 690，盘为 405 钢	水介质环境下，Inconel 690 合金的磨损机制主要为剥落和磨粒磨损，且剥落磨损随水温增加而增加
Mi 等[27]	测试温度：室温至 285℃； 频率：5Hz； 介质：空气或水； 振幅：100μm，200μm； 接触应力：24MPa； 接触方式：管盘式，管为 Inconel 690，盘为 405 钢	高温 200℃以上水介质环境 Inconel 690 合金的磨损较 90℃以下时低
Kwon 等[28]	测试温度：室温，320℃； 频率：10Hz； 接触应力：50MPa； 循环次数：10^7	相对于常规疲劳磨损，微动导致室温下合金的疲劳极限下降 40%，320℃则下降 20%

注——Inconel 690 成分：$C_{0.02}Si_{0.24}Mn_{0.3}Cr_{29.5}Ni_5Co_{0.01}Cu_{0.01}Ti_{0.25}Fe_{10.3}$。

Inconel 718 是航空航天发动机、地面和舰艇涡轮机上常用的高温合金材料。400～500℃的 Inconel 718 合金的耐磨损性能是保证其作为高温轴承、发动机以及内燃机排气阀应用的关键技术指标之一。利用栓-盘摩擦试验机研究 Inconel 718 合金(成分：$C_{0.04}Si_{0.18}Mn_{0.8}Cr_{19}Mo_{3.05}Ni_{52.5}Al_{0.5}Co_{10.872}Cu_{0.15}Ti_{0.9}Fe_{18.5}S_{0.008}(Cb+Ta)_{5.03}$)在 500℃时的滑动磨损行为，对偶栓为 EN31 结构钢。10N 和 2m/s 时 Inconel 718 合金磨损机制主要为浅犁沟和盘状磨屑，30N 和 2m/s 时则为深犁沟和剥落片。高温下 Inconel 718 合金具有高的屈服强度和韧性，能够限制摩擦副微凸体之间的焊连，带来低的摩擦，降低塑性变形[29]。

2. Nimonic 80A 和 Incoloy MA956 合金的高温耐磨损性能

近来，Nimonic 80A-Stellite 6、Incoloy MA956-Stellite 6、Incoloy MA956-Incoloy 850HT 和 Nimonic 80A-Incoloy 850HT 不同高温合金配副体系的高温滑动磨损行为得到系统研究，表 8.18 给出试验材料的成分[30-33]。

表 8.18　Nimonic 80A、Stellite 6、Incoloy MA956 和 Incoloy 850HT 合金成分[30-33]

材料	成分(质量分数)/%										
	C	Si	Mn	Co	W	Cr	Fe	Al	Ti	Ni	YtO
Nimonic 80A	0.08	0.1				19.4	0.7	1.4	2.5	75.8	
Stellite 6	1	1	1	60	5	27	最高 2.5			最高 2.5	
Incoloy MA956			0.05			20	74	4.5	0.5	—	0.5
Incoloy 850HT	最高 0.1	0.4	最高 1.5			21	43.8	0.37		32.5	

对 Nimonic 80A-Stellite 6 体系来说，在 750℃和 0.314m/s 滑动条件下，来自 Stellite 6 合金的 Co-Cr 碎屑经过碎片化过程(塑性变形、位错、亚晶化提高晶粒细化和取向差异程度)快速形成纳米晶粒结构釉质层，使 Nimonic 80A 和 Stellite 6 合金的磨损处于很低的水平；温度不变，提高速率至 0.905m/s 抑制磨损表面釉质层形成，Stellite 6 合金表面有一层补丁状釉质层，而 Nimonic 80A 合金表面则没有釉质层。高速下，磨损表面氧化化学行为改变，磨损界面产生大量来自 Nimonic 80A 合金的 NiO 和 Cr_2O_3 磨屑，后者的存在降低了磨屑的烧结性能，难以形成釉质层，此时松散的磨屑起到磨粒作用。

对 Incoloy MA956-Stellite 6 摩擦体系来说，滑动速率为 0.314m/s 时，所有测试温度范围(室温至 750℃)内材料均为中度氧化磨损，Stellite 6 合金氧化磨屑转移到 Incoloy MA956 合金表面分隔摩擦副。在室温至 450℃，这些氧化物主要以疏松颗粒形式分布，而在 510～750℃则被压实烧结成釉质层，这点与上述 Nimonic 80A-Stellite 6 体系一致。滑动速率为 0.905m/s 时，室温至 270℃主要是 Incoloy

MA956 合金的中度氧化磨损；390～450℃，来自 Incoloy MA956 合金的磨屑被排出，金属接触副之间缺乏氧化物，磨损严重；510～630℃，仍然处于严重磨损区，但随着温度增加，磨损表面来自 Incoloy MA956 合金的磨屑逐渐形成釉质保护层；690～750℃快速形成 Fe-Cr 釉质层，磨损维持在低水平。

对 Incoloy MA956-Incoloy 850HT 体系来说，磨损随温度分为三个阶段：室温至 270℃为高转移严重磨损；390～570℃为低转移磨损；630℃以上釉质层形成。速率对磨损有微弱影响：主要是提高速率会加快磨屑排出，0.654m/s 和 0.905m/s 时，390～570℃的氧化物不能阻止金属转移，因此补丁状 Incoloy MA956 金属转移层形成；其次，高速会延迟 750℃釉质层形成，起不到降低磨损作用。

对 Nimonic 80A-Incoloy 850HT 摩擦体系来说，磨损机制可以分为几类：室温至 270℃，与滑动速率无关，磨损机制均为高转移严重磨损，另外，滑动速率为 0.905m/s 时，570℃以下的磨损机制与此一样；滑动速率为 0.314m/s 时，390～510℃为低转移严重磨损，510℃时氧化磨粒磨损加速；滑动速率为 0.314m/s，温度高于 510℃时和滑动速率为 0.905m/s，温度高于 630℃时为中度磨损。

3. 其他镍基合金的高温耐磨损性能

在煤气化炉、流化床燃烧室、汽轮机、燃气轮机和压缩机叶片等应用领域，高温运动部件的失效主要来自气体颗粒的冲蚀磨损或腐蚀性气体的腐蚀磨损。表 8.19 给出了 Waspaloy 和 Haynes 188 合金的高温耐冲蚀性能[34]，两种材料的冲蚀速率随温度升高而增加，Haynes 188 合金的冲蚀速率高于 Waspaloy 合金，磨损机制为犁沟和剥落。在模拟先进煤燃烧锅炉系统混合气体/颗粒冲蚀-腐蚀环境中，镍基合金的冲蚀性能被研究[35]。其试验条件如下：能够允许冲蚀颗粒在燃烧混合气体中以较低流量冲击试验材料，试验分别在室温和 700℃，氮气、空气和燃烧混合气体环境中进行，冲蚀颗粒 SiO_2，速率 20m/s。研究结果表明，在燃烧混合气体和 700℃环境下，镍基合金的冲蚀-腐蚀速率低于低铬铁合金，而高于高铬奥氏体合金(表 8.20)。

表 8.19　Waspaloy 和 Haynes 188 合金高温冲蚀速率[34]

高温冲蚀速率/(mg/g)							
Waspaloy				Haynes 188			
室温	200℃	400℃	800℃	室温	200℃	400℃	800℃
0.048	0.06	0.1	0.23	0.16	0.21	0.33	0.49

注——实验条件：冲击角度 30°，速率 50m/s，流量 0.2439g/s，冲蚀颗粒 SiC。

Waspaloy 合金成分：$Co_{39}Ni_{22}Cr_{22}W_{14}Fe_{<3}La_{0.07}Mn_{<0.125}C_{0.1}Si_{0.35}$；

Haynes 188 合成成分：$Ni_{58}Co_{13.5}Cr_{19}Al_{1.5}Cu_{<0.1}Fe_{<2.0}Mn_{<0.1}Mo_{4.3}Si_{<0.15}Ti_{3.0}C_{0.08}Zr_{0.05}$。

表 8.20　镍基和铁基合金高温冲蚀速率[35]

试验参数		合金冲蚀-腐蚀速率/(mm/a)						
温度/℃	气氛	310SS	304SS	21/4Cr-1Mo	Incoloy 800	Haynes 230	Nitronic 30	Fe₃Al
室温	氮气	0.215	0.217	0.070	0.183	0.211	0.138	0.070
700	空气	4.29				3.12		
700	燃烧混合气体	1.65	1.49	24.14	2.16	2.88	0.14	0.69

注——310SS 成分: $C_{<0.25}Cr_{24\sim26}Mn_{<2}Ni_{9\sim22}Si_{<1.5}Fe_{bal.}$; 304SS 成分: $C_{<0.8}Cr_{17.5\sim20}Mn_{<2}Ni_{8.5\sim10.5}Si_{<1}Fe_{bal.}$; 21/4Cr-1Mo 成分: $C_{0.12}Cr_{2.25}Mn_{0.45}Mo_1Si_{0.35}Fe_{bal.}$; Incoloy 800 成分: $Ti_{0.15\sim0.6}Al_{0.15\sim0.6}C_{<0.1}Cr_{19\sim23}Mn_{<1.5}Ni_{30\sim35}Si_{<1}Fe_{bal.}$; Haynes 230 成分: $Fe_3C_{0.1}Cr_{22}Mn_{0.5}Mo_2Si_{0.4}W_{14}Ni_{bal.}$; Nitronic 30 成分: $C_{0.03}Cr_{16}Mn_{16}Ni_{2.25}Si_{0.3}N_{0.23}Fe_{bal.}$。

8.1.3　钴基高温耐磨损合金

钴基合金耐腐蚀性能优异,高温下能够保有高强度和硬度,高温抗氧化性能优异,在涉及磨损的工程领域应用广泛,是一类重要的高温耐磨材料。目前商业化应用程度较高的是 Stellite 系列合金。

Stellite 6 合金是一种已经商业化的高温耐磨合金。其优异的高温耐磨损性能来自两个方面:一是滑动过程中高的剪切应力下,面心立方结构的 Co 元素转变为密排六方结构,滑动表面容易形成薄的剪切层;二是高温下 Stellite 6 合金高温抗氧化性能优异,磨损表面形成釉质层,减小磨损。从表 8.16 可以看出,Stellite 6 合金在 750℃高温下的高温耐磨损性能优于 X32CrMoV33 工具钢和 Inconel 617 合金,这是因为其抗氧化性能优异且表面氧化物含量较少且存在于磨痕内,在滑动中压实成釉质层[24]。进一步利用高温轴承试验机研究了 Stellite 6 合金在 600℃、3m/s、2min~12h 条件下的磨损行为[36],研究结果表明,Stellite 6 合金的磨损失重在试验开始 3h 以后比较明显,且与测试 12h 后的磨损失重量相当。磨损表面分析表明,经过短暂的 2min 测试后,Stellite 6 合金磨损表面已经形成釉质层,且随着测试时间的延长釉质层比重逐渐增加,在 3h 测试时间时达到最高,然后在 12h 略有降低。通过对这些的釉质层的形成机理和成分展开分析,可以将 600℃高温下 Stellite 6 合金磨损行为分为六个阶段:① $t<2min$ 形成混合氧化釉质层;② $2min<t<10min$,Stellite 6 合金中的 Cr 和 Co 元素扩散到磨损表面形成氧化铬和氧化钴层;③ $10min<t<1h$,氧元素扩散到釉质层在基底与釉质层界面界面间形成氧化铬层;④ $1h<t<3h$,釉质层剥落失效;⑤ $t=3h$,釉质层重新生成;⑥ $3h<t<12h$,釉质层内元素扩散,形成混合氧化物层。

为进一步提高 Stellite 合金的高温耐磨损性能,许多研究者通过在 Stellite 合金基体中添加合金化元素(如 Y、Si)形成硬质合金相或调控高温摩擦表界面的氧化行为来实现这一目的。有学者利用电弧熔炼技术制备不同钇含量 Stellite 6 合金的高温磨损性能,考察合金化钇元素对 Stellite 6 合金耐磨损性能的影响[37]。研究表明，钇元素(Y)的添加细化了 Stellite 6 合金的晶粒，在质量分数为 5%的 Y 时形成 Co_2Y 相，提高材料硬度和耐磨损性能，但 Y 元素过量则会形成菱形金属间化合物性 $Co_{17}Y_2$，降低材料性能(表 8.21)。另外，含钇 Stellite 6 合金高温耐磨损性能的提高还在于 Y 元素不仅提高材料力学性能，而且其表面生成的氧化皮承载能力优于无钇 Stellite 6 合金。此外，研究发现，Si 元素的添加降低了 Stellite 6 合金高温下的耐磨损性能[38]。同样，Stellite 21 合金中添加钇元素可以提高其 500℃以上的耐磨损性能，原因是含钇 Stellite 21 合金生成含 Y_2O_3 氧化皮的力学性能优异，同时磨损表面形成的釉质层起到耐磨作用[39]。进一步通过对比氩气无氧和大气环境下摩擦学性能，研究氧化皮对 Stellite 21 合金高温耐磨损性能的影响机制，表面高黏附性和高强度的氧化层对提高 Stellite 21 合金的耐磨损性能作用显著，含钇 Stellite 21 合金表面形成的氧化皮耐磨性更好[40]。

表 8.21　Y 元素含量对 Stellite 6 合金高温耐磨损性能的影响[37]

Y 元素含量对 Stellite 6 合金高温磨损率的影响/($10^{-4}\mu m^3/mm$)											
0			1%Y			2%Y			5%Y		
100℃	300℃	650℃	100℃	300℃	650℃	100℃	300℃	650℃	100℃	300℃	650℃
66	96	160	37	60	83	26	47	68	54	85	126

注——接触方式：球盘旋转式；滑动速率：1cm/s；载荷：2N；对偶：Al_2O_3 球。

Stellite 合金涂层同样被广泛地应用于材料防护领域，比较常见的如堆焊合金涂层等。例如，有研究者[41]针对锻造模具工具钢的磨损问题，采用钨极惰性气体保护焊在 H11 工具钢表面堆焊 Inconel 625、Stellite 6 和 Stellite 21 合金涂层，显著降低工具钢高温下的磨损(表 8.22)，高温下磨损表面形成光滑的压实氧化层，起到承载作用。在 Stellite 系列堆焊合金涂层中，碳含量对涂层的力学和耐磨损性能影响显著：Stellite 1 合金(碳的质量分数为 2.5%)堆焊合金耐磨损性能最佳但易产生裂纹，Stellite 6 合金(碳的质量分数为 1.2%)耐磨损性能相对较差，而 Stellite 12 合金(碳的质量分数为 1.6%)性能介于二者之间，在耐磨损堆焊涂层应用领域越来越受欢迎，但高温重载等苛刻环境严重限制其使用寿命。为解决这一问题，研究者[42]采用等离子喷焊技术制备了含钼 Stellite 12 合金涂层，添加质量分数为 10%的 Mo 能够促进 Stellite 12 合金共晶反应。除了 $Cr_{23}C_6$ 相之外，合金中还存在 Co_6Mo_6C 和 Co_3Mo 相，同时加强含钴枝晶基体的固溶硬化。测试表明，Mo 的添加不仅提高涂层的硬度和耐磨损性能，高温下(500℃和 700℃)Mo 元素对涂层耐磨损性能的增效较低温(室温和 300℃)更加显著，这是因为高温下磨损表面氧化膜中含有 $CoMoO_4$，起到耐磨作用。

表 8.22 **H11 工具钢表面堆焊 Inconel 625、Stellite 6 和 Stellite 21 合金涂层的硬度和耐磨损性能**[41]

硬度和耐磨损性能			数值
表面堆焊合金涂层的硬度(HV)	H11 工具钢		530
	Inconel 625		240
	Stellite 6		350
	Stellite 21		380
表面堆焊合金涂层的磨损失重/mg	H11 工具钢	室温	4.2
		550℃	4.8
	Inconel 625	室温	32
		550℃	0.5
	Stellite 6	室温	13.8
		550℃	3.5
	Stellite 21	室温	4.2
		550℃	8.4

注——接触方式:栓盘旋转式,盘为 AISI T2 高速钢,栓为处理前后 H11 工具钢;滑动速率:0.4m/s;载荷:48N;滑动距离:1000m。

AISI T2 钢成分:$C_{0.9}Cr_{4.5}W_{18}V_2Fe_{bal.}$;H11 成分:$C_{0.38}Cr_5Mo_{1.5}V_{0.5}Fe_{bal.}$;Inconel 625 成分:$C_{0.05}Cr_{21}Mo_9Fe_1Nb_4Ni_{bal.}$;Stellite 6 成分:$C_{1.2}Si_1Mn_1Cr_{28}W_5Ni_{2.5}Fe_{2.5}Co_{bal.}$;Stellite 21 成分:$C_{0.25}Si_1Mn_1Cr_{27}Mo_{5.5}W_5Ni_{2.5}Fe_{2.5}Co_{bal.}$。

钴基超合金是航空航天发动机燃烧室部件的重要使役材料,如 Haynes 25(51Co-10Ni-20Cr-15W-3Fe)和 Haynes 188 (39Co-22Ni-22Cr-14W-3Fe) 高温合金。相关研究者[43]设计了一种模拟实际应用条件下的摩擦磨损试验机来研究微动过程中表面氧化行为对 Haynes 25 和 Haynes 188 高温合金运动副室温至 550℃摩擦学行为的影响(表 8.23)。不同工作速率下,提高试验温度材料的磨损系数降低;200℃试样分析表明,硬的磨屑提高磨粒磨损和摩擦,另外表面形成不连续薄的 CoO 膜也会增加摩擦;550℃试样分析表明,磨损表面形成厚的连续氧化膜,降低磨损,其成分主要包含摩擦学性能优异的 Cr_2O_3。

表 8.23 **Haynes 25 和 Haynes 188 高温合金在不同工作速率下的磨损系数**[43]

低工作速率						高工作速率					
90mJ/s			130mJ/s			230mJ/s			250mJ/s		
室温	350℃	550℃	室温	350℃	550℃	室温	350℃	550℃	室温	350℃	550℃
0.97	1.005	0.21	0.994	0.89	0.88	0.36	0.39	0.33	0.52	0.41	0.196

8.1.4 铝基和镁基高温耐磨损合金

铝基、镁基合金一个显著特点是质量轻、可回收，是理想的结构材料，广泛应用于装备制造、交通运输及航空工业等方面，减轻装备自重，提高性能。

1. 铝基高温合金

目前铝合金是汽车工业和航空航天工业使用最多的减重材料。在汽车工业领域，铝合金已经广泛用于底盘、车身、发动机、转向系统、制动器及各种零部件，能够实现整车减重 50%，而在航空航天领域，飞机的机身、蒙皮、压气机也多以铝合金制造。

Al-Si 合金流动性好、热膨胀率低、比强度高、耐腐蚀性优良，可以替代钢用于汽车发动机机体、气缸等零部件制造。研究表明，Al-Si 合金的磨损存在超温和磨损(UMW)区间和严重磨损区间。在内燃机运行过程中，理想的状态是使 Al-Si 合金部件在超温和区间服役。Al-12%Si(质量分数)合金在高温(100℃)和边界润滑状态(模拟超温和磨损区)下的磨损机制研究发现[44]，UMW 区间可以分为三个阶段：第一阶段(UMW-1)，100℃磨损表面形成含硫化锌的非连续岛状摩擦膜，其来源于 Si 颗粒表面的润滑油，25℃不存在摩擦膜，Si 颗粒断裂和碎片化；UMW-1 和 UMW-2 的一个转换标准是磨损表面铝基底材料和 Si 颗粒的堆集高度比(α)，$\alpha \geqslant 1.0$ 时完全转移到 UMW-2 区，对应高的磨损率，在第二阶段(UMW-2)，堆集的铝被磨掉，磨损表面形成一层 $100\sim150nm$ 的残油层(ORL)，主要由涂抹开的岛状摩擦膜和铝混合而成；在第三阶段(UMW-3)，25℃和 100℃磨损率较 UMW-2 低，原因是滑动诱发细晶铝层支持 ORL 层，同时材料结构演变形成稳定层。

Al-Fe-V-Si 合金具有良好的高温热稳定性，高温强度与钛合金不相上下，能够替代钛合金在高温下使用。其优异的高温强度主要是因为 Al 基体中分散有超细四元硅化物，起到弥散强化和阻止晶粒粗化的作用。文献[45]研究了弥散相尺寸较细和较粗的两类 Al-Fe-V-Si 合金与 Al_2O_3 球配副在室温至 250℃的磨损行为。室温时，弥散相晶粒尺寸和材料强度对磨损率无影响。随着温度的增加，两种材料的磨损率呈指数增加。虽然细晶弥散强化合金具有更高的强度，但其高温下磨损率较粗晶强化合金更高。低温下，合金磨损机制主要为氧化磨损，高温则为塑性变形和剥落。需要指出的是，细晶弥散强化合金磨损机制转变温度在 150℃，粗晶强化合金则在 250℃左右。

2. 镁基高温合金

Mg-Al 基合金具有铸造性能优异、耐腐蚀性、成本低等优点，是目前实际应用较多的一类镁合金。当镁铝合金中铝的质量分数大于 2%时会在晶粒和枝晶间

形成 β-Mg$_{17}$Al$_{12}$ 金属间化合物相,有助于提高材料室温强度。但是 β-Mg$_{17}$Al$_{12}$ 熔点低(437~458℃)、热稳定性差,高温容易发生软化、晶粒长大、扩散等现象,从而降低材料的强度和抗蠕变性能,使 Mg-Al 基合金的有效工作温度低于 120℃。为了克服这个缺点,研究者开展了大量工作,发现在镁合金中添加高质量分数的铝时,β-Mg$_{17}$Al$_{12}$ 以层状析出相形式存在,促进 α-Mg/β-Mg$_{17}$Al$_{12}$ 界面结合,提高其高温强度,如 AZ91D 镁合金。AZ91D(Mg-9%Al-0.8%Zn-0.3%Mn(质量分数))镁合金栓与 AISI/SAE52100 钢盘在室温至 300℃对磨的摩擦学研究表明(表 8.24)[46],室温时,AZ91D 镁合金的磨损机制主要为磨粒磨损;40N 载荷下,提高温度加剧磨损;20N 载荷下,100℃下 AZ91D 镁合金的磨损率较室温降低 56%,继续提高温度至 250℃,β-Mg$_{17}$Al$_{12}$ 相发生软化和扩散,磨损增加;5N 载荷下,AZ91D 镁合金磨损率在室温至 250℃随温度增加而降低。这些研究结果说明,在某一特定载荷下,AZ91D 镁合金的磨损从中度到严重转变存在一个关键温度。在本实验中,5N、20N、40N 下的转变温度分别为 140℃、180℃、400℃。另外,研究发现稀有金属 Re 含量(质量分数分别为 1%、2%、3%)对 AZ91D 合金高温耐磨损性能也有影响[47]。室温时,稀有金属含量对 AZ91D 合金磨损率几乎无影响;提高温度至 100℃,AZ91D 和 AZ91D-Re 合金磨损率分别降低 58%和 40%;继续提高温度至 200℃,磨损表面形成稳定的氧化层,AZ91D-Re 合金磨损率呈下降趋势,且 AZ91D-3%Re(质量分数)在 150~200℃耐磨损性能最佳;当温度达到 250℃,合金发生严重的塑性变形和黏着磨损。

表 8.24　AZ91D 镁合金在不同温度和载荷下的磨损率[46]　　　(单位:10^{-3}mm/m)

5N						20N					40N				
室温	100℃	150℃	200℃	250℃	300℃	室温	100℃	150℃	200℃	250℃	室温	100℃	150℃	200℃	250℃
5.6	4.6	3.7	1.2	0.5	12.2	12.2	5.4	7.4	8.1	10.0	15.5	16.3	17.3	20.2	39.5

注——速率:0.4m/s;行程:1000m。

8.1.5　金属间化合物基高温耐磨损材料

轻质、高比强、高比刚、耐更高温度是未来发动机等关键装备高温结构材料的发展方向。金属间化合物以其优异的轻质、耐高温、抗氧化等特性,成为新一代轻质耐高温结构材料,受到材料界和摩擦学界的青睐。金属间化合物种类繁多,在摩擦学领域研究较多的是 Ti-Al 系、Fe-Al 系、Ni-Al 系和 Ni-Si 系。

1. Ti-Al 系金属间化合物的高温磨损特性

TiAl 基金属间化合物是新一代航空发动机叶片材料,研究其高温摩擦学行为具有重要意义,如涡轮盘与叶片之间的高温微动磨损是导致发动机失效的主要原因之一。表 8.25 给出了目前已报道 TiAl 金属间化合物的高温摩擦学性能。微动状态下，Ti-48Al-2Cr-2Nb 金属间化合物与镍基超合金配副从室温到 500℃配副均存在 Ti-48Al-2Cr-2Nb 材料转移到镍基超合金表面的现象；室温至 200℃时 TiAl 金属间化合物表面的氧化速率增加降低了磨损；但是在 200～500℃，TiAl 金属间化合物表面的氧化膜被破坏，形成裂纹、大量疏松磨屑和剥落，磨损加剧；Ti-48Al-2Cr-2Nb 磨损率随微动频率增加而降低，但随振幅和载荷增加而增加[48]。滑动状态下，Ti-46Al-2Cr-2Nb 合金与 Si_3N_4 陶瓷配副时，室温至 400℃的 TiAl 金属间化合物耐磨损性能差，磨损机制主要为磨粒磨损，600℃以上则具有优异的耐磨损性能，这主要是因为高温下 TiAl 金属间化合物发生韧脆转变以及金属间化合物表面形成厚氧化层阻止磨损，磨损机制在 600～750℃转变[49]。同样地，滑动状态下，Ti-43.5Al-4Nb-1Mo-0.1B 金属间化合物在测试温度低于 400℃时容易转移到 Nimonic 86 镍基合金配副材料表面，引起严重的黏着磨损，而 600℃以上时磨损机制发生转变，磨损表面形成釉质氧化层隔离金属-金属接触，降低磨损[50]。图 8.3 简要总结归纳了 TiAl 金属间化合物的耐磨损性能与温度之间的关系。

表 8.25　已报道 TiAl 金属间化合物高温摩擦学研究的实验条件、研究者和相关结果

材料成分	测试参数	结论
Ti-48Al-2Cr-2Nb[48]	测试温度：室温至 500℃； 频率：50～160Hz； 振幅：50～200μm； 载荷：1～40N； 接触方式：栓盘往复微动，配副镍基超合金盘	TiAl/镍基超合金配副间黏着较 TiAl 自配副严重；氧化层在所有测试温度下均易形成，但在接触区易产生裂纹
Ti-46Al-2Cr-2Nb[49]	测试温度：室温至 800℃； 滑动速率：0.188m/s； 磨斑直径：10mm； 滑动距离：338m； 载荷：10N； 接触方式：球盘旋转运动，球为 Si_3N_4	摩擦系数为 0.4～0.8；磨损机制在 600～750℃转变，600℃以上耐磨损性能优异
Ti-43.5Al-4Nb-1Mo-0.1B[50]	测试温度：室温至 800℃； 滑动速率：0.188m/s； 磨斑直径：10mm； 滑动距离：300m； 载荷：10N； 接触方式：栓盘旋转运动，栓为 Nimonic 86 合金	400℃以下 TiAl 主要发生严重的黏着磨损，同时 400℃磨损表面氧化颗粒引起三体磨粒磨损；600℃以上磨损机制转变，形成釉质氧化层降低磨损

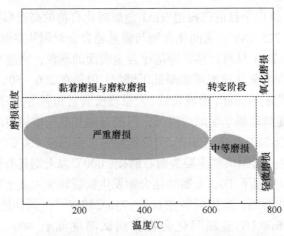

图 8.3　TiAl 金属间化合物不同温度范围内的耐磨损性能和磨损机制

　　以上研究说明，TiAl 金属间化合物表面的氧化行为和化学组成差异导致其摩擦磨损性能不同，因此认识不同温度区间内材料表面氧化行为和化学组成对 TiAl 金属间化合物的摩擦磨损性能的作用机制是设计耐高温耐磨 TiAl 基材料的基础。为此，对比 TiAl 金属间化合物不同对偶球配副在大气和氩气环境下室温至 800℃ 的耐磨损性能[51]，发现 600℃ 以下氧化行为对 TiAl 金属间化合物的耐磨损性能有害，800℃ 则有益。根据相关的试验结果，提出了氧化作用对 TiAl 金属间化合物耐磨损性能的作用机理(图 8.4)：中等温度段摩擦表面形成的氧化物在磨损表面黏附较弱，容易发生磨粒磨损而导致高磨损，由于高温下材料发生韧脆转变和高温烧结作用导致摩擦表面形成的氧化物较好地黏附在摩擦表面，能够形成连续致密的摩擦层而降低磨损。Qiu 等[52]研究了 Ti-47Al-2Cr-2Nb-0.2W 合金干滑动磨损性能对不同气氛(空气、N_2-0.4%H_2 和氩气)的敏感性，无氧环境下合金的磨损率显著降低，这一研究结果与这一认识相吻合。

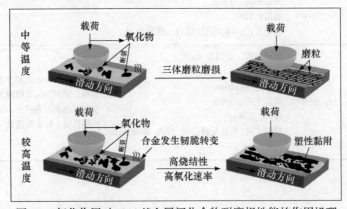

图 8.4　氧化作用对 TiAl 基金属间化合物耐磨损性能的作用机理

2. Ni-Al 系金属间化合物的高温磨损特性

金属间化合物存在本征脆性，是制约其应用的主要原因。众所周知，合金化元素 B 可以有效提高 Ni$_3$Al 金属间化合物的韧性。将一种 Ni$_3$Al+B 轧制薄板材料与 100Cr6 钢配副在环-块摩擦试验机上进行磨损性能测试，测试温度 25～500℃[53]。当温度升至 100℃，外加载荷 100N 和 250N 条件下 Ni$_3$Al+B 材料的磨损失重缓慢增加，而外加载荷 50N 和 7N 下的磨损失重显著增加，约比室温高 10～15 倍。继续提高温度，所有载荷下磨损率缓慢下降。另外，相关文献报道了碳含量对 Ni-Al-V 两相金属间化合物(Ni$_3$Al/Ni$_3$V)室温和 300℃的耐磨损性能[54]，对偶为 G5 碳化钨硬质合金轮，采用栓-轮接触方式。材料的磨损失重随滑动距离增加而增大。室温时，含 0.1C 的金属间化合物具有最小的失重量，紧随其后为 0.5C-Ni$_3$Al/Ni$_3$V 和不含 C 的 Ni$_3$Al/Ni$_3$V 合金；300℃，磨损失重与 Ni$_3$Al/Ni$_3$V 合金中碳含量关系为：0.5C<0.1C<0C。所有测试条件下 Ni$_3$Al/Ni$_3$V 的磨损失重均低于 Inconel 718 合金。其原因是高温提高 Ni$_3$Al/Ni$_3$V 合金的流动强度，另一方面滑动过程中易导致强烈的摩擦硬化效应。

3. Ni-Si 系金属间化合物的高温磨损特性

相关学者[55]利用燃烧合成技术制备了一种 Ni-17.5Si-29.3Cr 金属间化合物，其主要由 Ni$_{2.5}$Cr$_{6.5}$Si 和 5%Ni$_5$Cr$_3$Si$_2$(体积分数)两相纳米晶组成。同时与 Stellite 6 合金对比考察了 Ni-17.5Si-29.3Cr 的高温摩擦学性能，室温至 1000℃，Ni-17.5Si-29.3Cr 合金具有优异的高温耐磨损性能，磨损率在 10^{-5}mm^3/(N·m)量级，显著低于传统高温耐磨材料 Stellite 6 的磨损率(10^{-4}mm^3/(N·m)量级)。对材料在不同温度下的横截面形貌进行分析发现，室温至 600℃，截面变化不大，表明在此温度范围内能够保持较高的力学和抗氧化性能，因此磨损率变化不大；800℃以上时，材料力学性能降低，氧化增强；在 1000℃时出现局部金属熔化和黏着现象，磨损率显著增加。

8.1.6　新型高熵合金高温耐磨损材料

高熵合金是近年来打破传统合金设计理念所提出的一种新型合金体系，其主要特点是"多主元"和"化学无序"。与传统合金材料固溶体结构(由溶质和溶剂组成)相比，高熵合金是"质剂不分"的高浓度固溶体，从热力学角度分析其具有更低的吉布斯自由能，更优异的高温相和组织结构稳定性；从动力学角度分析，高熵合金材料在原子级微观扩散的过程中表现出缓慢和迟滞的特性。因而，高熵合金较传统金属材料具有更优异的硬度、强度、韧性和热稳定性等性能，是一种新型高温耐磨损材料，有望在汽车、兵器和航空航天等领域获得重要应用。

目前，有关高熵合金的摩擦学性能研究和组织成分设计工作已经得到初步展开，表 8.26 简要列出了已报道高熵合金的磨损行为、机制及成分和组织结构的影响。首先，通过特定的热处理工艺改变铸态高熵合金的组织结构有望提高高熵合金的高温耐磨损性能。将电弧熔炼法制备的铸态 $Al_{0.6}CoCrFeNi$ 高熵合金经过冷轧、退火等热处理，其组织由枝晶区 fcc 基体相和枝晶间 bcc 相(spinodal A2+B2)组织演变为退火后的枝晶区贫 Al 的 fcc 相、枝晶间富 Al 与 Ni 的 B2 相和富 Cr-Fe 的 σ 沉淀相组织，沉淀强化使合金的硬度从 270HV 增加到 480HV，从而提高了其在室温到 800℃ 的耐磨能力[56]。同样，将氩气保护电弧熔炼法制备的 $Al_{0.25}CoCrFeNi$ 高熵合金铸件经过冷轧和时效退火可获得具有粗等轴晶组织(单一 fcc 相)的退化态 $Al_{0.25}CoCrFeNi$ 高熵合金，其在 300~600℃ 的高温摩擦过程中易于形成氧化膜，从而显著降低黏着磨损并使磨损率保持较低水平[57]。其次，组分设计是另外一种有效调控高熵合金组织结构和摩擦表界面氧化行为，进而提升其高温耐磨损性能的有效手段。通过真空电弧熔炼法制备了不同组织结构的 $Al_xCoCrFeNi$(x=0.3,0.6,1)高熵合金，其中，$Al_{0.3}CoCrFeNi$ 主要为柱状晶 fcc 相组织，$Al_{0.6}CoCrFeNi$ 为具有 fcc 相的粗枝晶组织和 bcc(spinodal A2+B2)相的枝晶间组织构成的双相结构，$AlCoCrFeNi$ 则是具有 bcc(spinodal A2+B2)相的等轴晶组织。摩擦学研究表明，在室温和 300℃，$Al_xCoCrFeNi$ 的磨损机制主要为磨粒磨损，Al 含量的增加提高了 $Al_xCoCrFeNi$ 高熵合金的硬度，从而提高了其耐磨粒磨损的能力；在 600℃ 以上，$Al_xCoCrFeNi$ 高熵合金的耐磨能力显著提高归因于磨损表面形成致密的氧化层和磨损亚表面形成再结晶细晶强化层，其中 $AlCoCrFeNi$ 高熵合金具有最高的 Al 含量，使其高温硬度最高并且生成的摩擦氧化层最致密，因此具有最佳的高温耐磨损性能[58]。类似地，通过电弧熔炼制备了不同铜含量的 $CoCrFeNiCu_x$(x=0,0.2,0.4,0.6,0.8,1.0)高熵合金。Cu 与其他合金元素的混合熔 ΔH_{mix} 为正，易保持原有晶格而在枝晶间偏析，因此该体系的高熵合金主要呈现 $CoCrFeNi$ 的 fcc 相和纯 Cu 的 fcc 相。随着 Cu 含量上升，晶界处的第二相沉淀(Cu)的含量增加，塑性 Cu 元素通过偏析使得合金晶粒尺寸减小，间接实现了晶界强化，使变形过程中位错相互交织而产生增殖，进而使得 $CoCrFeNiCu_x$ 微观硬度(室温至高温)随着 Cu 含量增加而增加，因此磨损率在室温和高温均随 Cu 含量上升而下降；另一方面，600℃ 形成的 CuO 的釉层可以进一步降低磨损[59]。利用 SPS 快速烧结技术制备了主要由 bcc 相和富 V 相构成的 CuMoTaWV 高熵合金，其在室温和 400℃ 时磨损率较低，归因于室温时富 V 区硬度较高且形成 Ta 和 W 的摩擦膜，而 400℃ 时形成致密的 CuO 摩擦膜降低磨损，600℃ 时摩擦表面形成细长 V_2O_5 润滑相，使得摩擦系数降低，但 600℃ 时 Cu、Ta、W 元素均发生氧化使得磨损率升高[60]。通过电弧熔炼加铜模铸造法制备了 $CoCrFeNiNb_x$(x=0.5,0.65,0.8)共晶组织高熵合金，室温到 1000℃ 的 $CoCrFeNiNb_x$ 共晶高熵合金表现出优异的抗高温软化能力。另外 Nb 元素的氧化焓极低，在高温下易形成具有耐磨作用的氧化膜。这两点赋予 CoCrFeNiNb$_x$ 高熵合金优异的高温耐磨损性能，尤其是 CoCrFeNiNb$_{0.65}$ 在 800℃几乎没有明显的磨损[61]。

表 8.26　已报道高熵合金的磨损行为、机制及成分和组织结构的影响

研究者	高熵合金体系	测试参数	结论
Chen 等[56]	Al$_{0.6}$CoCrFeNi	测试温度：25～600℃； 配副：Si$_3$N$_4$ 球； 载荷：10N； 转速：300r/min	随着温度增加，磨损机制从磨粒磨损转变为轻度氧化磨损和分层磨损；通过热处理析出的σ沉淀强化相可显著提升 Al$_{0.6}$CoCrFeNi 的耐磨能力。 摩擦系数：0.8～0.5。 磨损率：0.5×10^{-4}～5.0×10^{-4}mm^3/(N·m)
Du 等[57]	Al$_{0.25}$CoCrFeNi	测试温度：20～600℃； 配副：Si$_3$N$_4$ 球； 载荷：10N； 滑动速率：0.084m/s	300℃以下，磨损率随温度增加而增大，磨损机制为磨粒磨损和分层磨损；300℃以上，磨损表面生成耐磨的氧化膜使得磨损率趋于稳定，磨损机制转变为氧化磨损。 摩擦系数：0.72～0.52。 磨损率：1.5×10^{-4}～3.5×10^{-4}mm^3/(N·m)
Jospeh 等[58]	CoCrFeMnNi 和 Al$_x$CoCrFeNi（x=0.3,0.6,1）	测试温度：25～900℃； 配副：Al$_2$O$_3$ 球； 载荷：15N； 滑动速率：0.1m/s	室温和 300℃，磨损机制为磨粒磨损，600℃以上转变为氧化磨损和分层磨损；随着温度的升高，磨损表面形成致密的氧化层，进而提高耐磨能力。 摩擦系数：0.3～0.75。 磨损率：0.01×10^{-4}～5×10^{-4}mm^3/(N·m)
Verma 等[59]	CoCrFeNiCu$_x$（x=0,0.2,0.4,0.8,1.0）	测试温度：室温，600℃； 配副：栓； 载荷：100N； 滑动速率：95r/min	在室温和高温的磨损率均随 Cu 含量增大而降低，归因于 Cu 的间接细晶强化作用和 CuO 摩擦膜的形成。 磨损率：0.5×10^{-5}～3.0×10^{-5}mm^3/(N·m)
Alva 等[60]	CuMoTaWV	测试温度：25～600℃； 配副：E52100 合金球和 Si$_3$N$_4$ 球； 载荷：5N； 滑动速率：0.1m/s	室温和 200℃的磨损机制为黏着磨损；400℃以上转变为氧化磨损；600℃摩擦系数下降是由于 V$_2$O$_5$ 在磨损表面的形成。 摩擦系数：0.45～0.68。 磨损率：0.5×10^{-2}～3.0×10^{-2}mm^3/(N·m)
Yu 等[61]	CoCrFeNiNb$_x$（x=0.5,0.65,0.8）	测试温度：25～800℃； 介质：空气； 配副：Si$_3$N$_4$ 球； 载荷：5N； 滑动速率：0.188m/s	室温的磨损机制为磨粒磨损，400℃转变为黏着磨损，600℃以上转变为氧化磨损和机械磨损；Nb 含量的增加有利于磨损表面在高温时形成耐磨的氧化层。 摩擦系数：0.82～0.38。 磨损率：0.02×10^{-5}～8.6×10^{-5}mm^3/(N·m)

8.2　金属陶瓷高温耐磨损材料

　　金属陶瓷材料是一种由金属或合金与一种或多种陶瓷相组成的非匀质复合材料,既能够保有金属材料的韧性和强度,又能够兼顾陶瓷的高硬度、高温抗氧化性能、耐高温等特性。在高温合金中添加与其化学相容好、热膨胀系数相近的硬质陶瓷相是制备高温耐磨损材料的有效策略。高含量增强相可以有效提高金属材料的高温耐磨损性能,但其在基体中主要以颗粒和团聚状形态分布,往往导致强度下降。因此,选用合适的增强体系,通过成分、组织结构和新型制备工艺调控实现颗粒增强相在金属基体中的均匀分散以及获得洁净、结合良好的复合界面是高性能金属-陶瓷复合材料设计制备科学的重要研究内容。

8.2.1　铁基-陶瓷高温耐磨损材料

　　目前在钢中添加陶瓷相的高温耐磨损性能的研究较少。有学者报道了通过在BS970∶070M15(EN3B)钢熔体中添加自蔓延合成的 TiC 颗粒(5～10μm)制备的一种 TiC 增强钢复合材料(EN3B-TiC)并与 EN3B 对比,研究了其在 25℃和 250℃和不同载荷下的磨损率[62]。室温时,两种材料磨损率随载荷的增加有一个急剧升高的转折点,说明磨损机制发生了转变,对 EN3B-TiC 材料来说,承载能力强,转折点靠后。250℃时,EN3B-TiC 材料在外加载荷非常大时才会发生磨损机制转变,且远高于 EN3B 钢。500℃时,两种材料在 95～590N 载荷内表现出非常低的磨损率,磨损机制主要为氧化磨损。

8.2.2　镍基-陶瓷高温耐磨损材料

　　镍-铬基合金耐高温性能好,与许多陶瓷相具有良好的化学相容性和热稳定性,高温下氧化生成的氧化铬摩擦学性能优良,是一种较好的金属陶瓷基底材料。

　　NiCrBSi 陶瓷材料主要用于涂层防护领域。等离子喷涂制备的 NiCrBSiFe 和WC-NiCrBSiFe 涂层在模拟燃煤锅炉环境下的高温抗冲蚀性能优于 Ni-Cr 合金和Cr_3C_2 陶瓷[63]。激光熔覆 NiCrBSi 涂层和 WC-Ni 增强 NiCrBSi 涂层与 Si_3N_4 球配副在 500℃的耐磨损性能均优于不锈钢基体,NiCrBSi/WC-Ni 涂层高温耐磨损性能较 NiCrBSi 涂层更佳[64]。等离子熔覆技术制备的 TiC-NiMo 和 Cr_3Ni_2-Ni 增强NiCrBSi 堆焊涂层(增强相的体积分数为 40%)在室温至 700℃具有优异的抗冲蚀性能,在高温抗冲蚀领域,特别是 550℃以上具有显著的应用前景[65];在 700℃高温下的磨损远低于对比材料 WC/W_2C 增强 NiCrBSi 堆焊涂层,磨损表面形成的氧化层和机械混合层起到阻止磨损作用。

在众多等离子喷涂涂层中，NiCr-Cr$_3$C$_2$涂层拥有最佳的室温抗干/湿磨磨损粒、抗冲蚀和滑动磨损性能，高温下抗氧化性能优异，使用温度达到 800～900℃，优于 WC 基材料，是目前工业领域普遍使用的防护涂层。据报道，等离子喷涂纳米晶和传统晶粒尺寸的 Cr$_3$C$_2$-25%NiCr(质量分数)涂层在与 100Cr6 钢配副时均具有优异的高温耐磨损性能，纳米晶涂层摩擦系数在 600℃时最低，而传统晶粒尺寸则在 800℃时出现相似现象，这是纳米晶涂层表面形成厚的软转移层所致[66]。不同厂家生产的等离子火焰喷涂设备、喷涂工艺(HVAF 和 HVOF)、喂料尺寸等对 Cr$_3$C$_2$-25%NiCr 硬质涂层磨粒磨损性能的影响也被研究[67]，室温时，细尺寸喂料制备的涂层具有最低的磨损率；400℃时，磨粒导致的犁沟是主要的磨损机制。Al$_2$O$_3$含量对 Ni-20%Cr(质量分数)合金的高温耐磨损性能研究表明，NiCr-40%Al$_2$O$_3$(质量分数)复合材料耐磨损性能最好，且 1000℃压缩强度高于 540MPa[68]；800～1000℃磨损表面形成结合力强的塑性变形氧化层，降低材料摩擦磨损。

8.2.3　铝基/镁基-陶瓷高温耐磨损材料

耐磨性差和使用温度低是限制铝、镁等轻质合金应用的主要原因，而将它们与陶瓷颗粒复合能够在一定程度上解决上述问题。过去几十年来，众多研究者围绕硬质相增强铝基复合材料的耐磨损性能的提高和相关机理研究开展了大量系统工作。常用的 Al 基/Mg 基合金陶瓷增强相包括 SiC、TiC、TiB$_2$等颗粒和 SiC$_p$等陶瓷纤维。

SiC 增强 Al 基/Mg 基合金复合材料是研究比较多的一类材料。相关研究[69]对比了 2618Al 合金和 2618Al-15%SiC(体积分数)复合材料与回火钢球(DIN5401)配副在室温至 200℃的耐磨损性能。SiC 硬质颗粒的添加使铝合金的耐磨损性能提高 2倍，发现两种铝材料从中度磨损到严重磨损存在一个转变温度，而复合材料的转变温度较单一合金提高 50℃，这是因为复合材料在高温能够保持好的力学性能。同样，在一种 Al 合金(Al-8.5%～9.5%Si-0.45%～0.65%Mg-0.2%Fe(max)-0.2%Cu(max)-0.2%Ti(max))中添加体积分数分别为 10%和 20%的 SiC 增强相[70]，采用环-块方式研究了 Al 基复合材料环与一种商业刹车片材料配副时的摩擦学性能。接触温度 110℃时 Al 基复合材料的磨损下降。在添加 SiC 颗粒的镁合金表现出类似的耐磨损增强效果，据报道，采用粉末冶金技术制备不同含量(体积分数 5%、10%、15%)SiC 颗粒增强 Mg 基合金，研究其在载荷 5～60N、0.4m/s 和 25～200℃条件下的磨损性能。室温下外加载荷 5N 和 20N 时，材料的磨损率比较相近，而高载(≥20N)下，复合材料较纯镁合金磨损率低。高温下，复合材料磨损率较纯镁合金显著降低。任一测试温度下，磨损机制均随载荷有一个转变，在转变载荷之下磨损机制主要为氧化磨损，之上则为严重塑性变形和黏着磨损[71]。

纤维陶瓷增强相也能够增强 Al6061 合金的高温磨损性能，且纤维取向差异对耐磨损性能影响显著[72]。对单一 Al6061 合金来说，400℃时较 200℃时磨损严重；而添加 SiC 晶须(体积分数为 10%和 20%)复合材料的磨损率降低，随 SiC 晶须含量增加而降低，说明 SiC 晶须能够显著提高 Al6061 合金高温耐磨损性能；同时研究复合材料晶须取向对磨损率的影响时发现，当晶须取向平行于成形方向时，材料磨损最大。采用挤压铸造工艺制备 SiC 颗粒和 Al_2O_{3f} 纤维混合增强 Al 基复合材料，研究增强相的体积分数总量为 20%时不同 Al_2O_{3f} 纤维和 SiC 颗粒比率对复合材料在 100℃和 150℃磨损性能的作用[73]。接触方式采用栓盘式，试样栓的截取分为两种方式(垂直和平行于纤维取向)。结果表明，150℃时复合材料中 $FeSiAl_5$ 沉淀相提高耐磨损性能；垂直试样的耐磨损性能优于平行试样，后者在磨损过程中纤维易剥出；100℃和 150℃下复合材料耐磨损性能随 SiC 含量增加而加强，与 Al_2O_{3f} 纤维取向无关。

采用原位自生方式制备的复合材料具有界面干净、结合良好、湿润性好、颗粒分布均匀等优点，是制备颗粒增强金属基复合材料的主要方法。在铝熔体中加入 K_2TiF_6 和石墨粉末原位反应合成 TiC 质量分数分别为 5%、10%、15%的 Al-TiC 复合材料，研究其在室温至 200℃的耐磨损性能(栓盘式，对偶为硬质钢)。结果表明，所有测试温度下，磨损率均随 TiC 含量增加而降低，随载荷增加呈线性增加；200℃下复合材料磨损表面形成氧化保护层，降低磨损[74]。采用类似工艺制备 Al-4Cu-TiB₂ 复合材料(TiB_2 质量分数为 5%和 10%)，在栓盘式高温摩擦试验机上研究不同载荷和温度对其磨损性能的影响(对偶为轴承钢)。结果表明，所有温度和载荷下，磨损率均随 TiB_2 含量增加而增加。TiB_2 的添加对材料磨损机制具有显著的影响，Al-4Cu 合金在载荷 80N 和温度 100℃时由轻度磨损转变到严重磨损，而 Al-4Cu-5TiB₂ 和 Al-4Cu-10TiB₂ 合金则分别在 120N 和 200℃、100N 和 300℃时发生转变。从磨损机制方面来分析，Al-4Cu 合金高温磨损机制主要为黏着和金属流动，而复合材料则为氧化、剥落和金属流动[75]。另外，将 Al 粉与 ZrO_2 粉(体积分数分别为 20%和 30%)混合均匀压制成坯体，然后在真空炉中热处理原位反应生成 Al₃Zr-Al₂O₃，再高温挤压成 Al₃Zr-Al₂O₃/Al 复合材料，与 AISI52100 轴承钢配副研究其高温耐磨损性能。结果表明，100℃时复合材料的磨损率随滑动速率先增加然后降低，200℃则随温度增加一直增加；提高增强相体积分数，耐磨损性能增加[76]。

8.2.4　金属间化合物-陶瓷高温耐磨损材料

中低温耐磨损性能差是限制金属间化合物应用的重要问题。复合硬质颗粒增强相是当前提高金属间化合物耐磨损性能。有研究利用机械合金化结合热压烧结工艺制备了出一种 TiC 增强 Fe₃Al 复合材料，该材料具有优异的力学性能和高温耐磨损性能[77](表 8.27)：复合材料的压缩强度随 TiC 含量增加而增加，最高可提升 2 倍；室温至 800℃，复合材料的磨损率随 TiC 增加而降低，表明硬质相 TiC 的添加提高了纯 Fe_3Al 在高温条件下的耐磨性。400℃以下，磨损率随温度升高呈上升趋势，400～600℃，磨损率逐渐降低，800℃又略微增加。其主要原因是材料氧化和强度的反温度效应共同作用。质量分数为 50%TiC 的复合材料的高温耐磨性比 Fe_3Al 合金提高 28～35 倍。磨损机制随温度的变化关系概括为：Fe_3Al 合金(包含质量分数 15%TiC)复合材料的主要磨损机理是从室温的疲劳剥落转变为 200～600℃的犁沟和剥层磨损，800℃变为黏着和疲劳磨损；对于 TiC 质量分数为 25%的复合材料，室温和 200℃磨损机理是犁沟和剥层磨损，400～800℃转变为疲劳磨损。TiC 质量分数分别为 35%和 50%的复合材料，室温和 200℃磨损机理是剥层磨损，400～800℃则为犁沟和剥层磨损。利用原位生成工艺制备不同体积含量增强相(0、20%和 40%)的 $TiAl$-TiB_2 复合材料，TiB_2 的加入显著提高 $TiAl$ 基合金的高温耐磨损性能，800℃时最高可降低两个数量级，且 TiB_2 含量越高，耐磨损性能提高越显著；在 600℃以上时，复合材料磨损表面的 TiO_2 和 Al_2O_3 发生晶型转变，显著提高材料耐磨损性能，因此复合材料的磨损率在 600℃和 800℃时较室温至 400℃的磨损率显著降低；TiB_2 硬质相对复合材料耐磨性的增强效应在 600℃以上表现得更为明显，分析原因，可能是 B_2O_3 的存在促进磨损表面氧化物形成釉质耐磨层[78]。另外，研究发现复合体积分数 15%的 Ti_2AlN 也可以提高 $TiAl$ 金属间化合物的高温耐磨损性能，但进一步提升 Ti_2AlN 体积分数至 30%，复合材料的耐磨损性能较 $TiAl$ 合金变差[79]。

表 8.27　陶瓷颗粒增强金属间化合物复合材料的高温摩擦学性能

材料成分	测试参数	结论
Fe_3Al-TiC[77]	测试温度：室温至 800℃； 滑动速率：0.188m/s； 磨斑直径：10mm； 滑动距离：338m； 载荷：10N； 接触方式：球盘旋转运动，球为 Si_3N_4	复合材料的摩擦系数在 0.55～0.95；质量分数 50%TiC 的复合材料的高温耐磨性比纯 Fe_3Al 合金高了 28～35 倍
$TiAl$-TiB_2[78]	测试温度：室温至 800℃； 滑动速率：0.188m/s； 磨斑直径：10mm； 滑动距离：338m； 载荷：10N； 接触方式：球盘旋转运动，球为 Si_3N_4	复合材料的摩擦系数在 0.43～0.95；室温到 800℃的宽温域范围内，TiB_2 粒子能有效提高 $TiAl$ 合金的耐磨性能
$TiAl$-Ti_2AlN[79]	测试温度：室温至 800℃； 滑动速率：0.502m/s； 磨斑直径：10mm； 滑动距离：804m； 载荷：10N； 接触方式：栓盘旋转运动，栓为 Si_3N_4	体积分数 15%Ti_2AlN 复合材料摩擦系数在 0.23～0.42，较 $TiAl$ 合金低(0.37～0.59)，同时具有最低的磨损率；Ti_2AlN 加速氧化层形成

8.3 陶瓷基高温耐磨损材料

陶瓷适用于 1000℃以上的重要的高温结构和防护材料，目前对它的摩擦学行为和机理研究尚显不足，如断裂韧性低仍然是导致陶瓷材料高温下摩擦系数和磨损率高的一个主要瓶颈问题，高韧高耐磨的陶瓷材料设计新方法、新手段缺乏。高性能耐磨陶瓷材料的设计制备仍然是材料学和摩擦学工作者一项任重道远的任务。

8.3.1 碳化物基高温耐磨损陶瓷

碳化硅陶瓷室温和高温强度高、抗热震性能好、耐腐蚀冲蚀性能和热稳定性优良，是高温耐磨耐蚀应用领域理想的陶瓷材料。SiC 和 SiC-16%TiB$_2$(体积分数)复合陶瓷在 1000℃以下的耐冲蚀性能研究表明，两种陶瓷材料的磨损机制均为横向断裂，磨损失重随冲蚀颗粒尺寸的增大和温度升高而增加[80]。但总体来说，复合陶瓷相对单一陶瓷磨损率低，归因于其更好的断裂韧性。利用超声波纳米晶表面修饰技术(UNSM)对烧结 SiC 陶瓷进行处理，然后在球-盘摩擦试验机与 Al$_2$O$_3$ 球配副测试其磨损性能。处理过的 SiC 陶瓷摩擦学性能优于未处理前，分析原因，一是 UNSM 处理提高陶瓷硬度，二是经过 UNSM 处理，SiC 陶瓷结构变得更致密[81]。

碳化钨陶瓷常用作刀具加工钢材，WC-Co 和 WC-Ni-Co-Cr 两种块体材料与 SAE-1055 钢轮配副(环-块式)在 725～775℃，外加压力 113MPa 和 134MPa 下滑动磨损性能研究表明，总体来说，高硬度对应好的高温耐磨损性能，而硬度随材料中金属含量增加而降低(表 8.28)；当金属质量分数均为 15%时，虽然 WC-Ni-Co-Cr 较 WC-Co 硬度低，但磨损率相当，这可能是因为 Ni-Co-Cr 高温抗氧化性能较 Co 金属强，磨损表面形成连续氧化保护层[82]。利用球-盘式高温摩擦试验机研究了超声速等离子火焰喷涂 WC-Co 涂层在高温和氩气环境下的磨损性能，发现高温磨损过程中的氧化行为对涂层摩擦学性能影响显著。大气环境下，室温至 600℃，涂层磨损较低，摩擦促进 CoWO$_4$ 生成，起到减摩耐磨作用；600℃以上，氧化严重，涂层性能下降，磨损加剧。氩气环境下，涂层 600℃以下的磨损率高于空气中的，且高温下逐渐形成氧化物，因此磨损率随温度增加而降低[83]。

表 8.28　WC-Co 和 WC-Ni-Co-Cr 涂层硬度与磨损关系[82]

性能	材料			
	WC-25%NiCoCr	WC-25%Co	WC-15%NiCoCr	WC-15%Co
硬度 HV/(10kg/mm³)	755	790	965	1010
磨损体积/mm³	22.2	22.5	10.5	13.41

8.3.2　氮化物基高温耐磨损陶瓷

Si₃N₄ 陶瓷是耐磨技术和结构部件领域一种潜在的应用材料,可用作往复式发动机部件、涡轮增压器转子、刀具和滚珠轴承等。Si₃N₄ 陶瓷具有独特的力学性能,包括高的硬度、优异的抗疲劳和耐磨损性能以及抗氧化和蠕变性能。相关研究系统考察了 Si₃N₄、Si₃N₄-TiC 和 Si₃N₄-TiN 三种氮化硅基陶瓷材料在室温至 1200℃的干滑动磨损行为[84]。室温和 1200℃陶瓷材料几乎无磨损,900℃时 Si₃N₄ 陶瓷的磨损低于复合陶瓷。另外有研究报道了稀土金属氧化物和 SiC 纳米颗粒对 Si₃N₄陶瓷 900℃以下高温摩擦学行为的影响(对偶为 Si₃N₄),发现晶界相的结晶特征和SiC 纳米颗粒分布位置对 Si₃N₄ 陶瓷的耐磨损性性能具有显著作用[85]。无论对单一 Si₃N₄ 陶瓷材料还是 Si₃N₄-SiC 复合材料,含有晶界相的材料耐磨损性能随 RE³⁺半径降低而增强,这归因于第二相高的黏度和耐热性。晶间 SiC 颗粒降低 Si₃N₄ 陶瓷的磨损率。添加较小金属离子半径稀土氧化物的复合材料,如 Lu、Yb 和 Y,在 700℃以下具有最低的磨损率,具有最佳的应用价值。

利用磁控溅射工艺制备了一种 WN 涂层并研究其高温耐磨损性能,氮质量分数在 30%~58%,接触方式为球-盘式,对偶为 Al₂O₃ 球。涂层在 300℃下几乎无磨损,更高温下磨损加剧,600℃涂层开始剥落。400℃以下材料的结构不会发生显著变化,500℃时表面开始发生氧化,继续提高温度表面完全氧化,600℃材料硬度下降到 6GPa,与 WO₃ 硬度一致[86]。相关文献研究了 Ti-TiN 和 TiN-CrN 多层纳米膜自配副时的高温磨损性能,结果见表 8.29[87]。降低层间距可以提高涂层硬度。TiN-CrN 涂层在室温和 500℃耐磨损性能最好。

表 8.29　Ti-TiN 和 TiN-CrN 多层纳米膜的厚度、层间距、硬度、自配副磨损体积[87]

涂层	厚度/μm	层间距/nm	硬度/GPa	自配副磨损体积/mg
TiN	1.8		22	1.7
Ti-TiN	1.2	100	13	0.9
Ti-TiN	1.2	20	21	0.40
TiN-CrN	1.6	100	25	0.53
TiN-CrN	1.4	20	30	0.31

8.3.3　氧化物基高温耐磨损陶瓷

氧化物基高温陶瓷高温磨损性能研究主要集中在氧化铝陶瓷。有文献报道了 Al_2O_3-TiB_2 复合陶瓷在室温至 800℃的摩擦学性能，对偶为 WC-Co 硬质合金球，气氛为大气和氮气[88]。600~800℃，氮气环境下，复合陶瓷磨损率随温度增加，主要是因为硬质合金球转移或黏附到陶瓷磨损表面；800℃，大气环境下，复合陶瓷表面形成自润滑氧化层，耐磨损性能显著提高。此外，利用不同组分定向凝固的 Al_2O_3/ZrO_2(Y_2O_3) 复合陶瓷与 B_4C 盘对磨，条件为空气，温度为室温、500℃和 800℃[89]。结果表明，Al_2O_3/ZrO_2(Y_2O_3) 复合陶瓷成分从富氧化铝到富二氧化锆，耐磨损性能都达到高耐磨损应用的使用标准，磨损率低于 $10^{-6}mm^3/(N \cdot m)$。利用等离子电流脉冲烧结技术制备了 Mo 体积分数 1%~10%的 Al_2O_3/Mo 复合材料，研究其与 Al_2O_3 球配副在 400℃时的摩擦学行为，发现 400℃时磨损表面形成 Mo_4O_{11} 氧化物降低摩擦磨损，摩擦系在 0.27~0.36，磨损率检测不到[90]。

参 考 文 献

[1] 辛龙, 李杰, 陆永浩. Inconel 690 合金高温微动磨损特性研究[J]. 摩擦学学报, 2015, 35: 476.

[2] Okonkwo P C, Kelly G, Rolfe B F, et al. The effect of temperature on sliding wear of steel-tool steel pairs[J]. Wear, 2012,282-283:22-30.

[3] Vilaseca M, Molas S, Casellas D. High temperature tribological behaviour of tool steels during sliding against aluminium[J]. Wear, 2011, 272: 105-109.

[4] Hardell J, Kassfeldt E, Prakash B. Friction and wear behaviour of high strength boron steel at elevated temperatures of up to 800℃[J]. Wear, 2008, 264: 788-799.

[5] Hardell J, Prakash B. High-temperature friction and wear behaviour of different tool steels during sliding against Al-Si-coated high-strength steel[J]. Tribology International, 2008, 41: 663-671.

[6] Hardell J, Hernandez S, Mozgovoy S, et al. Effect of oxide layers and near surface transformations on friction and wear during tool steel and boron steel interaction at high temperatures[J]. Wear, 2015, 330-331: 223-229.

[7] Milan J C G, Carvalho M A, Xavier R R, et al. Effect of temperature, normal load and pre-oxidation on the sliding wear of multi-component ferrous alloys[J]. Wear, 2005, 259: 412-423.

[8] Zhu H, Zhu Q, Tieu A K, et al. A simulation of wear behaviour of high-speed steel hot rolls by means of high temperature pin-on-disc tests[J]. Wear, 2013, 302: 1310-1318.

[9] Barrau O, Boher C, Gras R, et al. Wear mecahnisms and wear rate in a high temperature dry friction of AISI H11 tool steel: Influence of debris circulation[J]. Wear, 2007, 263: 160-168.

[10] Tu J P, Jie X H, Mao Z Y, et al. The effect of temperature on the unlubricated sliding wear of 5 CrNiMo steel against 40 MnB steel in the range 400-600℃[J]. Tribology International, 1998, 31: 347-353.

[11] Kim J K, Kim S J. The temperature dependence of the wear resistance of iron-base Norem 2 hardfacing alloy[J]. Wear, 2000, 237: 217-122.

[12] Badisch E, Katsich C, Winkelmann H, et al. Wear behaviour of hardfaced Fe-Cr-C alloy and austenitic steel under 2-body and 3-body conditions at elevated temperature[J]. Tribology International, 2010, 43: 1234-1244.

[13] Hernandez S, Leiro A, Ripoll M R, et al. High temperature three-body abrasive wear of 0.25C 1.42Si steel with carbide free bainitic(CFB)and martensitic microstructures[J]. Wear, 2016, 360-361: 21-28.

[14] Hernandez S, Hardell J, Winkelmann H, et al. Influence of temperature on abrasive wear of boron steel and hot forming tool steels[J]. Wear, 2015, 338-339: 27-35.

[15] Celik O, Ahlatci H, Kayali E S, et al. High temperature abrasive wear behavior of an as-cast ductile iron[J]. Wear, 2005, 258: 189-193.

[16] Shimizu K, Naruse T, Xinba Y, et al. Erosive wear properties of high V-Cr-Ni stainless spheroidal carbides cast iron at high temperature[J]. Wear, 2009, 267: 104-109.

[17] Shimizu K, Xinba Y, Araya S. Solid particle erosion and mechanical properties of stainless steels at elevated temperature[J]. Wear, 2011, 271: 1357-1364.

[18] Shimizu K, Xinba Y, Ishida M, et al. High temperature erosion characteristics of surface treated SUS410 stainless steel[J]. Wear, 2011, 271: 1349-1356.

[19] Hayashi N, Hasezaki K, Takaki S. High-temperature erosion rates of Fe-Cr-C alloys produced by mechanical alloying and sintering process[J]. Wear, 2000, 242: 54-59.

[20] Katsich C, Badisch E, Roy M, et al. Erosive wear of hardfaced Fe-Cr-C alloys at elevated temperature[J]. Wear, 2009, 267: 1856-1864.

[21] Lindgren M, Suihkonen R, Vuorinen J. Erosive wear of various stainless steel grades used as impeller blade materials in high temperature aqueous slurry[J]. Wear, 2015, 328-329: 391-400.

[22] di Vernieri Cuppari M G, Wischnowski F, Tanaka D K, et al. Correlation between microstructure and cavitation–Erosion resistance of high-chromium cast steel-preliminary results[J]. Wear, 1999, 225-229, Part 1: 517-522.

[23] Li Z, Han J, Lu J, et al. Vibratory cavitation erosion behavior of AISI304 stainless steel in water at elevated temperatures[J]. Wear, 2014, 321: 33-37.

[24] Birol Y. High temperature sliding wear behaviour of Inconel 617 and Stellite 6 alloys[J]. Wear, 2010, 269: 664-671.

[25] Jeong S H, Cho C W, Lee Y Z. Friction and wear of Inconel 690 for steam generator tube in elevated temperature water under fretting condition[J]. Tribology International, 2005, 38: 283-288.

[26] Mi X, Cai Z B, Xiong X M, et al. Investigation on fretting wear behavior of Inconel 690 alloy in water under various temperatures[J]. Tribology International, 2016, 100: 400-409.

[27] Mi X, Wang W X, Xiong X M, et al. Investigation of fretting wear behavior of Inconel 690 alloy in tube/plate contact configuration[J]. Wear, 2015, 328-329: 582-590.

[28] Kwon J D, Jeung H K, Chung I S, et al. A study on fretting fatigue characteristics of Inconel 690 at high temperature[J]. Tribology International, 2011, 44: 1483-1487.

[29] Thirugnanasambantham K G, Natarajan S. Mechanistic studies on degradation in sliding wear behavior of IN718 and Hastelloy X superalloys at 500℃[J]. Tribology International, 2016, 101:

324-330.

[30] Inman I A, Datta P K, Du H L, et al. Studies of high temperature sliding wear of metallic dissimilar interfaces[J]. Tribology International, 2005, 38: 812-823.

[31] Inman I A, Rose S R, Datta P K. Studies of high temperature sliding wear of metallic dissimilar interfaces II: Incoloy MA956 versus Stellite 6[J]. Tribology International, 2006, 39: 1361-1375.

[32] Inman I A, Datta P S. Studies of high temperature sliding wear of metallic dissimilar interfaces III: Incoloy MA956 versus Incoloy 800HT[J]. Tribology International, 2010, 43: 2051-2071.

[33] Inman I A, Datta P S. Studies of high temperature sliding wear of metallic dissimilar interfaces IV: Nimonic 80A versus Incoloy 800HT[J]. Tribology International, 2011, 44: 1902-1919.

[34] Chinnadurai S, Bahadur S. 8th international conference on erosion by liquid and solid impact high-temperature erosion of Haynes and Waspaloy: Effect of temperature and erosion mechanisms[J]. Wear, 1995, 186: 299-305.

[35] Tylczak J H. Erosion-corrosion of iron and nickel alloys at elevated temperature in a combustion gas environment[J]. Wear, 2013, 302: 1633-1641.

[36] Wood P D, Evans H E, Ponton C B. Investigation into the wear behaviour of Stellite 6 during rotation as an unlubricated bearing at 600℃[J]. Tribology International, 2011, 44: 1589-1597.

[37] Wang L, Li D Y. Effects of yttrium on microstructure, mechanical properties and high-temperature wear behavior of cast Stellite 6 alloy[J]. Wear, 2003, 255: 535-544.

[38] Çelik H, Kaplan M. Effects of silicon on the wear behaviour of cobalt-based alloys at elevated temperature[J]. Wear, 2004, 257: 606-611.

[39] Radu I, Li D Y, Llewellyn R. Tribological behavior of Stellite 21 modified with yttrium[J]. Wear, 2004, 257: 1154-1166.

[40] Radu I, Li D Y. Investigation of the role of oxide scale on Stellite 21 modified with yttrium in resisting wear at elevated temperatures[J]. Wear, 2005, 259: 453-458.

[41] Kashani H, Amadeh A, Ghasemi H M. Room and high temperature wear behaviors of nickel and cot base weld overlay coatings on hot forging dies[J]. Wear, 2007, 262: 800-806.

[42] Motallebzadeh A, Atar E, Cimenoglu H. Sliding wear characteristics of molybdenum containing Stellite 12 coating at elevated temperatures[J]. Tribology International, 2015, 91: 40-47.

[43] Korashy A, Attia H, Thomson V, et al. Characterization of fretting wear of cobalt-based superalloys at high temperature for aero-engine combustor components[J]. Wear, 2015, 330-331: 327-337.

[44] Dey S K, Lukitsch M J, Balogh M P, et al. Ultra-mild wear mechanisms of Al-12.6wt.% Si alloys at elevated temperature[J]. Wear, 2011, 271: 1842-1853.

[45] Koraman E, Baydoğan M, Sayılgan S, et al. Dry sliding wear behaviour of Al-Fe-Si-V alloys at elevated temperatures[J]. Wear, 2015, 322-323: 101-107.

[46] Zafari A, Ghasemi H M, Mahmudi R. Tribological behavior of AZ91D magnesium alloy at elevated temperatures[J]. Wear, 2012, 292-293: 33-40.

[47] Zafari A, Ghasemi H M, Mahmudi R. Effect of rare earth elements addition on the tribological behavior of AZ91D magnesium alloy at elevated temperatures[J]. Wear, 2013, 303: 98-108.

[48] Miyoshi K, Lerch B, Draper S. Fretting wear of Ti-48Al-2Cr-2Nb[J]. Tribology International,

2003, 36: 145-153.

[49] Cheng J, Yang J, Zhang X, et al. High temperature tribological behavior of a Ti-46Al-2Cr-2Nb intermetallics[J]. Intermetallics, 2012, 31: 121-126.

[50] Mengis L, Grimme C, Galetz M C. High-temperature sliding wear behavior of an intermetallic γ-based TiAl alloy[J]. Wear, 2019, 426-427: 341-347.

[51] Cheng J, Li F, Qiao Z, et al. The role of oxidation and counterface in the high temperature tribological properties of TiAl intermetallics[J]. Materials and Design, 2015, 84: 245-253.

[52] Qiu J, Liu Y, Meng F, et al. Effects of environment on dry sliding wear of powder metallurgical Ti-47Al-2Cr-2Nb-0.2W[J]. Intermetallics, 2014, 53: 10-19.

[53] Solmaz Y, Keleştemur M H. Wear behavior of boron-doped Ni_3Al material at elevated temperature[J]. Wear, 2004, 257: 1015-1021.

[54] Wagle S, Kaneno Y, Nishimura R, et al. Evaluation of the wear properties of dual two-phase Ni_3Al/Ni_3V intermetallic alloys[J]. Tribology International, 2013, 66: 234-240.

[55] Bi Q, Liu W, Yang J, et al. Tribological properties of Ni-17.5Si-29.3Cr alloy at room and elevated temperatures[J]. Tribology International, 2010, 43: 136-143.

[56] Chen M, Lan L W, Shi X H, et al. The tribological properties of $Al_{0.6}CoCrFeNi$ high-entropy alloy with the s phase precipitation at elevated temperature[J]. Journal of Alloy and Compounds, 2019, 777: 180-189.

[57] Du L M, Lan L W, Zhu S, et al. Effects of temperature on the tribological behavior of $Al_{0.25}CoCrFeNi$ high-entropy alloy[J]. Journal of Materials Science Technology, 2019, 35: 917-925.

[58] Jospeh J, Haghdadi N, Shamlaye K, et al. The sliding wear behaviour of CoCrFeMnNi and $Al_xCoCrFeNi$ high entropy alloys at elevated temperatures[J]. Wear, 2019, 428-429: 32-44.

[59] Verma A, Tarate P, Abhyankar A C, et al. High temperature wear in $CoCrFeNiCu_x$ high entropy alloys: The role of Cu[J]. Scripta Materialia, 2019, 161: 28-31.

[60] Alvi S, Akhtar F. High temperature tribology of CuMoTaWV high entropy alloy[J]. Wear, 2019, 426-427: 412-419.

[61] Yu Y, He F, Qiao Z H, et al. Effects of temperature and microstructure on the triblogical properties of $CoCrFeNiNb_x$ eutectic high entropy alloys[J]. Journal of Alloys and Compounds, 2019, 775: 1376-1385.

[62] Degnan C C, Shipway P H, Wood J V. Elevated temperature sliding wear behaviour of TiC-reinforced steel matrix composites[J]. Wear, 2001, 251: 1444-1451.

[63] Hidalgo V H, Varela F J B, Menéndez A C, et al. A comparative study of high-temperature erosion wear of plasma-sprayed NiCrBSiFe and WC-NiCrBSiFe coatings under simulated coal-fired boiler conditions[J]. Tribology International, 2001, 34: 161-169.

[64] Guo C, Zhou J, Chen J, et al. High temperature wear resistance of laser cladding NiCrBSi and NiCrBSi/WC-Ni composite coatings[J]. Wear, 2011, 270: 492-498.

[65] Zikin A, Antonov M, Hussainova I, et al. High temperature wear of cermet particle reinforced NiCrBSi hardfacings[J]. Tribology International, 2013, 68: 45-55.

[66] Roy M, Pauschitz A, Wernisch J, et al. The influence of temperature on the wear of Cr_3C_2-

25(Ni20Cr) coating—Comparison between nanocrystalline grains and conventional grains[J]. Wear, 2004, 257: 799-811.

[67] Bolelli G, Berger L M, Börner T, et al. Sliding and abrasive wear behaviour of HVOF- and HVAF-sprayed Cr₃C₂-NiCr hardmetal coatings[J]. Wear, 2016, 358-359: 32-50.

[68] Liu F, Yi G, Wang W, et al. Tribological properties of NiCr-Al₂O₃ cermet-based composites with addition of multiple-lubricants at elevated temperatures[J]. Tribology International, 2013, 67: 164-173.

[69] Martín A, Martínez M A, Llorca J. Wear of SiC-reinforced Al-matrix composites in the temperature range 20-200℃[J]. Wear, 1996, 193: 169-179.

[70] Straffelini G, Pellizzari M, Molinari A. Influence of load and temperature on the dry sliding behaviour of Al-based metal-matrix-composites against friction material[J]. Wear, 2004, 256: 754-763.

[71] Labib F, Ghasemi H M, Mahmudi R. Dry tribological behavior of Mg/SiC$_p$ composites at room and elevated temperatures[J]. Wear, 2016, 348-349: 69-79.

[72] Lim D S, Park D S, Han B D, et al. Temperature effects on the tribological behavior of alumina reinforced with unidirectionally oriented SiC whiskers [J]. Wear, 2001, 251: 1452-1458.

[73] Wang Y Q, Song J I. Temperature effects on the dry sliding wear of Al₂O₃f/SiC$_p$/Al MMCs with different fiber orientations and hybrid ratios[J]. Wear, 2011, 270: 499-505.

[74] Jerome S, Ravisankar B, Kumar M P, et al. Synthesis and evaluation of mechanical and high temperature tribological properties of in-situ Al-TiC composites [J]. Tribology International, 2010, 43: 2029-2036.

[75] Kumar S, Sarma V S, Murty B S. High temperature wear behavior of Al-4Cu-TiB₂ in situ composites[J]. Wear, 2010, 268: 1266-1274.

[76] Zhu H, Jar C, Song J, et al. High temperature dry sliding friction and wear behavior of aluminum matrix composites (Al₃Zr+α-Al₂O₃)/Al[J]. Tribology International, 2012, 48: 78-86.

[77] Zhang X, Ma J, Fu L, et al. High temperature wear resistance of Fe-28Al-5Cr alloy and its composites reinforced by TiC [J]. Tribology International, 2013, 61: 48-55.

[78] Wang L, Cheng J, Zhu S, et al. High Temperature Wear Behaviors of TiAl-TiB₂ Composites[J]. Tribology Letters, 2017, 65: 144.

[79] Zhang N, Sun D, Han X, et al. Dry-sliding tribological properties of TiAl alloys and Ti₂AlN/TiAl composites at high temperature[J]. Journal of Materials Engineering and Performance, 2018, 27: 6107-6117.

[80] Colclough A F, Yeomans J A. Hard particle erosion of silicon carbide and silicon carbide-titanium diboride from room temperature to 1000℃[J]. Wear, 1997, 209: 229-236.

[81] Amanov A, Pyun Y S, Kim J H, et al. Enhancement in wear resistance of sintered silicon carbide at various temperatures[J]. Tribology International, 2014, 74: 28-37.

[82] Aristizabal M, Ardila L C, Veiga F, et al. Comparison of the friction and wear behaviour of WC-Ni-Co-Cr and WC-Co hardmetals in contact with steel at high temperatures [J]. Wear, 2012, 280-281: 15-21.

[83] Geng Z, Li S, Duan D L, et al. Wear behaviour of WC-Co HVOF coatings at different

temperatures in air and argon[J]. Wear, 2015, 330-331: 348-353.

[84] Melandri C, Gee M G, De P G, et al. Tribology of ceramic materials high temperature friction and wear testing of silicon nitride ceramics[J]. Tribology International, 1995, 28: 403-413.

[85] Tatarko P, Kašiarová M, Chlup Z, et al. Influence of rare-earth oxide additives and SiC nanoparticles on the wear behaviour of Si_3N_4-based composites at temperatures up to 900℃[J]. Wear, 2013, 300: 155-162.

[86] Polcar T, Parreira N M G, Cavaleiro A. Structural and tribological characterization of tungsten nitride coatings at elevated temperature[J]. Wear, 2008, 265: 319-326.

[87] Srinivasan D, Kulkarni T G, Anand K. Thermal stability and high-temperature wear of Ti-TiN and TiN-CrN nanomultilayer coatings under self-mated conditions[J]. Tribology International, 2007, 40: 266-277.

[88] Deng J X, Ai X, Li Z Q. Friction and wear behavior of Al_2O_3/TiB_2 composite against cemented carbide in various atmospheres at elevated temperature[J]. Wear, 1996, 195: 128-132.

[89] Miyoshi K, Farmer S C, Sayir A. Wear properties of two-phase $Al_2O_3/ZrO_2(Y_2O_3)$ceramics at temperatures from 296 to 1073K[J]. Tribology International, 2005, 38: 974-986.

[90] Cura M E, Liu X W, Kanerva U, et al. Friction behavior of alumina/molybdenum composites and formation of MoO_{3-x} phase at 400℃[J]. Tribology International, 2015, 87: 23-31.

第 9 章 高温摩擦学测试与分析方法

摩擦磨损是一种十分复杂的现象，受到各种内在因素(如材料的物理、化学、力学性能)和外部因素(包括载荷、速度、温度和环境条件等)的共同影响。为了正确地分析各种因素的影响规律，客观地研究不同工况的摩擦磨损机制，必须掌握科学的测试分析方法和进行有效的摩擦磨损试验。经常采用的试验方法可归纳为下列三类：实验室试件试验、模拟性台架试验和实际使用试验。目前，关于高温摩擦磨损行为的研究仍处于初期阶段，采用实验室试件试验，能够方便地、高效地提高人们对高温摩擦磨损各种成因和机理的认知。因此，本章着重介绍实验室条件下的高温摩擦磨损测试与分析方法。

9.1 高温摩擦试验机

9.1.1 常见的高温摩擦磨损试样

实验条件下的高温摩擦磨损测试是根据给定的工况条件，在高温摩擦磨损试验机上对特定的试样进行实验。实验中影响因素和工况参数容易控制，保证实验数据的重复性较高；实验周期短，实验条件的变化范围宽，可以在短时间内进行比较广泛的实验。因此，实验条件下的高温摩擦磨损测试主要用于各种类型摩擦磨损机理和影响因素的研究性实验，以及摩擦副材料、工艺和润滑性能的评定性实验。

为保证不同学者研究结果的可比性，统一摩擦磨损的实验规范方法和实验装置十分有必要。常见的高温摩擦磨损试样主要包括球试样、销试样、盘试样和环状试样，如图 9.1 所示。

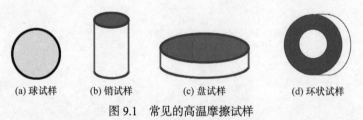

(a) 球试样　　　(b) 销试样　　　(c) 盘试样　　　(d) 环状试样

图 9.1　常见的高温摩擦试样

球试样的几何形状能够保证试样与配副接触良好、错配敏感，但往往不符合现实工况，很少有机械通过球加载到平面。销试样制备容易，但难以保证试样与配副在装配过程中的良好接触，接触压力在起始滑动时非常高，但随着销磨损的进行，接触面积增大，接触应力降低。盘试样同样制备容易，而且涂层容易施加到盘上，对于研究涂层材料的高温摩擦磨损性能十分有利。环状试样主要是模拟汽车发动机阀门-阀门座轮等工况下的试样形状，可以实现摩擦副的线接触。

9.1.2　高温摩擦运动方式

从系统的结构来看，高温环境下的摩擦磨损行为一般包括固体-固体摩擦磨损和固体-固体加磨粒摩擦磨损，部分高温摩擦磨损行为中存在固体-液体加磨粒(或固体-液体)磨损、固体-气体加磨粒磨损以及其他特殊磨损。根据摩擦副的相对运动形式，可以将高温摩擦磨损分为点、线、面接触。如表 9.1 所示，根据实际高温工况中摩擦副的相对运动方式，高温摩擦磨损的运动方式可以分为单向运动、往复滑动、旋转滑动、冲击、微动和滚动六种类型。

表 9.1　常见的高温摩擦磨损运动方式

运动方式	运动模型	常见试验机类型	磨损类型	代表性试验机
单向运动		销-盘式、端面旋转运动高温摩擦磨损试验机	滑动磨损	HT-1000 销-盘式摩擦磨损试验机 MMU-10G 端面摩擦磨损试验机
往复滑动		高温往复运动摩擦磨损试验机	滑动磨损	UMT 摩擦磨损试验机
旋转滑动		高温环块摩擦磨损试验机	滑动磨损	MR-H5A 环块摩擦磨损试验机
冲击		高温冲击磨损试验机	冲击磨损	JBG-300 型冲击试验机
微动		高温微动摩擦磨损试验机	微动磨损	SRV 摩擦磨损试验机
滚动		四球摩擦磨损试验机	滚动磨损	MR-S10 四球摩擦磨损试验机

9.1.3 常用高温摩擦试验机

高温摩擦磨损试验机是模拟实际工况的摩擦磨损形式,借助机械原理和特定设备对模拟工况中的相应参数予以控制和测量,主要应用于各种高温摩擦磨损机理研究,以及评定各种摩擦副材料或润滑剂在高温不同气氛环境下的摩擦磨损性能。

1. 单向运动高温摩擦磨损试验机

单向运动高温摩擦磨损试验机是目前广泛使用的高温摩擦磨损试验设备。单向运动方式能够保证摩擦过程中载荷和滑动速度的稳定性,因此摩擦试验机制备简单、性能稳定。该类型试验机的载荷、滑动速率、气氛、温度等条件容易变化,以模拟真实高温磨损应用中的条件。

摩擦副之间的点、面接触在单向运动方式中均能实现。根据试样形状和运动形式,如图 9.2 所示,单向运动的摩擦磨损可以分为上加载销(球)和下转动盘、上转动盘和下加载盘两种类型,对应的摩擦磨损试验机为销-盘式旋转运动高温摩擦磨损试验机和端面旋转运动高温摩擦磨损试验机。一般情况下,用来测量摩擦力矩的应力测量仪传感器安装在加载的销(球)或盘上,一般采用电阻丝加热对试样进行加热和保温。

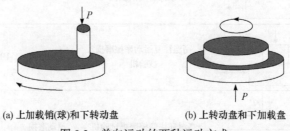

(a) 上加载销(球)和下转动盘   (b) 上转动盘和下加载盘

图 9.2   单向运动的两种运动方式

销-盘式摩擦磨损试验机,一般由一个旋转的平圆盘和一个压在盘上的圆柱销构成,销的顶端可以做成平面、半球面、锥形等,也可以直接夹持圆球,可以进行各种摩擦副材料及润滑材料的摩擦磨损性能试验,探索不同材料的磨损规律和磨损机制。代表性的高温销-盘式摩擦磨损试验机,包括中国科学院兰州化学物理研究所研制的 HT-1000 摩擦磨损试验机[1]和瑞士 CSM 摩擦磨损试验机[2],两种试验机均能在较高的载荷和滑动速率下进行单向运动的高温磨损试验。两种试验机的具体工作参数见表 9.2。

表 9.2　常见的销-盘式高温摩擦磨损试验机的工作参数

型号	载荷/N	转速/(r/min)	测量半径/mm	温度/℃	控制精度/℃
HT-1000	1～20	100～1800	0～20	室温至 1000	0.5%FS
CSM	1～60	1～500	0～30	室温至 1000	0.5%FS

　　这两种销-盘式摩擦磨损试验机工作时，均保持销试样固定，盘试样旋转。销试样在上方，盘试样在下方。通过在销试样上方的支持杆上加砝码来施加正载荷，通过变频器设定盘试样的转动速度，通过分度盘控制摩擦半径，协同转动速度和摩擦半径控制滑动速率。销试样和盘试样均置于一个电阻丝升温的电炉中，由热电偶测量并控制电炉中试样的温度。摩擦试验过程中，接触销和盘之间的摩擦在静止轴上产生扭矩，采用应变测量仪传感器连续测量摩擦力矩，并记录施加砝码的质量，在与试验机相连的电脑上显示计算得到摩擦系数。

　　德国 WAZAU 公司生产了一种 SST 销-盘式摩擦磨损试验机[3]，该试验机采用旋转运动模式和销盘倒置结构，磨屑不易在试样盘的摩擦面上积累；动力由德国 BBC 公司的 ALSTHOM 直流伺服电机提供，主轴转速 3～3000r/min，设计先进，性能稳定可靠。值得注意的是，与上述的两种销-盘式摩擦磨损试验机不同，该设备的下试样为销试样，上试样为盘试样。销试样固定在电炉底部的夹具上，采用杠杆系统进行加载；通过改变销试样的夹持位置，控制摩擦半径。该试验机盘试样与电机相连，通过齿轮变速箱驱动盘试样旋转，提供摩擦副的滑动；通过控制齿轮变速箱来控制滑动速率。由于下试样固定不动，可以在电炉中或销试样的周围添加液体，实现在液态或润滑环境下的较高温摩擦磨损试验。

　　端面摩擦磨损试验机采用面接触形式，适用于评定自润滑轴承材料、表面薄层或层状复合材料、固体润滑材料的减磨耐磨性能，可以根据不同条件下的试验参数变化和试样磨损状况来评定在干摩擦或油润滑条件下试样材料的高温摩擦学特性及其综合使用性能。实际工况中，代表性的面接触摩擦包括轴承止推片和机械密封配对材料等。端面摩擦磨损试验机的上试样为旋转的环状试样或圆片状试样，下试样为静止的圆片状试样，其他结构与销-盘式摩擦磨损试验机类似。实验过程中，通过加载盘使上、下试样间保持试验压力，运动装置带动上试样旋转，实现试样间的相对转动。将对面摩擦副的内径和外径以及实验测得的正压力及摩擦扭矩代入计算公式，可获得对应工况下摩擦副间的摩擦系数。代表性的高温端面摩擦磨损试验机有 HDM-10 端面摩擦磨损试验机[4]、MMU 端面摩擦磨损试验机[5]和 BJMU-5G 端面摩擦磨损试验机，其对应的具体工作参数如表 9.3 所示。

表 9.3　常见的端面高温摩擦磨损试验机的工作参数

型号	载荷/N	转速/(r/min)	温度/℃	控制精度/℃	试样尺寸/mm
HDM-10	1～10000	5～3000	室温至 1000	±2℃	1200×900×1700
MMU	0～2000	0～5800	室温至 300	0.5%FS	外径 120
BJMU-5G	1～5000	5～2000	室温至 600	0.5%FS	1200×870×1700

2. 往复式运动高温摩擦磨损试验机

往复式高温摩擦磨损试验机可对做往复运动的零件材料进行实验研究,如气缸套和活塞环。试验机中实现往复运动的机构通常有曲柄滑块机构、齿轮齿条机构、四杆机构、六杆机构。与单向运动方式不同,往复式运动中摩擦副的滑动速率随着时间呈周期性变化:滑动速率在往复行程的中间处最大,在往复行程的顶点处为零并改变滑移方向。虽然施加的载荷为定值,但因滑动速率的变化而使磨痕的宽度不均匀,表现为行程中间处磨损最严重,磨痕最宽且深度最大,边缘处磨损轻微。

在往复式运动高温摩擦磨损试验机中[6],销试样夹持在上部保持固定,盘试样夹持在往复运动的夹具上;采用配重砝码提供载荷,或采用凸轮顶杆机构对导向套进行加载,凸轮顶杆对顶杆下部的弹簧施加压力,弹簧压缩,产生预紧力,通过弹簧与导向套之间的顶杆向导向套施加交变载荷。活塞杆的往复式直线运动由曲柄滑块机构实现,曲柄的旋转是通过电动机带动的,随着电动机转速变化,活塞杆座进行不同频率的往复运动。采用电阻丝升温,由热电偶测量并控制炉中试样的温度。该设备可通过测量摩擦力、摩擦系数和磨损量来评定材料在载荷、滑动速率、温度、时间、气氛等影响因素下的往复运动摩擦磨损性能。

实验过程中,首先将高温炉内的试样加热到设定温度值,再通过自动加载机构加载到试验所需载荷,同时驱动往复组件,使加载杆与试样表面进行往复摩擦。由计算机检测出试验温度、摩擦系数、试验载荷等数据并进行图形显示和数据存储。代表性的往复式运动高温摩擦磨损试验包括中国科学院兰州化学物理研究所研发的 GF-I 型高温往复摩擦磨损试验机和美国的 UMT-3 高温摩擦磨损试验机[7]。其对应的具体工作参数如表 9.4 所示。

表 9.4　常见的往复式运动高温摩擦磨损试验机的工作参数

型号	载荷/N	往复运动长度/mm	温度/℃	控制精度/℃	往复运动频率/Hz
GF-I	5～80	0.5～30	室温至 900	0.2%FS	0～20
UMT-3	0.1～1000	0～150	−30～1000	0.2%FS	0～50

　　为了模拟缸套-活塞环的磨损工况，Glaeser 等设计了一种双平板夹持往复式高温磨损试验机[8]。模拟活塞环的试样制备成圆弧状，以实现与模拟缸套壁的板状试样间的线接触。摩擦副试样均封装在可加热容器中，并通入柴油机的燃烧尾气。载荷施加在可动板样的一侧并以挤压方式传递到另一静止板样上，试样由曲柄杆连接电动机驱动。

　　在模拟涡轮发动机中喷嘴-防护罩结合处的研究工作中，Bulut 等设计了一种可在高于 1000℃的温度下应用的往复式高温磨损试验机[9]。圆柱形平面 Hastelloy X 销试样代表喷嘴，与代表防护罩的板在高温炉中进行高温往复式环块摩擦磨损。该试验机的频率范围为 0～1Hz，行程为 25mm，摩擦力通过高精度载荷传感器测量。

3. 微动高温摩擦磨损试验机

　　微动磨损造成的零件失效现已成为重大装备灾难事故的主要原因之一，约90%的飞机构件的疲劳破坏起始于微动损伤，引起大量的停机维护，甚至发生空难事故。在各种连接件件，螺旋副的松动源于微动，而引起断裂的主要原因之一更是微动。在铆接、销连接、搭接、花键配合、过盈配合、紧固和夹持机构、电触头部件中均存在微动磨损。微动高温摩擦磨损试验机用于研究摩擦副接触面间产生极小振幅而相对滑动时摩擦副材料或润滑材料的摩擦学性能，从而获得微动位移幅度和交变应力的动力源角度，以模拟上述工况在高温下的微动磨损行为。

　　微动摩擦磨损试验机驱动方式可分为机械驱动、电磁驱动和电液伺服驱动三种。机械驱动振幅稳定，成本低，但自动化程度低，振动频率低；电磁驱动频率高，设备体积小，但振幅不高，激振力较小；电液伺服驱动的驱动力大，振幅、频率变化范围广，但设备体积大，技术复杂。代表性的高温微动摩擦磨损试验仪器是德国 Optimial-SRV-5 摩擦磨损试验机[10]。该试验机板状试样在下方保持固定，安装在加热的工作台上，采用电阻炉包围试样；钢珠在上方往复运动，由一个特殊的夹具装配而成，并固定在一个臂状物上，该臂状物随着汽缸往返运动。在汽缸和臂状物之间安装应力传感器以测量摩擦力。板状试样在下方保持静止，因此可在试样表面覆盖润滑油或其他液体，检测在一定温度下，试样在液态环境或润滑环境下的抗微动磨损性能。该试验机的工作参数：载荷范围为 0～2000N，往复频率范围为 1～511Hz，往返行程范围为 0.01～5mm，温度范围为-35～900℃。

4. 环块摩擦磨损试验机

　　环块摩擦磨损试验机用来检测线接触摩擦副的摩擦磨损性能，主要用于摩擦制动装置性能的模拟评定，也可以用于各种金属、非金属材料及涂层等的性能研究。其主动试件是一个旋转圆环(标准试件)，被动试件是被固定的标准尺寸矩形试块。其原理是通过测量矩形试块上出现的条状磨痕的宽度,以评定矩形试块材料的摩擦磨损性能。环块摩擦磨损试验机的测温较低,一般低于 300℃。代表性的环块摩擦磨损试验机,包括我国的 MRH 系列环块摩擦磨损试验机和美国的 Falex 环块摩擦磨损试验机[5],两种设备的工艺参数如表 9.5 所示。

表 9.5　常见的环块摩擦磨损试验机的工作参数

型号	载荷/N	转速/(r/min)	温度/℃	控制精度/℃	试样尺寸/mm
Falex	45~5700	150~7200	−30~250	0.2%FS	1829×610×62
MRH	0~3000	100~5000	室温至 200	±2	1000×700×1340

5. 真空高温摩擦磨损试验机

上述高温摩擦磨损试验机均在大气环境下进行,在摩擦过程中会导致材料表面发生氧化,不利于分析材料的结构转变与高温耐磨性能的关系;另一方面,除了大气环境,很多高温磨损环境发生在 He、N_2 等其他气氛环境。为解决上述两个问题,摩擦学学者结合计算机测量控制系统、摩擦组件测量系统、加载机构、真空系统和冷却水系统五部分,设计了真空高温摩擦磨损试验机。

代表性的真空高温摩擦磨损试验机为中科凯华仪器公司制备的 GHT-1000E 真空高温摩擦磨损试验仪,其基本原理为将真空高温炉内的试样温度加热到设定值,通过加载机构加载所需载荷,同时驱动样品盘上的摩擦试块转动,使其与对偶面(球或栓)进行摩擦。由计算机测量出试验温度、摩擦系数等数据并进行即时图形现实和数据存储。该试验机可在高温真空环境下及不同气氛中,进行栓-盘或球-盘两种摩擦副的试验。该试验机的工作参数如表 9.6 所示。

表 9.6　GHT-1000E 真空高温摩擦磨损试验仪的工作参数

真空度/Pa	载荷/N	转速/(r/min)	温度/℃	控制精度/℃	环境气氛
0.1	0~20	200~2000	室温至 1000	0.2%FS	N_2、CO_2、He、Ar

9.2　高温摩擦磨损测试表征技术

9.2.1　高温摩擦磨损性能评价

高温摩擦磨损试验主要测量摩擦系数、摩擦力、磨损量、摩擦温度等,对摩擦副材料的摩擦磨损性能做出综合评价,并结合磨屑及磨损表面形貌和组成的分析,对摩擦副材料的高温润滑机理和磨损机制进行探讨。

1. 摩擦温度的测量

摩擦磨损试验过程中，经常采用接触式和非接触式两大类测量方法对摩擦表面的摩擦温度进行测量。

接触式测温法是指将传感器置于与物体相同的热平衡状态，使传感器与物体保持同一温度的测温方法。利用热电阻、热敏电阻、电子式温度传感器和热电偶的电气参数随温度的变化来测量温度。工业应用中，热电偶一般适用于测量 500～1600℃ 的较高温度，钨-铼热电偶可测 2800℃ 的高温；对于 500℃ 以下的中低温，热电偶的输出热电势很小，对二次仪表的放大器和抗干扰措施要求过高，很难实现精确测量，所以测量中低温度一般使用热电阻温度测量仪表。接触式测量仪表比较简单、可靠，测量精度较高，但因为测温元件与被测量磨损试样需要进行充分热交换，所以存在测温的延迟现象，而且受材料熔点和高温相变等限制，难以应用于较高温度的测量。

非接触式仪表测温是利用物体的表面热辐射强度与温度的关系来测量温度，由光电池、光敏电阻及其他红外探测元件作热敏元件组成，测温元件不需要与被测磨损试样接触；主要包括全辐射法、部分辐射法、单一波长辐射功率的亮度法以及比色法，测温范围广，不受测温上限的限制，也不会破坏测量对象的温度场，测温也不存在延迟现象，但会受到气氛、测量距离、烟尘等影响射线传导的外界因素的干扰，测量误差较大。

摩擦温升是指在摩擦过程中由于表层材料的变形或断裂而消耗的能量，这些能量大部分都转变成热能，从而引起摩擦表面温度升高的现象[11]。摩擦副接触时的表面温度很高，容易达到摩擦副中熔点较低材料的熔点或引起表层材料的再结晶，造成材料强度和塑性的变化。摩擦表面温升与摩擦表面状态和摩擦条件等工况有关。一般来说，摩擦温升与载荷、速率成正比。滑动接触的固体表层的温度分布相当复杂，沿表面的法线方向存在温度梯度。这种高温是表面微凸体相互作用的结果，并且固态微凸体相互作用的时间很短(只有几毫秒或更短)，故称为瞬现温度。在毫秒的时间内表面温度能达到 1000℃ 以上，但摩擦热会被周围环境很快导出，所以表面层的温度梯度很大。精确测量表面温度具有一定难度。连续滑动使温度不断升高，直到产生的热量与散出的热量达到平衡，此时再继续滑动，表面温度不再升高。

2. 摩擦系数或摩擦力的测量

高温摩擦磨损试验过程中，摩擦系数由计算机测量控制系统和摩擦组件测量系统计算后，在试验机配套的计算机上直接给出。摩擦系数和摩擦力的测量方法主要包括机械式和电测式两种测量方法。对于机械式测量方法，施加载荷通过一圆环加载到另一圆环上，圆环间的摩擦力会使下主轴形成一个力矩，使得与主轴相连的砝码产生偏角，通过测量该偏角，计算得出圆环间摩擦力矩，最终换算出摩擦力和摩擦系数。对于电测式测量方法，利用压力传感器将试样与对磨块间的摩擦力转换成电信号并导出到测量和记录仪上。

3. 磨损量的测量

1) 磨损失重

高温磨损失重的测量采用称重法。称重法是利用精密分析天平、电子天平等仪器称量试件在试验前后的质量变化来确定磨损量，通常测量精度可达到 0.1mg 或 0.01mg。它是一种较常用的磨损量测量法，但由于精密分析天平和电子天平的测量范围限制，该方法仅适用于小尺寸试样或摩擦过程塑性变形不大的试件。

2) 磨损厚度

(1) 测长法：测量试件在试验前后摩擦面法向尺寸的变化或者磨损表面与某基准面距离的变化来确定磨损量。常用的工具是精密量具、测长仪、万能工具显微镜，或其他非接触式测微仪。测长法的特点是试件经短时间工作即能测定磨损量，测量精度高，可用于确定试件不同部位的磨损量分布情况。该方法适用于表面粗糙度小、磨损量不大的试件，而不适用于测量表面有明显塑性流动的试件的磨损量。

(2) 压痕法：通过预先在试样表面压出压痕，再根据磨损前后压痕尺寸变化来计算试样的磨损量。如磨损试验前用维氏硬度计压头在试样表面压出压坑，对比磨损前后对角线长度，则试验中磨损的深度为

$$\Delta h = (d_2 - d_1) / m \tag{9-1}$$

式中，d_1、d_2 分别为磨损前后对角线长；$m = 2\sqrt{2}\tan(a/2)$，a 为锥面角。考虑弹性变形影响，m 数值应进行适当修正，当锥面角 $a = 136°$ 时，根据经验可按以下数值选取：塑性良好的金属，如铅，选取 $m = 7$；铸铁，选取 $m = 7.6 \sim 8.2$；轴承钢，选取 $m = 7.7 \sim 8.4$。

(3) 切槽法：与压痕法类似，用回转刀具刻出月牙形槽，切槽法排除了弹性变形回复和四周鼓起的影响。根据几何关系，切槽宽度和磨损深度关系为

$$\Delta h = h_0 - h_1 = \frac{1}{8}\left(\frac{1}{r} \pm \frac{1}{R}\right)(l_0^2 - l_1^2) \tag{9-2}$$

式中，l_0、l_1 为磨损前后的切槽宽度；r 为刀刃回转半径；R 为试样表面曲率半径，平面时 R 为∞，凸面用+，凹面用−。

3) 磨损体积

当磨损厚度不超过表面粗糙峰高度时，可以用表面轮廓仪直接测量磨损前后

试件表面轮廓的变化来确定磨损量。当磨损厚度超过表面粗糙度时，必须采用测量基准的方法，事先在表面开设一楔形槽，根据磨损前后楔形槽宽的数值计算磨损厚度[12]。

磨损率的计算公式为

$$W = \frac{\Delta V}{SP}$$

(9-3)

式中，ΔV 为体积变化，mm^3；S 为行程，m；P 为载荷大小，N。

在高温环境中，磨损体积与磨损失重往往不能直接对应。一方面，塑性材料在磨粒磨损过程中会发生位移和滑动，引起变形，而没有实质性的材料失重。尤其是在高温环境下，温度的升高促进了变形的发生，磨损失重比磨损体积获得的结果最大可低 70%。另一方面，高温环境中，摩擦副与周围介质间容易发生化学反应，如氧化、氮化等反应，导致摩擦副材料增重，磨损体积与磨损失重存在较大误差。

4. 磨损表面的分析

1) 摩擦磨损表面形貌分析

磨损过程中表面形貌的变化可以采用表面形貌仪和扫描电子显微镜(SEM)等进行分析。通过对比磨损前后试样表面形貌的变化，研究和分析磨损的发生与演化规律，推断出磨屑的形成原因及磨损机理。

表面形貌仪提供三维表面图，包括探针式轮廓仪(SP)、白光干涉仪、激光共聚焦显微镜和原子力显微镜(AFM)。探针式轮廓仪和原子力显微镜为接触式测量方法。探针式轮廓仪是通过测量触针在表面上匀速移动，将触针随表面轮廓的垂直运动检测、放大，并且描绘出表面的轮廓曲线；再经过微处理机的运算才可以测算出表面形貌参数的变化。原子力显微镜是一种利用原子、分子间的相互作用力来观察物体表面微观形貌的新型实验技术；它装有一根纳米级的探针，被固定在可灵活操控的微米级弹性悬臂上，当探针接近样品时，其顶端的原子与样品表面原子间的作用力会使悬臂弯曲，偏离原来的位置；根据扫描样品时探针的偏离量或振动频率重建三维图像，就能间接获得样品表面的形貌或原子成分。探针式轮廓仪一般用来测量较为粗糙的表面，原子力显微镜用以测量平整的表面。白光干涉仪和激光共聚焦显微镜采用非接触式测量方法(NOP)，是利用光学原理，对磨损表面形貌进行逐层扫描，获得磨损表面的三维形貌，并可对获得的三维形貌进行多种测量。

扫描电子显微镜和光学显微镜(OM)提供的是二维表面图，能够直接观察摩擦表面不同区域的微观磨损形貌及其在摩擦过程中的变化。扫描电子显微镜的放大倍数高于光学显微镜，光学显微镜可以看到显微组织，而扫描电子显微镜可以看到亚显微组织；另外，扫描电子显微镜配有能谱仪，可以测量不同磨损表面的成分，便于分析磨损机制以及获得材料不同组织与摩擦过程中不同磨损行为的对应关系。

2) 磨损表面结构分析

金属表面在摩擦磨损过程中表层结构的变化通常采用衍射技术来分析，常用的有电子衍射法和 X 射线衍射法。电子衍射的穿透力弱，散射厚度仅为 0.1~1nm，可用来进行磨损表层的分析；X 射线穿透能力较强，散射层厚度可达 1~100μm，常用来分析磨损次表层的结构。

采用观察材料纵截面的方法，借助于场发射扫描电子显微镜和微区 X 射线衍射仪，分析材料从磨损表面、次表面到基体的组织转变，已经成为研究高温磨损表层结构变化的有效手段。摩擦磨损行为在造成材料表面塑性变形的同时，也造成材料表面加工硬化；材料由磨损表面至基体均存在大量的位错和残留应力，结构处于亚稳状态。在高温环境下，该亚稳结构倾向于发生动态回复、再结晶或再结晶长大，甚至可能发生二次再结晶，造成材料强度和塑性的变化，影响材料表面和次表面的变形和失效行为。通过研究截面的磨损表层到基体的材料变化，结合场发射扫描电子显微镜观察的组织转变、微区 X 射线衍射仪分析的结构转变，以及对应的变形失效行为，能够更为深入地揭示材料在高温环境下磨损过程中的失效机制。

3) 磨损表面化学成分分析

摩擦磨损表面化学元素的组成与分布特点可用能量色散 X 射线谱(EDS)、X 射线光电子能谱 (XPS)和拉曼(Raman)光谱等进行分析研究。EDS 利用不同元素具有不同 X 射线光子特征能量的特点对磨损表面微区成分元素种类与含量进行分析；XPS 通过 X 射线辐射样品，使样品原子或分子的内层电子或价电子受激发射出来，通过测定电子的结合能实现对磨损表面元素的定性分析，包括价态；拉曼光谱仪是利用散射光与入射光之间的频率差，根据分子振动能级的变化，测定磨损表面物质的不同化学键或特征基团的分子振动来定性分析分子结构。

5. 磨屑的分析

磨屑是摩擦磨损过程的最终产物，是材料经塑性变形、加工硬化、断裂、相变和氧化等作用后的综合产物。分析磨屑的形态、尺寸及其分布对于解释磨损行为的发生和发展规律具有特别的意义。

分析磨屑的方法有很多，包括光谱分析法、铁谱分析法、扫描电子显微镜观察等。对于高温摩擦磨损试验，一般采用扫描电子显微镜、能量色散 X 射线谱仪和 X 射线衍射仪相结合的方法，观察磨屑的形貌结构和定量分析磨屑颗粒的组成，总结磨屑随磨损条件的变化规律，分析磨屑形成原因。

9.2.2 材料高温结构及力学性能

高温环境下材料的组织结构会发生转变，引起力学性能变化，并影响其摩擦磨损性能。除了摩擦磨损试验和结果测量，分析材料的高温组织演变和高温力学性能对探讨高温磨损机制和预测材料的高温摩擦学性能也具有重要作用。为深入研究材料在不同高温环境下摩擦学行为的转变机理，分析材料的结构和力学性能随温度的转变趋势已经成为高温摩擦学研究的检验项目。

1. 高温组织结构原位观察

高温下材料的组织转变可由高温环境光学显微镜、配有原位加热系统的扫描电子显微镜和透射电子显微镜(TEM)观察。目前，高温环境光学显微镜较为常用。其中，超高温激光共聚焦显微镜是近年来发展的一种适用于高温环境的光学显微镜。该显微镜由高温加热炉和激光共聚焦显微镜两大部分组成，具有高于一般显微镜的景深和高质量的图像；采用紫色激光器扫描照明成像，波长 408nm，扫描速率 120 帧/s，最高分辨率 0.14μm；可以在室温至 1700℃进行测量，不需要对试样进行预先处理(导电、非导电试样均可直接观察、测定，不需繁杂的预处理，同时避免了试样预处理造成的失真)。

高温加热炉中采用真空、空气、氩气、氮气等环境气氛，均可简单地进行观察。高温加热炉采用红外集光加热的方式，升降温速率快，升降温过程还可以由程序控制任意设定，既可以急剧升降，也可以缓慢升降(0.1℃)。该显微镜不仅能够清晰地看到材料的转变过程，如马氏体相变过程，而且还具备液氮极冷功能，可对特定温度下的组织进行极冷保存，便于进行透射电子显微镜观察。

2. 高温硬度

硬度是评价材料耐磨性的重要指标。通常材料在高温情况下会发生软化现象，可能导致磨粒磨损和黏着磨损加剧，这是工业中零件或设备失效的常见问题，应认真对待。测量材料的硬度随温度的变化对分析材料在高温摩擦环境下可能发生的高温失效行为亦有重要意义。高温维氏硬度计是一种评价材料高温显微硬度的设备，该设备的硬度计主机及高温炉整体置于气氛控制室内，内部氧气含量控制在 1×10^{-6} 以下，保证高温下试样不受氧化影响，整个高温炉及试样置于 XYZ 自动移动平台上；光学方面采用特制电源，排除高温线试样激发的白光干扰，可以在高温下读取清晰的压痕图像。

3. 高温力学性能

强度和塑性对受载下材料表层和次表层的变形和断裂失效行为有重要影响，

间接决定了材料在摩擦过程中的磨损机制。明确材料在高温环境下的强度塑性和变形失效机制，对分析材料在高温摩擦时的各种磨损行为及不同磨损机理之间的转变有重要意义，尤其是耦合材料的纵截面自表层至基体的组织梯度和变形形貌的观察，能更深入地理解材料的高温磨损机理。材料在拉应力和压应力下的强度和塑性,可分别在高温力学性能试验机上借助拉伸性能试验和压缩性能试验测得，相关失效机制往往通过观察断口进行分析。然而，断口作为失效的结果，并不能有效地反映变形过程；相比而言，高温力学性能的原位观察能更直观地体现材料的变形过程，对分析材料发生的高温磨损行为更为有利。

另外，材料在对磨过程中表面也会发生疲劳、蠕变、冲击等行为，对于特定环境下的高温磨损行为可能受到上述行为的影响。为分析相应磨损机制，需在高温疲劳试验机、高温蠕变试验机和高温冲击试验机上对相关性能进行分析。

9.3 高温摩擦磨损测量设备及技术展望

9.3.1 原位摩擦试验检测设备

传统的摩擦磨损研究手段，虽然能够测量材料的摩擦性能和磨损性能，但对于磨损机制与润滑机理，尤其是摩擦磨损行为的转变过程往往难以给出令人满意的解释。在摩擦过程中，材料表面会发生摩擦化学反应、摩擦相变、摩擦温升、摩擦氧化、黏着转移、磨屑等一系列复杂的行为，原位观察材料在摩擦磨损过程中磨损形貌、化学成分、元素价态等变化过程对深入了解摩擦磨损机制十分重要。

1. 原位显微镜摩擦磨损试验装置

1971 年英国学者第一次在扫描电子显微镜样品室中尝试进行了摩擦磨损试验。目前，扫描电子显微镜下的摩擦磨损试验装置可以在高倍下对动态摩擦磨损过程进行记录。奥地利学者 Rebelo de Figueiredo 借助原位观察摩擦设备获得了 $TiC_{1-x}N_x$ 硬质涂层在不同摩擦距离后的磨损表面[13]。浙江大学赖新途等研究人员通过自主改装扫描电子显微镜搭建了动态滑动摩擦的观察装置[14]，直观地观察到 Ni-PTEE 镀层在磨损过程中表面磨屑的形成过程。美国国家航空航天局 Lewis 研究中心和日本神户大学机械工程系在摩擦设备上安装了 EDS 和加热台，实现了摩擦过程中表面层化学成分的表征及高温磨损试验过程的原位观察。英国剑桥大学工学院则实现了 BBC 微机采样储存功能等。

2. 原位透射电子显微镜摩擦磨损试验装置

原位透射电子显微镜摩擦磨损测试仪是在透射电子显微镜上使用的纳米级、

多用途、高灵敏的原位摩擦测试系统，即在精确控制金刚石探针对样品表面的纳米压入和纳米滑动过程中，具备载荷/摩擦力与位移的实时测量，同时利用透射电子显微镜进行纳米结构变化的原位观察功能，通过视频接口可以将材料的力学数据(载荷-位移曲线)与相应透射电子显微镜视频之间实现在线观察，可以同时进行原位力学和电学检测，研究材料的变形和应力带来的电学特性转变行为。法国学者 Lahouij 将 HN200 单倾纳米压痕微应力探头安装在 JOEL 2010 FEG 透射电子显微镜的试样夹具中[15]，测得结晶化的 IF-MoS$_2$ 材料的微观摩擦学行为，清晰地观察到纳米颗粒的滚动及表层脱落过程。

3. 原位拉曼摩擦磨损试验装置

摩擦磨损过程中，尤其是在高温环境下，材料表面会发生摩擦化学反应及形成摩擦转移膜。原位检测材料表层的元素价态，以得到化学反应的类型及转移膜的结构，有利于揭示磨损机制。美国 Wahl 等[16]研究人员利用原位拉曼摩擦磨损试验机采集了类金刚石薄膜在摩擦过程中磨损表面拉曼图谱的变化，对比摩擦系数曲线和拉曼图谱，揭示了摩擦表面的化学产物和转移膜对摩擦行为的影响机制。

由于原位检测摩擦磨损试验设备的构建需要克服诸多技术问题，长期以来，原位检测摩擦磨损试验设备一直是科研单位自我研发，往往摩擦形式或功能较为单一。随着原位技术对摩擦磨损研究的重要作用日益凸显，更多的学者对此类设备需求迫切，部分仪器生产企业已着手系统地研发此类设备。如美国 MFT 公司研发的 Rtec 新一代多功能摩擦仪，不仅摩擦功能模块设计选项多，可实现销-盘/球-盘/盘-盘/环-环模式、高速线性往复模式、微动模式、四球模式、Timken 环块模式等，而且可集成原位光学三维形貌(结合白光干涉、变焦和共焦显微镜技术一体)和共焦显微拉曼技术，可实现表面形貌、表面轮廓、表面成分、表面元素价态的实时观察。该试验机模拟环境广，可在-60～1000℃工作，旋转速率最高可达8000r/min，往复频率最高可达 70Hz，微动频率最高可达 300Hz。

9.3.2　高温摩擦磨损测量设备及技术展望

相比常规环境下的摩擦磨损试验设备，高温摩擦磨损试验机对配件要求更为苛刻，未来可向以下方向发展：

对于摩擦试验机，可采用高性能的机械系统和记载系统，高调速比、高稳定性并可实现无极调速的变频电机、伺服电机等高性能电机的使用将使试验机的机械结构大大简化，减少载荷、滑动速率的设定误差和摩擦系数的测量误差的影响因素。采用闭环反馈调节系统，动态设定高温摩擦试验机的工作方式和运行参数。

对于检测系统，可采用原位观察采集系统、原位 X 射线衍射分析仪和原位拉曼光谱试验装置，实时采集高温摩擦过程中材料磨损表面的形貌、结构和元素价态变化，结合摩擦系数的波动，分析磨损过程中材料表面摩擦行为和磨损机制的变化规律。采用液氮制冷装置，对特定摩擦行为下的磨损表面进行保存，并借助透射电子显微镜分析所保存磨损表面的横截面结构，可客观分析材料在高温磨损环境下的结构转变规律及结构转变与摩擦行为变化的相互关系。

参 考 文 献

[1] Zhu S Y, Bi Q L, Yang J, et al. Ni3Al matrix high temperature self-lubricating composites[J]. Tribology International, 2011, 44(4): 445-453.

[2] Narayanaswamy B, Hodgson P, Beladi H. Effect of particle characteristics on the two-body abrasive wear behavior of a pearlitic steel[J]. Wear, 2016, 354-355: 41-52.

[3] 于源. AlCoCrFeNi-X(X=Cu, Ti0.5)高熵合金在 H_2O_2 中的摩擦磨损性能研究[D]. 西安: 西北工业大学, 2016.

[4] 余建卫, 李建芳, 焦明华, 等. 端面摩擦磨损自动检测系统的设计[J]. 润滑与密封, 2006, 5(5): 146-148.

[5] 王伟, 孙见君, 涂桥安, 等. 摩擦磨损试验机发展现状研究[J]. 机械设计与制造工程, 2015, 44(7): 1-6.

[6] 刘永平, 龚俊, 辛舟, 等. 往复式摩擦磨损试验机及其计算机控制系统设计[J]. 仪器仪表学报, 2010, 31(8): 1750-1755.

[7] Mu Y T, Liu M, Wang Y, et al. PVD multilayer VN-VN/Ag composite coating with adaptive lubricious behavior from 25 to 700℃[J]. RSC Advances, 2016, 58(6): 53043-53053.

[8] Glaeser W A, Dufrane K F. New design methods for boundary-lubricated sleeve bearings[J]. Machine Design, 1978, 9: 207-213.

[9] Bulut C M, Aksoy S, Aksit M F. Friction and wear characteristics of Haynes 25, 188 and 214 super alloys against hastelloy X up to 540℃[J]. Tribology Letter, 2012, 45(3): 497-503.

[10] Yin B, An Y L, Zhou H D, et al. Friction and wear behaviors of plasma sprayed conventional and nanostructured WC-12Co coatings at elevated temperature[J]. Advanced Triboloy, 2009: 621-622.

[11] 郑林庆. 摩擦学原理[M]. 北京: 高等教育出版社, 1997.

[12] 温诗铸, 黄平. 摩擦学原理[M]. 北京: 清华大学出版社, 2012.

[13] Rebelo de Figueiredo M, Muratore C, Franz R, et al. In situ studies of $TiC_{1-x}N_x$ hard coating tribology[J]. Tribology Letter, 2010, 40: 365-373.

[14] 赖新途, 王东方, 陈溪芳, 等. 扫描电镜下摩擦磨损行为的原位动力学研究[J]. 浙江大学学报, 1995, 29(5): 563-571.

[15] Lahouij I, Vacher B, Dassenoy F. Direct observation by in situ transmission electron microscopy of the behaviour of IF-MoS2 nanoparticles during sliding tests:influence of the crystal structure[J]. Lubrication Science, 2014, 26: 163-173.

[16] Wahl K J, Sawyer W G. Observing interfacial sliding processes in solid-solid contacts[J]. MRS Bulletin, 2008, 33: 1159-1167.